DIE BERECHNUNG VON FACHWERKKRANTRÄGERN MIT BIEGUNGSFESTEM OBERGURT

GENAUE UND GENÄHERTE VERFAHREN
ZUR ERMITTLUNG DER BIEGUNGSMOMENTE UND
STABKRÄFTE VON FACHWERKTRÄGERN MIT
ZENTRISCHEN UND EXZENTRISCHEN
STABANSCHLÜSSEN

VON

Dr.=Ing. GÜNTER WORCH
PRIVATDOZENT
AN DER TECHNISCHEN HOCHSCHULE
DARMSTADT

MIT 66 ABBILDUNGEN

VERLAG VON R. OLDENBOURG
MÜNCHEN UND BERLIN 1928

DRUCK VON OSCAR BRANDSTETTER IN LEIPZIG.

Inhaltsverzeichnis.

Einleitung.

Im Gegensatz zum Brückenbau, bei dem man in der Regel durch Längs- und Querträger dafür sorgt, daß der Fachwerkhauptträger nur Lasten in den Knotenpunkten erhält, ist es im Kranbau meist üblich, die Kranschiene direkt auf den Obergurt des Fachwerkträgers zu legen. Dadurch erfährt der Obergurt auch eine Belastung innerhalb der Felder; es entstehen also außer den Normalspannungen noch Biegungsspannungen.

Zur Berechnung dieser — für die Querschnittsbemessung maßgebenden — Biegungsmomente stehen dem Ingenieur der Praxis meist nur Faustformeln zur Verfügung. Zwar haben einige Autoren versucht, auch Näherungslösungen aufzustellen; die Resultate der nach diesen Verfahren durchgeführten Zahlenrechnungen weichen jedoch z. T. erheblich voneinander ab. Kein Wunder also, daß der in der Statik weniger bewanderte Konstrukteur seine Zuflucht zu den Faustformeln nimmt.

Hier will nun die vorliegende Arbeit helfend eingreifen. Sie behandelt in drei Abschnitten die statische Berechnung des statisch bestimmt gelagerten Fachwerkträgers mit biegungsfestem, zentrisch oder exzentrisch angeschlossenem Obergurt und mit einfacher Ausfachung sowie auch mit Zwischenfachwerk. In einem Schlußabschnitt wird dann, eigentlich mehr als Ausblick, die Berechnung eines gleichen Fachwerkträgers, der jedoch auch statisch unbestimmt gelagert ist, in großen Zügen besprochen.

Das Buch ist sowohl für den Maschinenbau-Ingenieur als auch für den Bauingenieur bestimmt. Die Beispiele sind zwar sämtlich dem Kranbau entnommen, weil bei diesem das behandelte Problem wohl am häufigsten auftritt. Verhält sich aber nicht schließlich eine Eisenbahnbrücke, bei der die Schwellen unmittelbar auf dem Fachwerk-Obergurt liegen, in statischer Hinsicht genau wie ein Kranträger? Und liegt nicht auch beim Dachbinder, auf den durch die Pfetten auch zwischen den Knotenpunkten Lasten übertragen werden, das gleiche Problem vor?

Mit Rücksicht auf den verschiedenartigen Leserkreis, für den die Ausführungen bestimmt sind, ist versucht worden, die Darstellungsform möglichst ausführlich und leicht verständlich zu gestalten.

Vorausgesetzt wird allerdings, daß der Leser eine ungefähre Kenntnis der Theorie der statisch bestimmten und unbestimmten Systeme besitzt. Ursprünglich hatte zwar der Verfasser beabsichtigt, dem Ganzen einen kurzen Abriß über die Grundlagen vorauszuschicken; mit Rücksicht auf den beschränkten zulässigen Umfang des Buches mußte dies jedoch später — nebst manchem anderen — unterbleiben.

Im Hinblick auf die praktische Verwendbarkeit wurde die Untersuchung nicht nur an einem einzigen Beispiel erläutert, es wurde vielmehr, um den Praktiker möglichst zu entlasten, eine Reihe von Systemen behandelt. Neben den Formeln für den beliebig geformten Träger finden wir — bei der Behandlung der Zahlenbeispiele — solche für den Parallelträger; außer dem Fachwerk mit nur steigenden bzw. fallenden Diagonalen wurde auch das mit abwechselnd steigenden und fallenden Schrägen behandelt. Aus den gleichen Erwägungen heraus wurde jeder Abschnitt gewissermaßen als ein abgeschlossenes Ganzes dargestellt, so daß man also nicht erst den gesamten Stoff von Anfang bis zu Ende durchzulesen braucht, wenn man sich nur über die eine oder die andere Frage orientieren will. Daß infolgedessen vereinzelte Wiederholungen nicht zu vermeiden waren, erscheint dem Verfasser als das kleinere Übel. Um dem Leser ein ungefähres Bild über den Umfang der zu leistenden Arbeit zu geben, wurden mehrere Zahlenbeispiele ausführlich durchgerechnet.

Im Gegensatz zu den bisherigen Arbeiten über dieses Thema, die, wie bereits erwähnt, durchweg von mehr oder minder zutreffenden Voraussetzungen ausgehen, sind zuerst stets die Methoden zur strengen Lösung des Problemes angegeben. Aus diesen werden danach durch Vernachlässigung praktisch unwichtiger Glieder Näherungslösungen gewonnen. Daß man bei diesen Näherungsbetrachtungen auf Gleichungen stößt, die identisch sind mit denen, die Müller-Breslau zur Berechnung der Nebenspannungen von Fachwerkträgern angegeben hat, dürfte auch den Berufsstatiker interessieren.

I. Die Berechnung des statisch bestimmt gelagerten Kranträgers mit biegungsfestem Obergurt und zentrischem Anschluß sämtlicher Stäbe.

Der Fachwerkkranträger mit biegungsfestem Obergurt, über dessen Berechnung dieses Buch Auskunft geben soll, ist ein statisch unbestimmtes Gebilde. Die Gleichgewichtsbedingungen reichen zur Berechnung nicht mehr aus; man muß vielmehr auf das elastische Verhalten des Tragwerks eingehen und aus diesem weitere zur Lösung geeignete Bedingungen, die Elastizitätsgleichungen, herleiten, und zwar so viel, als statisch unbestimmte Größen vorhanden sind.

In der Praxis wird nun allerdings diese genaue Rechnung nicht durchgeführt. Man behilft sich vielmehr, wie bereits in der Einleitung ausgeführt wurde, mit Näherungsüberlegungen. Bei der Bestimmung der Stabkräfte wird der Einfluß der Kontinuität des Obergurtes in der Regel vernachlässigt; man rechnet also so, als ob man es mit einem statisch bestimmten einfachen Fachwerkträger — mit Gelenken in jedem Knotenpunkt — zu tun hätte. Für die Berechnung der Biegungsmomente gibt z. B. Andrée in seinem Buche: Die Statik des Kranbaues[1]) an:

$$\text{Größtes Moment im Felde} = \frac{Pa}{6}.$$

$$\text{Größtes Moment über dem Knotenpunkt} = -\frac{Pa}{12}.$$

Hierin ist P die größte Radlast, a die Feldweite.

Gregor empfiehlt in seinem Buche: Der praktische Eisenhochbau, Band II (Kranlaufbahnen)[1]) die Werte

$$\frac{Pa}{5} \quad \text{bzw.} \quad -\frac{Pa}{12,5}.$$

Nachzuprüfen, inwieweit diese — mehr gefühlsmäßigen — Schätzungen dem wirklichen Verhalten entsprechen, soll die Aufgabe dieses Abschnittes sein.

Wir werden zunächst die Methoden zur strengen Lösung des Problemes angeben und von diesen später durch Vernachlässigung von praktisch unwichtigen Gliedern zu Näherungslösungen übergehen.

---

[1]) Vgl. die Literaturübersicht auf S. 98.

Der einfacheren Darstellung halber wählen wir als spezielle Beispiele die Halbparabelträger nach Abb. 1 und 2, die wir der Kürze halber mit „System A" und „System B" bezeichnen wollen. Die allgemeine Gültigkeit der vorgetragenen Berechnungsmethoden wird, was besonders betont werden möge, dadurch durchaus nicht beeinträchtigt. Selbstverständlich lassen sich für jeden anderen, beliebig langen und beliebig geformten und ausgefachten Träger die Untersuchungen in entsprechender Weise durchführen.

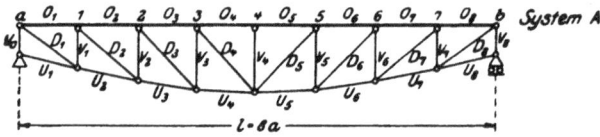

Abb. 1.

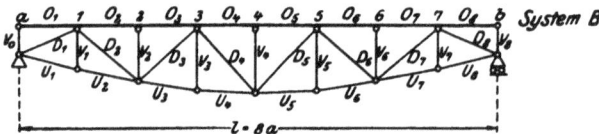

Abb. 2.

Wie in den Abb. 1 und 2 angedeutet ist, soll der Obergurt über die ganze Länge biegungsfest durchgehen; der Untergurt sowie die Füllungsstäbe dagegen sollen als in den Knotenpunkten gelenkig angeschlossen angenommen werden. Wegen der Schlankheit dieser Stäbe im Verhältnis zu dem biegungsfesten Obergurt dürfte diese Voraussetzung mit der Wirklichkeit genügend genau übereinstimmen.

Die Systeme A und B sind somit siebenfach innerlich statisch unbestimmt. Für ein n-fach statisch unbestimmtes Tragwerk lauten nun die Elastizitätsgleichungen[1]:

$$X_1\,\delta_{11} + X_2\,\delta_{12} + X_3\,\delta_{13} + \cdots + X_i\,\delta_{1i} + \cdots + X_n\,\delta_{1n} = Z_1;$$
$$X_1\,\delta_{21} + X_2\,\delta_{22} + X_3\,\delta_{23} + \cdots + X_i\,\delta_{2i} + \cdots + X_n\,\delta_{2n} = Z_2,$$
$$X_1\,\delta_{31} + X_2\,\delta_{32} + X_3\,\delta_{33} + \cdots + X_i\,\delta_{3i} + \cdots + X_n\,\delta_{3n} = Z_3,$$

oder in der abgekürzten Müller-Breslau'schen Schreibweise[2] (in Form der sogenannten „quadratischen Matrix") angeschrieben:

	X_1	X_2	X_3	...	X_i	...	X_n	
1	δ_{11}	δ_{12}	δ_{13}	...	δ_{1i}	...	δ_{1n}	$= Z_1$
2	δ_{21}	δ_{22}	δ_{23}	...	δ_{2i}	...	δ_{2n}	$= Z_2$
3	δ_{31}	δ_{32}	δ_{33}	...	δ_{3i}	...	δ_{3n}	$= Z_3$
...	...	...	...	...	...	...	...	$= \ldots$

[1] Vgl. hierzu beispielsweise Hütte, Band III, 24. Aufl., S. 102.
[2] Vgl. Müller-Breslau: Die graphische Statik der Baukonstruktionen, Band II, 1. Abt., 5. Aufl. Verlag von A. Kröner 1922, S. 143ff.

Hierin sind die Beiwerte δ nur abhängig von dem System und seinen Abmessungen, also unabhängig von der Belastung. Bezeichnen i und k zwei beliebige Zeiger $1, 2, 3 \ldots n$, dann verstehen wir im allgemeinen unter δ_{ik} die Verschiebung des Angriffspunktes i der Kraft X_i in Richtung von X_i infolge Zustand $X_k = -1$, am statisch bestimmten Hauptsystem oder Grundsystem, wie wir dies kurz nennen wollen, genommen.

Nach dem Maxwell'schen Satz von der Gegenseitigkeit der Form-änderungen[1]) kann man die beiden Zeiger der δ-Werte miteinander ver-tauschen, d. h. es ist

$$\delta_{ik} = \delta_{ki}.$$

In den Gliedern Z auf der rechten Seite der Elastizitätsgleichungen — den Belastungsgliedern, wie man sie häufig nennt — sind drei Einflüsse enthalten: der Einfluß der äußeren Belastung (ruhende oder bewegliche Belastung), der der Temperaturänderung und der einer bekannten Nachgiebigkeit der Angriffspunkte der statisch unbestimmten Größen X.

Die Untersuchung für diese drei Einflüsse nimmt man stets ge-trennt vor.

Die Auflösung der Elastizitätsgleichungen führen wir zweckmäßig nur einmal, also ganz allgemein für beliebige Werte Z durch, und zwar setzen wir an:

$$X_1 = \beta_{11} Z_1 + \beta_{12} Z_2 + \beta_{13} Z_3 + \cdots + \beta_{1i} Z_i + \cdots + \beta_{1n} Z_n,$$
$$X_2 = \beta_{21} Z_1 + \beta_{22} Z_2 + \beta_{23} Z_3 + \cdots + \beta_{2i} Z_i + \cdots + \beta_{2n} Z_n,$$
$$X_3 = \beta_{31} Z_1 + \beta_{32} Z_2 + \beta_{33} Z_3 + \cdots + \beta_{3i} Z_i + \cdots + \beta_{3n} Z_n,$$

oder in Tafelform angeschrieben:

	Z_1	Z_2	Z_3	$\ldots$	Z_i	$\ldots$	Z_n
$X_1 =$	β_{11}	β_{12}	β_{13}	$\ldots$	β_{1i}	$\ldots$	β_{1n}
$X_2 =$	β_{21}	β_{22}	β_{23}	$\ldots$	β_{2i}	$\ldots$	β_{2n}
$X_3 =$	β_{31}	β_{32}	β_{33}	$\ldots$	β_{3i}	$\ldots$	β_{3n}
$\ldots =$	$\ldots$	$\ldots$	$\ldots$	$\ldots$	$\ldots$	$\ldots$	$\ldots$

worin die β_{ik} ebenso wie die δ_{ik}-Werte nur vom System und den Ab-messungen abhängig sind.

Sind sämtliche Unbekannte X ermittelt, so läßt sich nach dem Superpositionsgesetz jede gewünschte statische Größe S (S bedeutet hier allgemein ein Moment, eine Stabkraft usw.) berechnen zu

$$S = S_0 - S_1 X_1 - S_2 X_2 - S_3 X_3 - \cdots - S_i X_i - \cdots - S_n X_n.$$

[1]) Vgl. z. B. Hütte, Band III, 24. Aufl., S. 103.

$S_0, S_1, S_2, \ldots S_n$ sind hierin die betreffenden statischen Größen am Grundsystem infolge der Zustände $X = 0$, $X_1 = -1$, $X_2 = -1, \ldots X_n = -1$.

1. Die genauen Lösungsverfahren.

Die beiden Systeme A und B sind, wie bereits erwähnt, siebenfach innerlich statisch unbestimmt. Hinsichtlich der Wahl der statisch unbestimmten Größen bestehen nun verschiedene Möglichkeiten. Wir wollen uns hier auf zwei beschränken, nämlich:

a) Das Grundsystem sei ein einfacher Vollwandträger. Als statisch unbestimmte Größen werden dann die Spannkräfte in sieben Fachwerkstäben, die allerdings nicht ganz beliebig ausgewählt werden dürfen, in die Rechnung eingeführt.

b) Als statisch unbestimmte Größen wählen wir die Momente in jedem inneren Obergurtknotenpunkt (1 bis 7). Das Grundsystem ist dann ein Fachwerkbalken mit Gelenken in jedem Knotenpunkt.

a) Der Vollwandträger als Grundsystem.

α) Das System A (Abb. 1).

Als statisch unbestimmte Größen führen wir die Spannkräfte in den sechs Untergurtstäben U_2 bis U_7 sowie die in dem mittleren Vertikalstab V_4 ein. Und zwar setzen wir an (vgl. bezüglich der Bezeichnungen die Abb. 1 und 3):

$$X_1 = U_2 h_1 \cos \gamma_2, \qquad\qquad X_5 = U_5 h_5 \cos \gamma_5,$$

$$X_2 = U_3 h_2 \cos \gamma_3, \quad X_4 = -\frac{a}{2} V_4, \qquad X_6 = U_6 h_6 \cos \gamma_6,$$

$$X_3 = U_4 h_3 \cos \gamma_4, \qquad\qquad X_7 = U_7 h_7 \cos \gamma_7.$$

Dann ist:

$$U_2 = \frac{X_1}{h_1} \sec \gamma_2, \qquad\qquad U_5 = \frac{X_5}{h_5} \sec \gamma_5,$$

$$U_3 = \frac{X_2}{h_2} \sec \gamma_3, \qquad V_4 = -\frac{2}{a} X_4, \qquad U_6 = \frac{X_6}{h_6} \sec \gamma_6,$$

$$U_4 = \frac{X_3}{h_3} \sec \gamma_4, \qquad\qquad U_7 = \frac{X_7}{h_7} \sec \gamma_7.$$

Wir denken uns dabei die Stäbe U_2 bis U_7 sowie V_4 durchgeschnitten und lassen an den Schnittstellen die soeben angeschriebenen Spannkräfte — immer paarweise — angreifen.

Das Grundsystem entsteht, indem sämtliche X-Werte gleich Null gesetzt werden; wir erhalten so das in Abb. 4 angegebene System.

Auf dieses Grundsystem lassen wir jetzt der Reihe nach die Zustände $X_1 = -1$, $X_2 = -1$ usw. bis $X_7 = -1$ wirken. Die infolge dieser

Belastungen auftretenden Momente, Normal- und Stabkräfte sind in Abb. 5 dargestellt. Die schraffierten dreieckigen Flächen sind die Momentenflächen für den biegungsfesten Träger (den Obergurt) infolge dieser Belastungszustände (positiv gerechnet, wenn an der Unterkante des Trägers Zug entsteht); die Normal- und Stabkräfte sind jeweils an die Stäbe angeschrieben. Der Einfachheit halber sind dabei die ungespannten Stäbe gar nicht gezeichnet bzw. — nur vereinzelt — gestrichelt angedeutet worden.

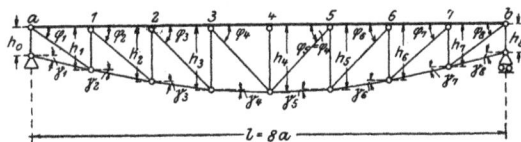
Abb. 3.

Abb. 4.

Mit Hilfe dieser Werte lassen sich nun die Beiwerte δ_{ik} in den Elastizitätsgleichungen leicht bestimmen. Die Arbeitsgleichung liefert, wenn wir den verschwindend geringen Einfluß der Querkräfte in den biegungsfesten Obergurtstäben auf die Formänderungsarbeit vernachlässigen, für die δ-Werte folgenden Ausdruck[1]):

$$\delta_{ik} = \int M_i M_k \frac{dx}{EJ} + \int N_i N_k \frac{dx}{EF} + \sum S_i S_k \frac{s}{EF}.$$

Die Integrale erstrecken sich über sämtliche gespannten Obergurtstäbe, die Summe über die gespannten U-, D- und V-Stäbe. M_i, N_i und S_i bezeichnen die Momente, Normal- und Stabkräfte in dem (teils vollwandigen, teils fachwerkartigen) Grundsystem infolge des Zustandes $X_i = -1$; M_k, N_k und S_k die entsprechenden Werte infolge des Zustandes $X_k = -1$. E bedeutet den Elastizitätsmodul.

Die Trägheitsmomente J des biegungsfesten Obergurtes seien konstant von Knotenpunkt zu Knotenpunkt, können jedoch verschieden sein für die einzelnen Felder. Es sei J_1 das Trägheitsmoment des Obergurtes im Felde a bis 1, J_2 das im Felde 1 bis 2 usw.; allgemein bezeichne also J_r das Trägheitsmoment im Felde $r-1$ bis r.

Die Querschnitte F der einzelnen Stäbe seien ebenfalls konstant über die betreffende Stablänge; sie seien durch einen mit der Stabbezeichnung gleichlautenden Index unterschieden. So bezeichnet beispielsweise F_{D_3} den Querschnitt der Diagonalen D_3, F_{V_5} den der Vertikalen V_5 usw.

Bezüglich der Auswertung der Ausdrücke $\int M_i M_k\, dx$ verweisen wir auf die in der Literatur bereits mehrfach angegebenen Tafeln gebrauchsfertiger Formeln[2]). Im vorliegenden Fall haben wir es mit dreieckför-

[1]) Vgl. z. B. Hütte, Band III, 24. Aufl., S. 119.

[2]) z. B. Degenburg u. Demel: Hilfsmittel zur einfachen Berechnung von Formänderungen und von statisch unbestimmten Trägern. Verlag von Ernst u. Sohn 1915.

Müller-Breslau: Die graphische Statik der Baukonstruktionen, Band II, 2. Abt., 2. Aufl. 1925, S. 55/67.

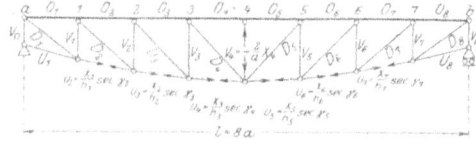

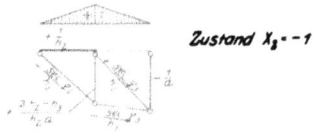

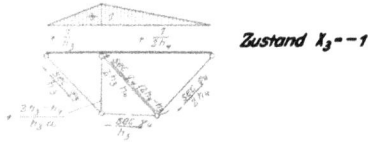

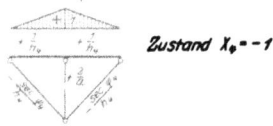

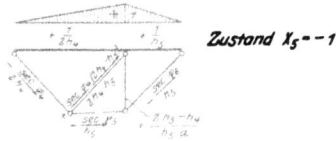

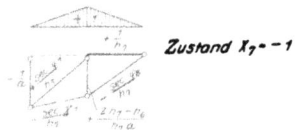

Zustand $X_1 = -1$

Zustand $X_2 = -1$

Zustand $X_3 = -1$

Zustand $X_4 = -1$

Zustand $X_5 = -1$

Zustand $X_6 = -1$

Zustand $X_7 = -1$

Abb. 5.

migen bzw. trapezförmigen Momentenflächen zu tun, für die sich folgende geschlossene Ausdrücke ergeben:

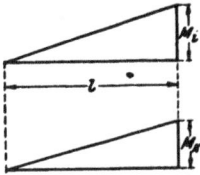
$$\frac{1}{3}\, M_i\, M_k\, l,$$

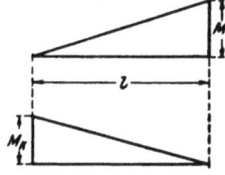
$$\frac{1}{6}\, M_i\, M_k\, l,$$

Abb. 6. **Abb. 7.**

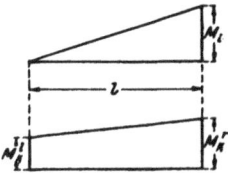
$$\frac{1}{6}\, M_i\, (2\, M_k^r + M_k^l)\, l,$$

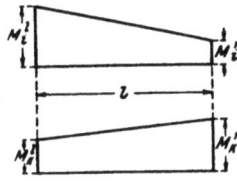
$$\frac{1}{6}\big[M_i^l\,(2\,M_k^l + M_k^r) \\ + M_i^r\,(2\,M_k^r + M_k^l)\big]\, l.$$

Abb. 8. **Abb. 9.**

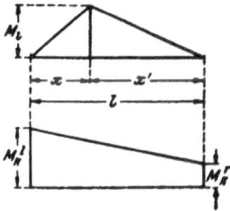
$$\frac{1}{6}\, M_i\left[M_k^l\left(1 + \frac{x'}{l}\right) + M_k^r\left(1 + \frac{x}{l}\right)\right] l.$$

Für $x = x' = \frac{l}{2}$ wird daraus: $\frac{1}{4}\, M_i\,(M_k^l + M_k^r)\, l.$

Abb. 10.

Zur Ermittlung der Werte $\int_0^l N_i N_k\, d\,x = N_i N_k\, l$ bzw. der Werte $S_i S_k s$ benötigen wir die Systemlängen der einzelnen Stäbe. Für die Obergurtstäbe sind diese konstant gleich a, für die Untergurtstäbe seien sie gleich u, für die Diagonalen gleich d und für die Vertikalstäbe gleich h.

Für die praktische Berechnung empfiehlt es sich nun, statt mit den wirklichen, sehr kleinen δ_{ik}-Werten mit den EJ_c-fachen δ_{ik}-Werten zu arbeiten, die wir zur Abkürzung mit $[ik]$ bezeichnen. Es ist:

$$[ik] = EJ_c\,\delta_{ik} = \int M_i\, M_k\, dx\, \frac{J_c}{J} + \frac{J_c}{F_c}\left[\int N_i N_k\, dx\, \frac{F_c}{F} + \Sigma\, S_i\, S_k\, s\, \frac{F_c}{F}\right].$$

J_c bezeichnet hierin einen beliebigen Wert von der Dimension eines Trägheitsmomentes, F_c einen anderen beliebigen Wert von der Dimension einer Fläche[1]).

---

[1]) Bei der numerischen Rechnung beachte man, daß J_c und F_c in der richtigen Maßeinheit genommen werden. Rechnet man, wie meist üblich, die Längen in m, so hat J_c die Dimension m^4, F_c und $\frac{J_c}{F_c}$ die Dimension m^2.

Wir erhalten also beispielsweise:

$$[11] = \frac{a}{3}\left(\frac{J_c}{J_1} + \frac{J_c}{J_2}\right) + \frac{J_c}{F_c}\left[\frac{a}{h_1^2}\frac{F_c}{F_{O1}} + \left(\frac{\sec\gamma_2}{h_1}\right)^2 \cdot u_2 \frac{F_c}{F_{U2}} + \left(\frac{\sec\varphi_1}{h_1}\right)^2 d_1 \frac{F_c}{F_{D1}}\right.$$
$$\left. + \left(\frac{\sec\varphi_2}{h_1}\right)^2 d_2\frac{F_c}{F_{D2}} + \frac{(2h_1 - h_2)^2}{h_1 a^2}\frac{F_c}{F_{V1}} + \frac{h_2}{a^2}\frac{F_c}{F_{V2}}\right],$$

$$[12] = \frac{a}{6}\frac{J_c}{J_2} - \frac{J_c}{F_c}\left[\frac{\sec^2\varphi_2}{h_1 h_2}d_2\frac{F_c}{F_{D2}} + \frac{2h_2 - h_3}{a^2}\frac{F_c}{F_{V2}}\right],$$

$$[13] = [14] = \cdots = [17] = 0,$$

$$[21] = [12],$$

$$[22] = \frac{a}{3}\left(\frac{J_c}{J_2} + \frac{J_c}{J_3}\right) + \frac{J_c}{F_c}\left[\frac{a}{h_2^2}\frac{F_c}{F_{O2}} + \left(\frac{\sec\gamma_3}{h_2}\right)^2 u_3\frac{F_c}{F_{U3}} + \left(\frac{\sec\varphi_2}{h_2}\right)^2 d_2\frac{F_c}{F_{D2}}\right.$$
$$\left. + \left(\frac{\sec\varphi_3}{h_2}\right)^2 d_3\frac{F_c}{F_{D3}} + \frac{(2h_2 - h_3)^2}{h_2 a^2}\frac{F_c}{F_{V2}} + \frac{h_3}{a^2}\frac{F_c}{F_{V3}}\right],$$

$$[23] = \frac{a}{6}\frac{J_c}{J_3} - \frac{J_c}{F_c}\left[\frac{\sec^2\varphi_3}{h_2 h_3}d_3\frac{F_c}{F_{D3}} + \frac{2h_3 - h_4}{a^2}\frac{F_c}{F_{V3}}\right],$$

$$[24] = [25] = \cdots = [27] = 0,$$

$$[31] = 0,$$

$$[32] = [23],$$

$$[33] = \frac{a}{3}\left(\frac{J_c}{J_3} + 1{,}75\frac{J_c}{J_4} + 0{,}25\frac{J_c}{J_5}\right) + \frac{J_c}{F_c}\left[\frac{a}{h_3^2}\frac{F_c}{F_{O3}} + \frac{a}{4h_4^2}\left(\frac{F_c}{F_{O4}} + \frac{F_c}{F_{O5}}\right)\right.$$
$$+ \left(\frac{\sec\gamma_4}{h_3}\right)^2 u_4\frac{F_c}{F_{U4}} + \left(\frac{\sec\varphi_3}{h_3}\right)^2 d_3\frac{F_c}{F_{D3}} + \left(\frac{\sec\varphi_4(2h_4 - h_3)}{2h_3 h_4}\right)^2 d_4\frac{F_c}{F_{D4}}$$
$$\left. + \left(\frac{\sec\varphi_4}{2h_4}\right)^2 d_5\frac{F_c}{F_{D5}} + \frac{(2h_3 - h_4)^2}{h_3 a^2}\frac{F_c}{F_{V3}}\right],$$

$$[34] = \frac{a}{3}\left(\frac{J_c}{J_4} + 0{,}5\frac{J_c}{J_5}\right) + \frac{J_c}{F_c}\left[\frac{a}{2h_4^2}\left(\frac{F_c}{F_{O4}} + \frac{F_c}{F_{O5}}\right) - \frac{\sec^2\varphi_4}{2h_3 h_4^2}(2h_4 - h_3)\cdot d_4\frac{F_c}{F_{D4}}\right.$$
$$\left. + \frac{\sec^2\varphi_4}{2h_4^2}d_5\frac{F_c}{F_{D5}}\right],$$

$$[35] = \frac{a}{6}\left(\frac{J_c}{J_4} + \frac{J_c}{J_5}\right) + \frac{J_c}{F_c}\left[\frac{a}{4h_4^2}\left(\frac{F_c}{F_{O4}} + \frac{F_c}{F_{O5}}\right) - \frac{\sec^2\varphi_4}{4h_3 h_4^2}(2h_4 - h_3)d_4\frac{F_c}{F_{D4}}\right.$$
$$\left. - \frac{\sec^2\varphi_4}{4h_4^2 h_5}(2h_4 - h_5)d_5\frac{F_c}{F_{D5}}\right],$$

$$[36] = [37] = 0,$$

$$[41] = [42] = 0,$$

$$[43] = [34],$$

$$[44] = \frac{a}{3}\left(\frac{J_c}{J_4} + \frac{J_c}{J_5}\right) + \frac{J_c}{F_c}\left[\frac{a}{h_4^2}\left(\frac{F_c}{F_{O_4}} + \frac{F_c}{F_{O_5}}\right) + \frac{\sec^2\varphi_4}{h_4^2}\,d_4\left(\frac{F_c}{F_{D_4}} + \frac{F_c}{F_{D_5}}\right)\right.$$
$$\left. + \frac{4}{a^2}h_4\frac{F_c}{F_{V_4}}\right]$$

usw.

Schreiben wir nach Müller-Breslau die Elastizitätsgleichungen in der Matrixform (vgl. S. 4) an und deuten wir zur Abkürzung die Werte $[ii]$ in der Hauptdiagonalen durch zwei wagerechte Striche, die von Null verschiedenen $[ik]$-Werte durch einen Strich an, während die verschwindenden $[ik]$-Werte gar nicht bezeichnet sind, so erhalten wir folgendes Gleichungsschema[1]):

	X_1	X_2	X_3	X_4	X_5	X_6	X_7	
1	=	−						$= Z_1$
2	−	=	−					$= Z_2$
3		−	=	−	−			$= Z_3$
4			−	=	−			$= Z_4$
5				−	=	−		$= Z_5$
6					−	=	−	$= Z_6$
7						−	=	$= Z_7$

Denken wir uns in dieser schematischen Darstellung noch rechts bzw. links je einen der verschwindenden $[ik]$-Werte hinzugefügt, wie dies durch den stark ausgezogenen treppenförmigen Linienzug in dem Schema veranschaulicht werden soll, so erhalten wir ein System von Gleichungen, das folgende Eigenschaften aufweist: Die erste und letzte Gleichung hat drei $[ik]$-Werte, die zweite und vorletzte vier und die dritte bis drittletzte fünf $[ik]$-Werte. Man nennt derartige Gleichungen fünfgliedrig, weil die mittleren Gleichungen fünf Glieder aufweisen.

Derartige und ähnlich aufgebaute Gleichungssysteme spielen in der Baustatik eine große Rolle; bei der Untersuchung der meisten statisch unbestimmten Systeme gelangt man zu solchen mehrgliedrigen Gleichungen.

Zur numerischen Lösung dieser Gleichungssystme stehen nun eine Reihe von praktisch bewährten Verfahren zur Verfügung, die größtenteils von Ingenieuren ausgearbeitet wurden. Wir bevorzugen das Verfahren

[1]) Zu beachten ist, daß wir statt $EJ_c \cdot Z_r$ $(r = 1, 2 \ldots 7)$ der Einfachheit halber Z_r geschrieben haben. Da wir aber in Zukunft ausschließlich mit diesen $EJ_c Z_r$-Werten arbeiten, ist durch diese vereinfachte Schreibweise ein Irrtum nicht möglich.

von Müller-Breslau, wie er es in der Zeitschrift Der Eisenbau 1916/17[1])
sowie in seiner Graphischen Statik der Baukonstruktionen, Band II,
1. Abteilung (5. Aufl. 1922) S. 173 ff. angegeben hat.

Bei der Ermittlung der Belastungsglieder Z_r (vgl. hierzu die Fußnote auf S. 11) haben wir zu unterscheiden zwischen ruhender und be-
weglicher Belastung, dem Einfluß von Temperaturänderungen sowie dem
einer bekannten gegenseitigen Verschiebung des Punktepaares r, r (der
Angriffspunkte der Kräfte X_r). Für ruhende Lasten ist

$$Z_r = \int M_0\, M_r\, dx\, \frac{J_c}{J} + \frac{J_c}{F_c} \left[\int N_0\, N_r\, dx\, \frac{F_c}{F} + \Sigma S_0\, S_r\, s\, \frac{F_c}{F} \right].$$

So ist z. B. für Eigengewicht — als Einzellast G bzw. $\frac{1}{2} G$ in jedem
mittleren bzw. Endknotenpunkt des Obergurtes angreifend (Abb. 11) —
die Momentenfläche begrenzt durch ein Polygon, dessen Ordinaten sich

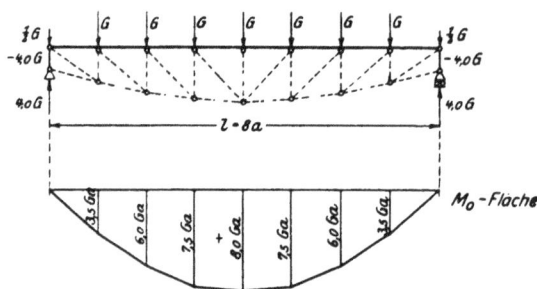

Abb. 11.

z. B. aus der Querkraft
leicht ermitteln lassen[2]).
Die Normalspannung in
dem biegungsfesten Ober-
gurt sowie die Stabkräfte
in den Fachwerkstäben
sind sämtlich gleich Null,
mit Ausnahme der Stäbe
V_0 und V_8, die beide eine
Druckkraft von $4,0\ G$ erhalten.

Für eine — wagerechte — Bremskraft H, die an der Oberkante
der Schiene, d. h. in der Höhe k über der Systemlinie des Obergurtes,
angreift, ergeben sich die Momente M_0, die Normal- und Stabkräfte N_0
und S_0, wie dies aus Abb. 12 ersichtlich ist.

Soll der Einfluß wandernder, am Obergurt angreifender Lasten P_m
untersucht werden, dann haben wir anzusetzen:

$$Z_r = \Sigma P_m \cdot [mr].$$

Die $[mr]$-Linie ist die EJ_c-fache Biegungslinie des Obergurtes,
hervorgerufen durch Zustand $X_r = -1$. Sie ergibt sich nach dem
Mohr'schen Satz[3]) als Momentenfläche eines einfachen Balkens, der mit
der $M_r \dfrac{J_c}{J_r}$-Fläche belastet ist.

---

[1]) Müller-Breslau: Zur Auflösung mehrgliedriger Elastizitätsgleichungen. Der
Eisenbau 1916, S. 111, 299; 1917, S. 193.
[2]) $M_m = M_{m-1} + Q_m a$ (vgl. z. B. Hütte, Band III, 24. Aufl., S. 110).
[3]) Vgl. Hütte, Band I, 25. Aufl., S. 593 ff.

Der Fall, daß die obere und die untere Faser ein und desselben Stabes verschiedene Temperaturen aufweisen, dürfte bei Fachwerkkranträgern im allgemeinen keine Rolle spielen. Wir wollen daher hier nur

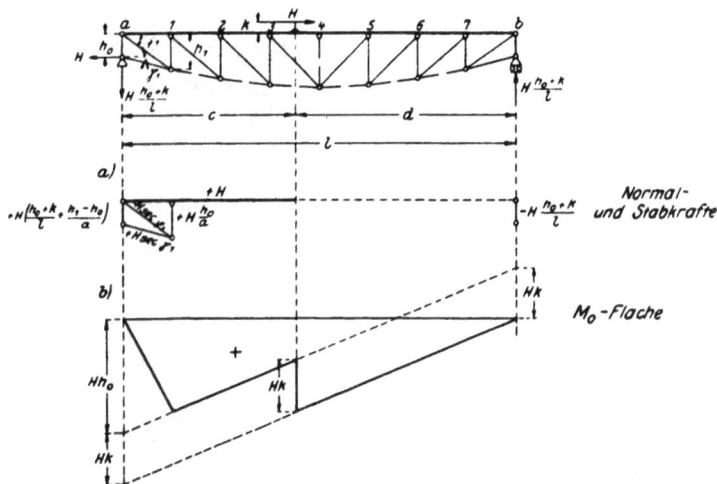

Abb. 12.

den Fall betrachten, daß der Temperaturunterschied t (gegenüber der Aufstellungstemperatur) für sämtliche Fasern eines Stabes konstant sei. Dann ist

$$Z_r = [rt] = \varepsilon\, EJ_c\, [\textstyle\int N_r\, t\, dx + \sum S_r\, ts],$$

worin ε die Wärmeausdehnungszahl für 1^0 bedeutet (für Flußstahl St. 37 sowie auch für hochwertigen Baustahl St. 48 ist $\varepsilon = 0{,}000012$).

Ist t für sämtliche Stäbe gleich, dann bleibt das Tragwerk bei der Temperaturänderung spannungslos; es kann sich ja jeder Stab frei ausdehnen, aus dem ursprünglichen System entsteht nach der Formänderung ein geometrisch ähnliches System.

Dagegen verschwindet der Einfluß der Temperatur nicht, wenn die Werte t für die einzelnen Stäbe verschieden sind, ein Fall, der z. B. bei Laufkranen in Hüttenwerken usw. vorliegen kann.

Infolge einer bekannten gegenseitigen Verschiebung δ_r der Angriffspunkte von X_r wird

$$Z_r = -[r] = -EJ_c\delta_r.$$

In der Regel werden nun, wenigstens für neu herzustellende Konstruktionen, die Werte δ_r nicht bekannt sein. Man wird sich dann darauf beschränken, nach Aufstellung der Berechnung nachzuprüfen, ob das vorgesehene System gegenüber kleinen Formänderungen (z. B. Nachgeben der Nietanschlüsse um 1 mm usw.) empfindlich ist oder nicht.

β) Das System B (Abb. 2).

Die Bezeichnungen der Stäbe sind in Abb. 2 (S. 4) eingetragen, die Maße und Winkel sind aus Abb. 13 zu ersehen.

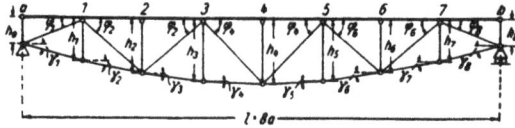

Abb. 13.

Als statisch unbestimmte Größen führten wir diesmal ein:

$$X_1 = U_1 h_1 \cos \gamma_1, \qquad\qquad X_2 = -\frac{a}{2} V_2,$$

$$X_3 = U_3 h_3 \cos \gamma_3, \qquad\qquad X_4 = -\frac{a}{2} V_4,$$

$$X_5 = U_6 h_5 \cos \gamma_6, \qquad\qquad X_6 = -\frac{a}{2} V_6,$$

$$X_7 = U_8 h_7 \cos \gamma_8,$$

d. h. es ist

$$U_1 = \frac{X_1}{h_1} \sec \gamma_1, \qquad\qquad V_2 = -\frac{2}{a} X_2,$$

$$U_3 = \frac{X_3}{h_3} \sec \gamma_3, \qquad\qquad V_4 = -\frac{2}{a} X_4,$$

$$U_6 = \frac{X_5}{h_5} \sec \gamma_6: \qquad\qquad V_6 = -\frac{2}{a} X_6.$$

$$U_8 = \frac{X_7}{h_7} \sec \gamma_8,$$

Das Grundsystem ist in Abb. 14 dargestellt; es entsteht, indem man sämtliche X-Werte gleich Null setzt.

Abb. 14.

Die Momente, Normal- und Stabkräfte infolge der Zustände $X_r = -1$ $(r = 1, 2 \ldots 7)$ sind in Abb. 15 angegeben. Damit erhalten wir dann folgende $[ik]$-Werte:

$$[11] = \frac{a}{3} \left(\frac{J_c}{J_1} + 1{,}75 \frac{J_c}{J_2} + 0{,}25 \frac{J_c}{J_3} \right) + \frac{J_c}{F_c} \left[\frac{a}{4 h_2^2} \left(\frac{F_c}{F_{O2}} + \frac{F_c}{F_{O3}} \right) + \left(\frac{\sec \gamma_1}{h_1} \right)^2 u_1 \frac{F_c}{F_{U1}} \right.$$

$$+ \left(\frac{\sec \gamma_2}{h_1} \right)^2 u_2 \frac{F_c}{F_{U2}} + \left(\frac{\sec \varphi_1}{h_1} \right)^2 d_1 \frac{F_c}{F_{D1}} + \left(\frac{\sec \varphi_2 (2 h_2 - h_1)}{2 h_1 h_2} \right)^2 d_2 \frac{F_c}{F_{D2}}$$

$$+ \left(\frac{\sec \varphi_2}{2 h_2} \right)^2 d_3 \frac{F_c}{F_{D3}} + \frac{h_0}{a^2} \frac{F_c}{F_{V0}} + \frac{(2 h_1 - h_0 - h_2)^2}{a^2 h_1} \frac{F_c}{F_{V1}} \right],$$

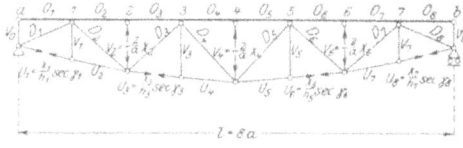

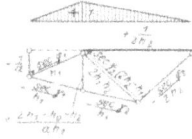

Zustand $X_1 = -1$

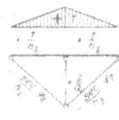

Zustand $X_2 = -1$

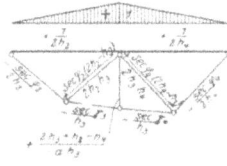

Zustand $X_3 = -1$

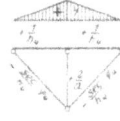

Zustand $X_4 = -1$

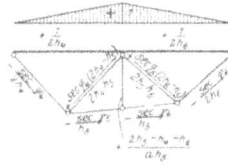

Zustand $X_5 = -1$

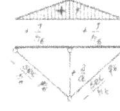

Zustand $X_6 = -1$

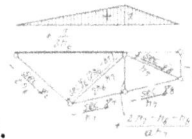

Zustand $X_7 = -1$

Abb. 15.

$$[12] = \frac{a}{3}\left(\frac{J_c}{J_2} + 0.5\,\frac{J_c}{J_3}\right) + \frac{J_c}{F_c}\left[\frac{a}{2\,h_2^2}\left(\frac{F_c}{F_{O2}} + \frac{F_c}{F_{O3}}\right) - \frac{\sec^2\varphi_2}{2\,h_1\,h_2^2}(2\,h_2 - h_1)\,d_2\,\frac{F_c}{F_{D2}}\right.$$
$$\left. + \frac{\sec^2\varphi_2}{2\,h_2^2}\,d_3\,\frac{F_c}{F_{D3}}\right],$$

$$[13] = \frac{a}{6}\left(\frac{J_c}{J_2} + \frac{J_c}{J_3}\right) + \frac{J_c}{F_c}\left[\frac{a}{4\,h_2^2}\left(\frac{F_c}{F_{O2}} + \frac{F_c}{F_{O3}}\right) - \frac{\sec^2\varphi_2}{4\,h_1\,h_2^2}(2\,h_2 - h_1)\,d_2\,\frac{F_c}{F_{D2}}\right.$$
$$\left. - \frac{\sec^2\varphi_2}{4\,h_2^2\,h_3}(2\,h_2 - h_3)\,d_3\,\frac{F_c}{F_{D3}}\right],$$

$$[14] = [15] = \cdots = [17] = 0\,,$$

$$[21] = [12]\,,$$

$$[22] = \frac{a}{3}\left(\frac{J_c}{J_2} + \frac{J_c}{J_3}\right) + \frac{J_c}{F_c}\left[\frac{a}{h_2^2}\left(\frac{F_c}{F_{O2}} + \frac{F_c}{F_{O3}}\right) + \frac{\sec^2\varphi_2}{h_2^2}\,d_2\left(\frac{F_c}{F_{D2}} + \frac{F_c}{F_{D3}}\right) + \frac{4\,h_2}{a^2}\,\frac{F_c}{F_{V2}}\right],$$

$$[23] = \frac{a}{3}\left(0.5\,\frac{J_c}{J_2} + \frac{J_c}{J_3}\right) + \frac{J_c}{F_c}\left[\frac{a}{2\,h_2^2}\left(\frac{F_c}{F_{O2}} + \frac{F_c}{F_{O3}}\right) + \frac{\sec^2\varphi_2}{2\,h_2^2}\,d_2\,\frac{F_c}{F_{D2}}\right.$$
$$\left. - \frac{\sec^2\varphi_2}{2\,h_2^2\,h_3}\cdot(2\,h_2 - h_3)\,d_3\,\frac{F_c}{F_{D3}}\right],$$

$$[24] = [25] = \cdots [27] = 0\,,$$

$$[31] = [13]\,,$$
$$[32] = [23]\,,$$

$$[33] = \frac{a}{3}\left(0.25\,\frac{J_c}{J_2} + 1.75\,\frac{J_c}{J_3} + 1.75\,\frac{J_c}{J_4} + 0.25\,\frac{J_c}{J_5}\right) + \frac{J_c}{F_c}\left[\frac{a}{4\,h_2^2}\left(\frac{F_c}{F_{O2}} + \frac{F_c}{F_{O3}}\right)\right.$$
$$+ \frac{a}{4\,h_4^2}\left(\frac{F_c}{F_{O4}} + \frac{F_c}{F_{O5}}\right) + \left(\frac{\sec\gamma_3}{h_3}\right)^2 u_3\,\frac{F_c}{F_{U3}} + \left(\frac{\sec\gamma_4}{h_3}\right)^2 u_4\,\frac{F_c}{F_{U4}} + \left(\frac{\sec\varphi_2}{2\,h_2}\right)^2 d_2\,\frac{F_c}{F_{D2}}$$
$$+ \left(\frac{\sec\varphi_2(2\,h_2 - h_3)}{2\,h_2\,h_3}\right)^2 d_3\,\frac{F_c}{F_{D3}} + \left(\frac{\sec\varphi_4(2\,h_4 - h_3)}{2\,h_3\,h_4}\right)^2 d_4\,\frac{F_c}{F_{D4}}$$
$$\left. + \left(\frac{\sec\varphi_4}{2\,h_4}\right)^2 d_5\,\frac{F_c}{F_{D5}} + \frac{(2\,h_3 - h_2 - h_4)^2}{a^2\,h_3}\,\frac{F_c}{F_{V3}}\right],$$

$$[34] = \frac{a}{3}\left(\frac{J_c}{J_4} + 0.5\,\frac{J_c}{J_5}\right) + \frac{J_c}{F_c}\left[\frac{a}{2\,h_4^2}\left(\frac{F_c}{F_{O4}} + \frac{F_c}{F_{O5}}\right) - \frac{\sec^2\varphi_4}{2\,h_3\,h_4^2}(2\,h_4 - h_3)\,d_4\,\frac{F_c}{F_{D4}}\right.$$
$$\left. + \frac{\sec^2\varphi_4}{2\,h_4^2}\,d_5\,\frac{F_c}{F_{D5}}\right],$$

$$[35] = \frac{a}{6}\left(\frac{J_c}{J_4} + \frac{J_c}{J_5}\right) + \frac{J_c}{F_c}\left[\frac{a}{4\,h_4^2}\left(\frac{F_c}{F_{O4}} + \frac{F_c}{F_{O5}}\right) - \frac{\sec^2\varphi_4}{4\,h_3\,h_4^2}(2\,h_4 - h_3)\,d_4\,\frac{F_c}{F_{D4}}\right.$$
$$\left. - \frac{\sec^2\varphi_4}{4\,h_4^2\,h_5}(2\,h_4 - h_5)\,d_5\,\frac{F_c}{F_{D5}}\right],$$

$$[36] = [37] = 0\,,$$

$[41] = [42] = 0 \, ,$

$[43] = [34] \, ,$

$$[44] = \frac{a}{3}\left(\frac{J_c}{J_4} + \frac{J_c}{J_5}\right) + \frac{J_c}{F_c}\left[\frac{a}{h_4^2}\left(\frac{F_c}{F_{O4}} + \frac{F_c}{F_{O5}}\right) + \frac{\sec^2\varphi_4}{h_4^2}\, d_4\left(\frac{F_c}{F_{D4}} + \frac{F_c}{F_{D5}}\right) + \frac{4\,h_4}{a^2}\frac{F_c}{F_{V4}}\right].$$

usw.

Die Elastizitätsgleichungen haben somit folgenden schematischen Aufbau:

	X_1	X_2	X_3	X_4	X_5	X_6	X_7	
1	$=$	$-$	$-$					$= Z_1$
2	$-$	$=$	$-$					$= Z_2$
3	$-$	$-$	$=$	$-$	$-$			$= Z_3$
4		$-$	$=$	$-$				$= Z_4$
5		$-$	$-$	$=$	$-$	$-$		$= Z_5$
6				$-$	$=$	$-$		$= Z_6$
7				$-$	$-$	$=$		$= Z_7$

An dem stark gezeichneten treppenförmigen Linienzuge erkennt man, daß wir auch hier wieder auf ein System linearer fünfgliedriger Elastizitätsgleichungen stoßen.

Bezüglich der Ermittlung der Belastungsglieder Z_r gilt das unter α) Gesagte sinngemäß auch hier.

b) Der Fachwerkträger als Grundsystem.

α) Das System A (Abb. 1 auf S. 4).

Als statisch unbestimmte Größen X_1 bis X_7 wählen wir diesmal die Momente in den Obergurtknotenpunkten 1 bis 7. Für den Zustand $X = 0$ erhalten wir dann Gelenke in jedem Obergurtknotenpunkt; das Grundsystem ist also ein einfacher Fachwerkträger.

Die Momente, Normal- und Stabkräfte, die in diesem Grundsystem infolge der Zustände $X_r = -1$ $(r = 1, 2 \ldots 7)$ auftreten, sind in Abb. 16 angegeben. Damit ergeben sich für die $[ik]$-Werte folgende Ausdrücke:

$$[11] = \frac{a}{3}\left(\frac{J_c}{J_1} + \frac{J_c}{J_2}\right) + \frac{J_c}{F_c}\left[\frac{a}{h_1^2}\frac{F_c}{F_{O1}} + \left(\frac{\sec\gamma_2}{h_1}\right)^2 u_2\frac{F_c}{F_{U_2}} + \left(\frac{\sec\varphi_1}{h_1}\right)^2 d_1\frac{F_c}{F_{D_1}}\right.$$

$$\left. + \left(\frac{\sec\varphi_2}{h_1}\right)^2 \cdot d_2\frac{F_c}{F_{D_2}} + \frac{(2h_1 - h_2)^2}{h_1 a^2}\frac{F_c}{F_{V_1}} + \frac{h_2}{a^2}\frac{F_c}{F_{V_2}}\right],$$

$$[12] = \frac{a}{6}\frac{J_c}{J_2} - \frac{J_c}{F_c}\left[\frac{\sec^2\varphi_2}{h_1 h_2}d_2\frac{F_c}{F_{D_2}} + \frac{2h_2 - h_3}{a^2}\frac{F_c}{F_{V_2}}\right],$$

$$[13] = [14] = \cdots = [17] = 0,$$

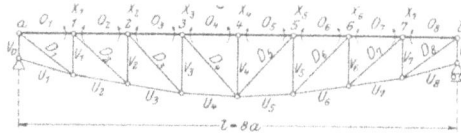

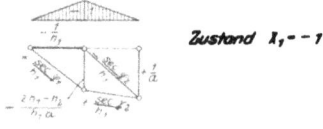

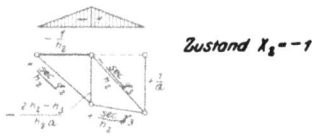

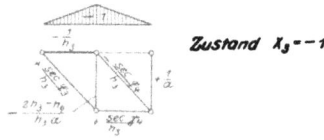

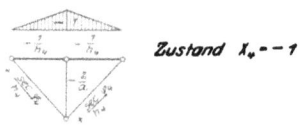

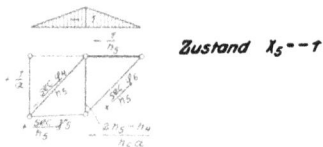

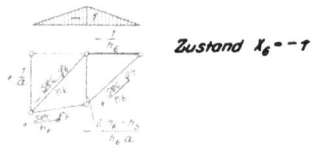

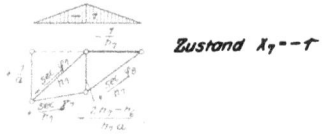

Abb. 16.

$[21] = [12]$,

$$[22] = \frac{a}{3}\left(\frac{J_c}{J_2} + \frac{J_c}{J_3}\right) + \frac{J_c}{F_c}\left[\frac{a}{h_2^2}\frac{F_c}{F_{O_2}} + \left(\frac{\sec\gamma_3}{h_2}\right)^2 u_3\frac{F_c}{F_{U_3}} + \left(\frac{\sec\varphi_2}{h_2}\right)^2 d_2\frac{F_c}{F_{D_2}}\right.$$
$$\left. + \left(\frac{\sec\varphi_3}{h_2}\right)^2 d_3\frac{F_c}{F_{D_3}} + \frac{(2h_2 - h_3)^2}{h_2 a^2}\frac{F_c}{F_{V_2}} + \frac{h_3}{a^2}\frac{F_c}{F_{V_2}}\right],$$

$$[23] = \frac{a}{6}\frac{J_c}{J_3} - \frac{J_c}{F_c}\left[\frac{\sec^2\varphi_3}{h_2 h_3}d_3\frac{F_c}{F_{D_3}} + \frac{2h_3 - h_4}{a^2}\frac{F_c}{F_{V_2}}\right],$$

$[24] = [25] = \cdots = [27] = 0$,

$[31] = 0$,

$[32] = [23]$,

$$[33] = \frac{a}{3}\left(\frac{J_c}{J_3} + \frac{J_c}{J_4}\right) + \frac{J_c}{F_c}\left[\frac{a}{h_3^2}\frac{F_c}{F_{O_3}} + \left(\frac{\sec\gamma_4}{h_3}\right)^2 u_4\frac{F_c}{F_{U_4}} + \left(\frac{\sec\varphi_3}{h_3}\right)^2 d_3\frac{F_c}{F_{D_4}}\right.$$
$$\left. + \left(\frac{\sec\varphi_4}{h_3}\right)^2 \cdot d_4\frac{F_c}{F_{D_4}} + \frac{(2h_3 - h_4)^2}{h_3 a^2}\frac{F_c}{F_{V_3}} + \frac{h_4}{a^2}\frac{F_c}{F_{V_4}}\right],$$

$$[34] = \frac{a}{6}\frac{J_c}{J_4} - \frac{J_c}{F_c}\left[\frac{\sec^2\varphi_4}{h_3 h_4}d_4\frac{F_c}{F_{D_4}} + \frac{2h_4}{a^2}\frac{F_c}{F_{V_4}}\right],$$

$$[35] = \frac{J_c}{F_c} \cdot \frac{h_4}{a^2}\frac{F_c}{F_{V_4}},$$

$[36] = [37] = 0$,

$[41] = [42] = 0$,

$[43] = [34]$,

$$[44] = \frac{a}{3}\left(\frac{J_c}{J_4} + \frac{J_c}{J_5}\right) + \frac{J_c}{F_c}\left[\frac{a}{h_4^2}\left(\frac{F_c}{F_{O_4}} + \frac{F_c}{F_{O_5}}\right) + \frac{\sec^2\varphi_4}{h_4^2}d_4\left(\frac{F_c}{F_{D_4}} + \frac{F_c}{F_{D_5}}\right) + \frac{4h_4}{a^2}\frac{F_c}{F_{V_4}}\right]$$

usw.

Schreiben wir wieder wie bisher die Elastizitätsgleichungen in der schematischen Matrix-Form an, so erhalten wir folgendes Bild:

	X_1	X_2	X_3	X_4	X_5	X_6	X_7	
1	$=$	$-$						$= Z_1$
2	$-$	$=$	$-$					$= Z_2$
3		$-$	$=$	$-$	$-$			$= Z_3$
4			$-$	$=$	$-$			$= Z_4$
5			$-$	$-$	$=$	$-$		$= Z_5$
6					$-$	$=$	$-$	$= Z_6$
7						$-$	$=$	$= Z_7$

2*

Auch diese Rechnung führt, wie man an dem stark ausgezogenen treppenförmigen Linienzug erkennt, auf ein System fünfgliedriger Gleichungen.

Bezüglich der Lösung dieser Gleichungen sei auch hier wieder auf das Verfahren von Müller-Breslau (vgl. S. 12) verwiesen.

Zur Ermittlung der Belastungsglieder Z_r haben wir anzuschreiben — ruhende Belastung vorausgesetzt —

$$Z_r = \int M_0\, M_r\, dx\, \frac{J_c}{J} + \frac{J_c}{F_c}\left[\int N_0\, N_r\, dx\, \frac{F_c}{F} + \Sigma S_0\, S_r\, s\, \frac{F_c}{F}\right].$$

Hierin erstrecken sich die Integrale über die — von Knotenpunkt zu Knotenpunkt — biegungsfesten Obergurtstäbe, die Summe über sämtliche Untergurt-, Diagonal- und Vertikalstäbe.

Greifen z. B. am Obergurt zwei lotrechte Radlasten P_1 und P_2 in der in Abb. 17 angegebenen Stellung an, so besteht die M_0-Fläche, wie man sofort erkennt, aus zwei Dreiecken mit den Größtordinaten

$$P_1 \frac{\xi_3\, \xi_3'}{a} \quad \text{und} \quad P_2 \frac{\xi_4\, \xi_4'}{a}$$

(Abb. 17a). Die Werte N_0 und S_0 erhält man durch Rechnung oder Zeichnung eines Kräfteplanes für die in Abb. 17b angegebenen Knotenlasten.

In entsprechender Weise führt man auch die Rechnung für wagerechte Belastung durch. Als spezielles Beispiel soll der Fall nach Abb. 18 angenommen werden: Am Obergurt, im Abstand k von der Systemlinie, greift zwischen den

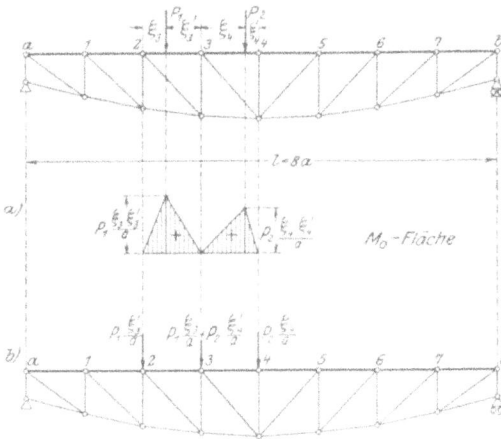

Abb. 17.

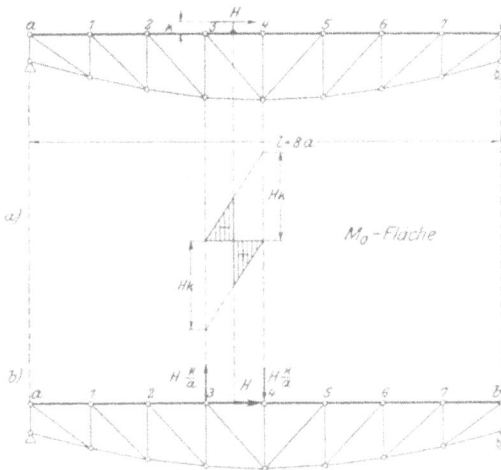

Abb. 18.

Knotenpunkten 3 und 4 die Bremskraft H an. Abb. 18a zeigt wieder

die M_0-Fläche; die Werte N_0 und S_0 ergeben sich aus einem Kräfteplan für die in Abb. 18b angegebene Belastung.

Infolge wandernder Einzellasten P_m wird
$$Z_r = \Sigma P_m \cdot [mr].$$

Für die Ermittlung von Einflußlinien wird
$$Z_r = [mr].$$

Mit $[mr]$ bezeichnen wir dabei die EJ_c-fachen Ordinaten der Biegungslinie des Obergurtes infolge des Zustandes $X_r = -1$; man erhält diese am zweckmäßigsten mit Hilfe der EJ_c-fachen w-Gewichte[1]).

Bezeichnen wir mit w_{ik} das w-Gewicht für einen (oberen) Knotenpunkt i infolge des Zustandes $X_k = -1$ und führen wir weiter für den Beitrag, den die Normal- und Stabkräfte zu den Werten $[ik]$ (in den Elastizitätsgleichungen) liefern, die Abkürzung $[ik]_s$ ein, so ist, wie man sich leicht überzeugen kann (man braucht ja nur mit Hilfe der für die w-Gewichte angegebenen Formeln einen Wert aufzustellen)[2]):
$$EJ_c w_{ik} = [ik]_s.$$

Als Beispiel wollen wir für unser System A die $[m3]$-Linie ermitteln; wir setzen also $k = 3$ und lassen i der Reihe nach alle Werte von 1 bis 7 durchlaufen. Unter Berücksichtigung der auf S. 17 u. 19 für $[ik]_s$ angeschriebenen Werte ergibt sich dann:

$EJ_c w_{13} = 0,$ $EJ_c w_{53} = [53]_s,$

$EJ_c w_{23} = [23]_s,$ $EJ_c w_{63} = 0,$

$EJ_c w_{33} = [33]_s,$ $EJ_c w_{73} = 0.$

$EJ_c w_{43} = [43]_s,$

Mit diesen $EJ_c \cdot w$-Gewichten denken wir uns nun einen einfachen Balken von der Spannweite l belastet (Abb. 19a). Die infolge dieser Belastung in den Knotenpunkten auftretenden Momente sind dann die

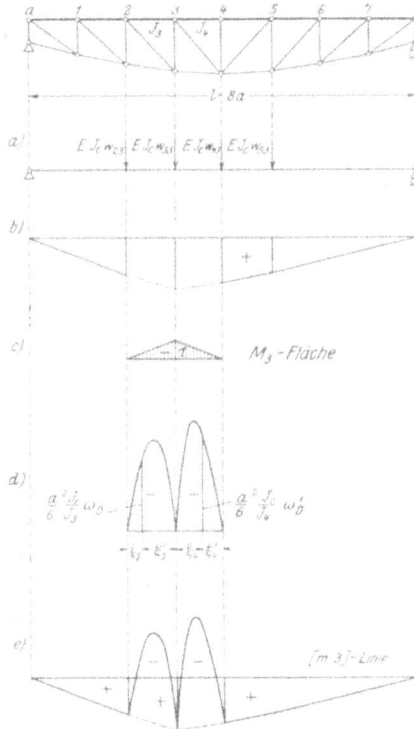

Abb. 19.

---

[1]) Vgl. hierzu: Müller-Breslau: Die graphische Statik der Baukonstruktionen, Band II, 1. Abt., 5. Aufl. 1922, S. 105ff. oder Hütte, Band III, 24. Aufl. 1924, S. 114. (Der Einfluß der Füllungsstäbe — Diagonalen und Vertikalen — ist dort vernachlässigt.)
[2]) Mit Rücksicht auf das leichtere Verständnis ist die Gleichheit dieser beiden Werte mit der Gleichheit der sich dafür ergebenden Ausdrücke begründet. In Wirklichkeit

Ordinaten der [m 3]-Linie. Zwischen den Knotenpunkten im Bereich a bis 2, 4 bis 5 und 5 bis b verläuft die [m 3]-Linie geradlinig (Abb. 19 b). In den Feldern 2, 3 und 3, 4 sind außerdem noch die Durchbiegungen infolge der dreieckförmigen M_3-Fläche zu berücksichtigen (Abb. 19 c). Mittels der von Müller-Breslau eingeführten ω-Werte[1]) ergeben sich diese zu (Abb. 19 d):

$$-\frac{a^2}{6}\frac{J_c}{J_3}\,\omega_D \quad \text{bzw.} \quad -\frac{a^2}{6}\frac{J_c}{J_4}\,\omega'_D$$

(negativ, da die M_3-Fläche ein negatives Vorzeichen aufweist).

Hierin ist

$$\omega_D = \frac{\xi_3}{a} - \left(\frac{\xi_3}{a}\right)^3 \quad \text{und} \quad \omega'_D = \frac{\xi'_4}{a} - \left(\frac{\xi'_4}{a}\right)^3.$$

Die endgültige [m 3]-Linie erhalten wir dann durch Superposition der beiden in Abb. 19 b und d dargestellten Linien; sie ist in Abb. 19 e angegeben.

Im Falle einer Temperaturänderung wird wieder (vgl. hierzu die Ausführungen auf S. 13)

$$Z_r = [rt] = \varepsilon\,E\,J_c\,[\textstyle\int N_r\,t\,dx + \textstyle\sum S_r\,ts].$$

Ändert sich der von den Stäben O_r und O_{r+1} eingeschlossene gestreckte Winkel infolge irgendwelcher Ursache um einen bekannten Betrag δ_r, so tritt an Stelle des Belastungsgliedes wieder der Wert

$$Z_r = -[r] = -\,E\,J_c\,\delta_r.$$

β) Das System B (Abb. 2 auf S. 4).

Auch bei diesem System wählen wir als statisch unbestimmte Größen X_1 bis X_7 die Momente im biegungsfesten Obergurt in den Knotenpunkten 1, 2 ... bis 7.

Bezüglich der Momente, Normal- und Stabkräfte in dem Grundsystem infolge der Zustände $X_r = -1$ $(r = 1, 2 \ldots 7)$ begnügen wir uns auch diesmal — der Kürze halber — wieder mit der Angabe der Resultate (Abb. 20).

---

handelt es sich hier nicht nur um eine rein formale Gleichheit, sondern um eine Identität. Denn die beiden Werte $E\,J_c \cdot w_{ik}$ und $[ik]$, bezeichnen ein und dieselbe statische Größe, nämlich die $E\,J_c$-fache Winkeländerung des gestreckten Winkels zwischen den Sehnen der beiden Stäbe O_i und O_{i+1} bei der Deformation infolge des Kraftzustandes $X_k = -1$.

[1]) Müller-Breslau: Die graphische Statik der Baukonstruktionen, Band II, 2. Abt., 2. Aufl. 1925, S. 40 ff., 110 ff.; Hütte, Band III, 24. Aufl., S. 126.

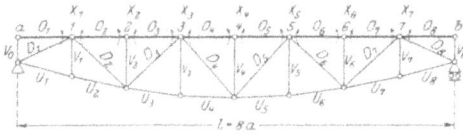

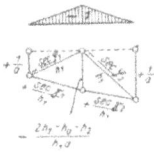

Zustand $X_1 = -1$

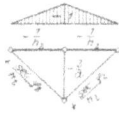

Zustand $X_2 = -1$

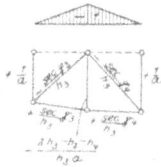

Zustand $X_3 = -1$

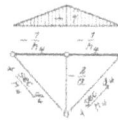

Zustand $X_4 = -1$

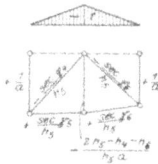

Zustand $X_5 = -1$

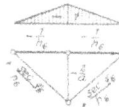

Zustand $X_6 = -1$

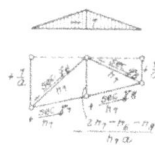

Zustand $X_7 = -1$

Abb. 20.

Die $[ik]$-Werte ergeben sich damit zu:

$$[11] = \frac{a}{3}\left(\frac{J_c}{J_1} + \frac{J_c}{J_2}\right) + \frac{J_c}{F_c}\left[\left(\frac{\sec\gamma_1}{h_1}\right)^2 u_1 \frac{F_c}{F_{U_1}} + \left(\frac{\sec\gamma_2}{h_1}\right)^2 u_2 \frac{F_c}{F_{U_2}} + \left(\frac{\sec\varphi_1}{h_1}\right)^2 d_1 \frac{F_c}{F_{D_1}}\right.$$
$$\left. + \left(\frac{\sec\varphi_2}{h_1}\right)^2 d_2 \frac{F_c}{F_{D_2}} + \frac{h_0}{a^2}\frac{F_c}{F_{V_0}} + \frac{(2h_1 - h_0 - h_2)^2}{h_1 a^2}\frac{F_c}{F_{V_1}} + \frac{h_2}{a^2}\frac{F_c}{F_{V_2}}\right],$$

$$[12] = \frac{a}{6}\frac{J_c}{J_2} - \frac{J_c}{F_c}\left[\frac{\sec^2\varphi_2}{h_1 h_2} d_2 \frac{F_c}{F_{D_2}} + \frac{2h_2}{a^2}\frac{F_c}{F_{V_2}}\right],$$

$$[13] = \frac{J_c}{F_c}\frac{h_2}{a^2}\frac{F_c}{F_{V_2}},$$

$$[14] = [15] = \cdots [17] = 0,$$

$$[21] = [12],$$

$$[22] = \frac{a}{3}\left(\frac{J_c}{J_2} + \frac{J_c}{J_3}\right) + \frac{J_c}{F_c}\left[\frac{a}{h_2^2}\left(\frac{F_c}{F_{O_2}} + \frac{F_c}{F_{O_3}}\right) + \frac{\sec^2\varphi_2}{h_2^2} d_2 \left(\frac{F_c}{F_{D_2}} + \frac{F_c}{F_{D_3}}\right) + \frac{4h_2}{a^2}\frac{F_c}{F_{V_2}}\right],$$

$$[23] = \frac{a}{6}\frac{J_c}{J_3} - \frac{J_c}{F_c}\left[\frac{\sec^2\varphi_2}{h_2 h_3} d_3 \frac{F_c}{F_{D_3}} + \frac{2h_2}{a^2}\frac{F_c}{F_{V_2}}\right],$$

$$[24] = [25] = \cdots [27] = 0,$$

$$[31] = [13],$$

$$[32] = [23],$$

$$[33] = \frac{a}{3}\left(\frac{J_c}{J_3} + \frac{J_c}{J_4}\right) + \frac{J_c}{F_c}\left[\left(\frac{\sec\gamma_3}{h_3}\right)^2 u_3 \frac{F_c}{F_{U_3}} + \left(\frac{\sec\gamma_4}{h_3}\right)^2 u_4 \frac{F_c}{F_{U_4}} + \left(\frac{\sec\varphi_2}{h_3}\right)^2 d_3 \frac{F_c}{F_{D_3}}\right.$$
$$\left. + \left(\frac{\sec\varphi_4}{h_3}\right)^2 d_4 \frac{F_c}{F_{D_4}} + \frac{h_2}{a^2}\frac{F_c}{F_{V_2}} + \frac{(2h_3 - h_2 - h_4)^2}{h_3 a^2}\frac{F_c}{F_{V_3}} + \frac{h_4}{a^2}\frac{F_c}{F_{V_4}}\right],$$

$$[34] = \frac{a}{6}\frac{J_c}{J_4} - \frac{J_c}{F_c}\left[\frac{\sec^2\varphi_4}{h_3 h_4} d_4 \frac{F_c}{F_{D_4}} + \frac{2h_4}{a^2}\frac{F_c}{F_{V_4}}\right],$$

$$[35] = \frac{J_c}{F_c}\frac{h_4}{a^2}\frac{F_c}{F_{V_4}},$$

$$[36] = [37] = 0,$$

$$[41] = [42] = 0,$$

$$[43] = [34],$$

$$[44] = \frac{a}{3}\left(\frac{J_c}{J_4} + \frac{J_c}{J_5}\right) + \frac{J_c}{F_c}\left[\frac{a}{h_4^2}\left(\frac{F_c}{F_{O_4}} + \frac{F_c}{F_{O_5}}\right) + \frac{\sec^2\varphi_4}{h_4^2} d_4 \left(\frac{F_c}{F_{D_4}} + \frac{F_c}{F_{D_5}}\right) + \frac{4h_4}{a^2}\frac{F_c}{F_{V_4}}\right]$$

usw.

Das Schema der sieben Elastizitätsgleichungen hat dann folgendes Aussehen:

	X_1	X_2	X_3	X_4	X_5	X_6	X_7	
1	=	–	–					$= Z_1$
2	–	=	–					$= Z_2$
3	–	–	=	–	–			$= Z_3$
4		–		=	–			$= Z_4$
5		–	–	=	–	–		$= Z_5$
6				–	=	–		$= Z_6$
7					–	–	=	$= Z_7$

Beachtet man die beiden stark ausgezogenen treppenförmigen Linienzüge, so erkennt man, daß wir es auch hier wieder mit einem System fünfgliedriger Elastizitätsgleichungen zu tun haben, bei dem in jeder geraden Reihe die beiden äußersten $[ik]$-Werte zu Null werden.

Für die Ermittlung der Belastungsglieder Z_r gelten die für das System A angestellten Überlegungen sinngemäß auch hier.

2. Anwendung der Theorie auf ein Zahlenbeispiel[1]).

Die im vorigen Kapitel 1 dargelegten allgemeinen Untersuchungen sollen jetzt an einem speziellen Beispiel zahlenmäßig durchgeführt werden. Wir wählen hierzu einen Träger nach Abb. 21; es ist dies dasselbe System, das auch Herr Schick in seiner Abhandlung in der Zeitschrift „Der Bauingenieur" 1921 durchgerechnet hat[2]).

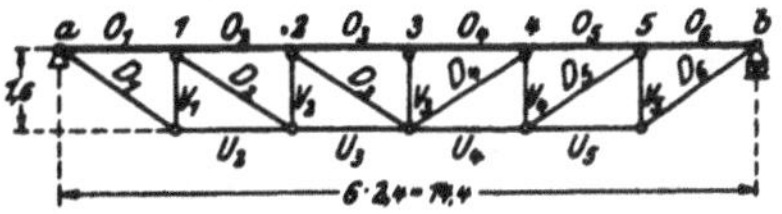

Abb. 21.

Das System ist fünffach innerlich statisch unbestimmt. Zur Ermittlung der $[ik]$-Werte brauchen wir die Verhältniswerte $\dfrac{J_e}{J}$ bzw. $\dfrac{F_e}{F}$.

Für neu zu entwerfende Konstruktionen muß man diese Werte zunächst schätzen (z. B. aus ähnlichen bereits ausgeführten Systemen) oder durch eine Überschlagsrechnung, wie sie z. B. im nächsten Kapitel ausführlich angegeben ist, ermitteln. Im vorliegenden Fall handelt es sich um eine

---

[1]) Bei der Kontrolle der Formeln und Zahlenrechnungen sowie auch beim Lesen der Korrektur haben mir die Herren Dr.-Ing. K. Havemann und cand. ing. K. L. Meyer wertvolle Hilfe geleistet, wofür ich ihnen auch an dieser Stelle meinen besten Dank ausspreche.

[2]) Vgl. die Literaturübersicht auf S. 98.

Nachrechnung; die einzelnen Querschnitte und damit auch die Verhältniswerte $\frac{J_e}{J}$ und $\frac{F_e}{F}$ sind also gegeben.

Stab	Profil	J cm⁴	F cm²	$\frac{J_e}{J}$	$\frac{F_e}{F}$
$O_1 = O_6$ $O_2 = O_5$ $O_3 = O_4$	140·140·13 400·12	15000	118	1	1
$U_2 = U_5$	130·130·12		60		1,967
$U_3 = U_4$	130·130·12 270·10		87		1,356
$D_1 = D_6$	130·130·14		69,4		1,700
$D_2 = D_5$	120·120·11		50,8		2,323
$D_3 = D_4$	100·100·10		38,4		3,073
$V_1 = V_5$	90·90·11		37,4		3,155
$V_2 = V_4$	75·75·10		28,2		4,184
V_3	70·70·9		23,8		4,958

Ehe wir an die eigentliche Rechnung herangehen, empfiehlt es sich,
einige später öfter gebrauchte Zahlenwerte ein für allemal zu ermitteln.

Die Länge der Diagonalstäbe ergibt sich zu:

$$d = \sqrt{a^2 + h^2} = \sqrt{2,4^2 + 1,6^2} = \sqrt{8,32} = 2,884 \text{ m}.$$

Damit ist:

$$\sec \varphi = \frac{d}{a} = \frac{2,884}{2,4} = 1,202,$$

$$\frac{\sec \varphi}{h} = \frac{1,202}{1,6} = 0,751, \qquad \frac{\sec \varphi}{h} d = 0,751 \cdot 2,884 = 2,167,$$

$$\left(\frac{\sec \varphi}{h}\right)^2 d = 0,751^2 \cdot 2,884 = 1,628.$$

Weiter ist:

$$\frac{1}{a} = \frac{1}{2,4} = 0,417, \qquad \frac{1}{a} h = \frac{1,6}{2,4} = 0,667,$$

$$\left(\frac{1}{a}\right)^2 h = 0,417^2 \cdot 1,6 = 0,278,$$

$$\frac{1}{h} = \frac{1}{1,6} = 0,625, \qquad \frac{1}{h} a = \frac{2,4}{1,6} = 1,5,$$

$$\left(\frac{1}{h}\right)^2 a = 0,625^2 \cdot 2,4 = 0,938 \,,$$

$$\frac{a}{3} = 0,80 \,; \quad \frac{a}{6} = 0,40 \,.$$

Der Verhältniswert $\frac{J_c}{F_c}$ ist $\frac{15000}{118} = 127 \text{ cm}^2 = 0,0127 \text{ m}^2$.

a) Der Vollwandträger als Grundsystem.

Der vorliegende Parallelträger ist ein Sonderfall des in Kapitel 1, a, α dieses Abschnittes behandelten allgemeineren Trägers; die hier gültigen Werte ergeben sich aus den dort angegebenen Werten, indem wir $h = $ konst., $\gamma = 0$ und $\varphi = $ konst. setzen.

Als statisch unbestimmte Größen führen wir also in die Rechnung ein:

$$X_1 = U_2 h, \qquad\qquad\qquad\qquad\qquad\qquad X_4 = U_4 h,$$
$$X_2 = U_3 h, \qquad\qquad X_3 = -\frac{a}{2} V_3, \qquad\qquad X_5 = U_5 h.$$

Die Momente, Normal- und Stabkräfte infolge der Zustände $X_r = -1$ ($r = 1, 2 \ldots 5$) sind, um dem Leser das lästige Zurückblättern und sinngemäße Übertragen der in Abb. 5 angegebenen Werte zu ersparen, in umstehender Abb. 22 nochmals dargestellt.

Die Ausdrücke für $[ik]$ ergeben sich, wenn man gleich die betreffenden Zahlenwerte einsetzt, zu[1]):

$[11] - 0,8 \cdot 2 + 0,0127 [0,938 (1 + 1,967) + 1,628 (1,700 + 2,323)$
$\quad + 0,278 (3,155 + 4,184)] = 1,60 + 0,1445 = 1,7445 \,,$

$[12] = 0,4 - 0,0127 [1,628 \cdot 2,323 + 0,278 \cdot 4,184] = 0,4 - 0,0628$
$\quad = 0,3372 \,.$

$[22] = 0,8 \cdot 3 + 0,0127 [0,938 (1 + 2 \cdot 0,25 + 1,356) + 1,628 (2,323$
$\quad + 2 \cdot 0,25 \cdot 3,073) + 0,278 \cdot 4,184] = 2,4 + 0,1287 = 2,5287 \,,$

$[23] = 0,4 \cdot 3 + 0,0127 [2 \cdot 0,55 \cdot 0,938] = 1,2 + 0,0119 = 1,2119 \,,$

$[24] = 0,4 \cdot 2 + 0,0127 [2 \cdot 0,25 \cdot 0,938 - 2 \cdot 0,25 \cdot 1,628 \cdot 3,073] = 0,8$
$\quad - 0,0258 = 0,7742 \,.$

$[33] = 0,8 \cdot 2 + 0,0127 [0,938 \cdot 2 + 1,628 \cdot 2 \cdot 3,073 + 4 \cdot 0,278 \cdot 4,958]$
$\quad = 1,60 + 0,2210 = 1,8210 \,.$

---

[1]) Die Zahlenrechnungen in diesem Buche sind mit übertriebener Genauigkeit mit Hilfe einer Rechenmaschine durchgeführt und erst zum Schluß abgerundet worden. Für praktische Fälle reicht im allgemeinen die Rechnung mittels des Rechenschiebers aus.

Die übrigen $[ik]$-Werte brauchen wir nicht zu berechnen, denn infolge der Symmetrie des Tragwerks zur Mittelachse wird die quadratische Matrix symmetrisch zur Haupt- und Nebendiagonalen.

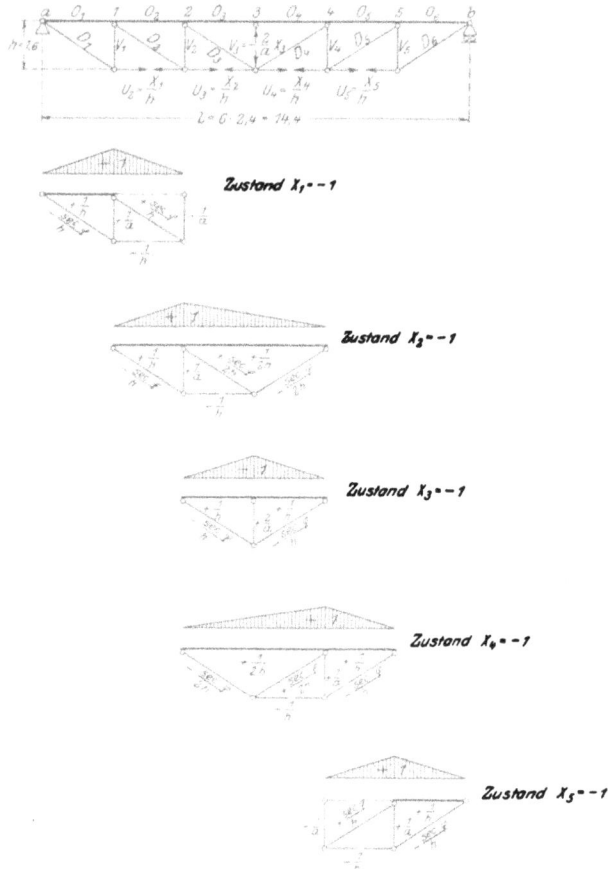

Abb. 22.

Das Schema der Elastizitätsgleichungen ergibt sich damit zu:

	X_1	X_2	X_3	X_4	X_5	
1	1,7445	0,3372				$= Z_1$
2	0,3372	2,5287	1,2119	0,7742		$= Z_2$
3		1,2119	1,8210	1,2119		$= Z_3$
4		0,7742	1,2119	2,5287	0,3372	$= Z_4$
5				0,3372	1,7445	$= Z_5$

Die Lösung dieser Gleichungen wollen wir hier in der Weise vornehmen, daß wir diese Gruppe von 5 doppeltsymmetrischen Gleichungen spalten in zwei voneinander unabhängige Gleichungsgruppen mit drei bzw. zwei Unbekannten. Man erreicht dies, indem man die 1. und 5., die 2. und 4. sowie die 3. und 3. Reihe addiert bzw. subtrahiert[1]).

Wir erhalten:

	$X_1 + X_5$	$X_2 + X_4$	X_3	
$1+5$	1,7445	0,3372		$= Z_1 + Z_5$
$2+4$	0,3372	3,3028	2,4238	$= Z_2 + Z_4$
$3+3$		2,4238	3,6420	$= 2\,Z_3$

und

	$X_1 - X_5$	$X_2 - X_4$	
$1-5$	1,7445	0,3372	$= Z_1 - Z_5$
$2-4$	0,3372	1,7545	$= Z_2 - Z_4$

Diese beiden Gleichungsgruppen lassen sich nun bequem mit Hilfe der Determinantentheorie auflösen[2]). Für die erste Gleichungsgruppe (mit 3 Unbekannten) erhalten wir die Unterdeterminanten:

$$D_{11} = 3{,}3028 \cdot 3{,}6420 - 2{,}4238^2 = 6{,}1540\,,$$

$$D_{12} = -\,0{,}3372 \cdot 3{,}6420 = -\,1{,}2280\,,$$

$$D_{13} = 0{,}3372 \cdot 2{,}4238 = 0{,}8172\,,$$

$$D_{22} = 1{,}7445 \cdot 3{,}6420 = 6{,}3535\,,$$

$$D_{23} = -\,1{,}7445 \cdot 2{,}4238 = -\,4{,}2284\,,$$

$$D_{33} = 1{,}7445 \cdot 3{,}3028 - 0{,}3372^2 = 5{,}6481\,.$$

---

[1]) Es ist dies praktisch dasselbe, als wenn man gleich von Anfang an, um die Symmetrie des Tragwerks auszunutzen, andere statisch unbestimmte Größen Y etwa in der Form eingeführt hätte:

$$Y_1 = \frac{X_1 + X_5}{2}, \qquad Y_2 = \frac{X_2 + X_4}{2},$$
$$Y_1' = \frac{X_1 - X_5}{2}, \qquad Y_2' = \frac{X_2 - X_4}{2}, \qquad Y_3 = X_3\,.$$

Auch das B-U-Verfahren von Andrée (W. L. Andrée: Das B-U-Verfahren, Verlag von R. Oldenbourg 1919) kommt im Prinzip auf das gleiche heraus.

[2]) Vgl. z. B. Müller-Breslau: Die graphische Statik der Baukonstruktionen, Band II, I. Abt., 5. Aufl. 1922, S. 145ff.

Die Nennerdeterminante wird — zum Schutze gegen Rechenfehler — dreimal gerechnet

$$D = 1{,}7445 \cdot 6{,}1540 - 0{,}3372 \cdot 1{,}2280 = 10{,}3217 \,,$$

$$D = -0{,}3372 \cdot 1{,}2280 + 3{,}3028 \cdot 6{,}3535 - 2{,}4238 \cdot 4{,}2284 = 10{,}3217 \,,$$

$$D = -2{,}4238 \cdot 4{,}2284 + 3{,}6420 \cdot 5{,}6481 = 10{,}3217 \,.$$

Die β-Werte ergeben sich aus der Beziehung

$$\beta_{ik} = \frac{D_{ik}}{D} \,.$$

Wie erhalten also folgende β-Tafel:

	$Z_1 + Z_5$	$Z_2 + Z_4$	$2\,Z_3$
$X_1 + X_5 =$	0,5962	$-0{,}1190$	0,0792
$X_2 + X_4 =$	$-0{,}1190$	0,6156	$-0{,}4097$
$X_3 =$	0,0792	$-0{,}4097$	0,5472

Für die beiden Gleichungen mit den zwei Unbekannten können wir die Nennerdeterminante sofort anschreiben; wir erhalten:

$$D = 1{,}7445 \cdot 1{,}7545 - 0{,}3372^2 = 2{,}9470 \,.$$

Die β-Tafel ergibt sich dann zu:

	$Z_1 - Z_5$	$Z_2 - Z_4$
$X_1 - X_5 =$	0,5953	$-0{,}1144$
$X_2 - X_4 =$	$-0{,}1144$	0,5920

Aus den Lösungen dieser beiden Gleichungssysteme ermitteln wir leicht diejenige des ursprünglichen Systemes der fünf fünfgliedrigen Gleichungen. Für dieses ergeben sich die β-Werte beispielsweise zu:

$$\beta_{11} = \frac{1}{2}\,(0{,}5962 + 0{,}5953) = 0{,}5958 \,,$$

$$\beta_{15} = \frac{1}{2}\,(0{,}5962 - 0{,}5953) = 0{,}0004 \,,$$

$$\beta_{12} = \frac{1}{2}\,(-0{,}1190 - 0{,}1144) = -0{,}1167 \,,$$

$$\beta_{14} = \frac{1}{2}\,(-0{,}1190 + 0{,}1144) = -0{,}0023 \,,$$

$$\beta_{13} = 0{,}0792$$

usw.

Wir erhalten also folgende Tafel:

	Z_1	Z_2	Z_3	Z_4	Z_5
$X_1 =$	0,5958	−0,1167	0,0792	−0,0023	0,0004
$X_2 =$	−0,1167	0,6088	−0,4097	0,0118	−0,0023
$X_3 =$	0,0792	−0,4097	1,0944	−0,4097	0,0792
$X_4 =$	−0,0023	0,0118	−0,4097	0,6088	−0,1167
$X_5 =$	0,0004	−0,0023	0,0792	−0,1167	0,5958

Dieselben Werte hätte man natürlich auch durch direkte Auflösung nach dem für fünfgliedrige Gleichungen aufgestellten Lösungsschema erhalten[1]). Wir werden dieses Verfahren im Teil b (Der Fachwerkträger als Grundsystem) anwenden.

Als äußere ruhende Belastung wollen wir zwei gleichgroße Lasten $P = 1\,t$ in der in Abb. 23 dargestellten Lage annehmen. Für dieselbe Laststellung führte auch Schick die Untersuchung durch.

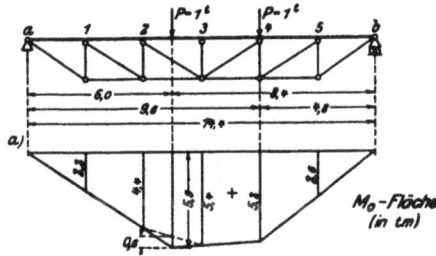

Abb. 23.

Die Momente M_0 am Grundsystem (vollwandiger Träger) infolge dieser Laststellung sind in Abb. 23a angegeben. Die Z_r-Werte ergeben sich, da die Normal- und Stabkräfte im Grundsystem infolge dieser Belastung verschwinden, zu

$$Z_r = [0r] = \int M_0 M_r\, dx\, \frac{J_c}{J},$$

worin unter M_r die Momentenfläche für den Zustand $X_r = -1$ zu verstehen ist. Wegen der Auswertung der $\int M_i M_k\, dx$ vgl. die fertigen Formeln auf S. 9. $\frac{J_c}{J}$ ist für den ganzen Obergurt konstant $= 1$.

Wir erhalten folgende Zahlenwerte:

$$Z_1 = \frac{1}{4} \cdot 2 \cdot 2,4 \cdot 1,0 \cdot 4,4 = 5,28,$$

$$Z_2 = 0,4 \cdot 1,0\,(2 \cdot 4,4 + 2,2) + 0,4 \cdot [1,0\,(2 \cdot 4,4 + 5,4) + 0,5(2 \cdot 5,4 + 4,4)]$$

$$+ \frac{1}{4} \cdot 2,4 \cdot 0,6\,(1,0 + 0,5) + 0,4 \cdot 0,5\,(2 \cdot 5,4 + 5,2) = 16,86,$$

$$Z_3 = 0,4 \cdot 1,0\,(2 \cdot 5,4 + 4,4) + \frac{1}{4} \cdot 2,4 \cdot 0,6 \cdot 1,0 + 0,4 \cdot 1,0\,(2 \cdot 5,4 + 5,2)$$

$$= 12,84.$$

---

[1]) Vgl. Fußnote [1]) auf S. 12.

$$Z_4 = 0,4 \cdot 0,5 \, (2 \cdot 5,4 + 4,4) + \frac{1}{4} \cdot 2,4 \cdot 0,6 \cdot 0,5 + 0,4 \, [0,5 \, (2 \cdot 5,4 + 5,2)$$

$$+ \, 1,0 (2 \cdot 5,2 + 5,4)] + 0,4 \cdot 1,0 \, (2 \cdot 5,2 + 2,6) = 17,94 \,,$$

$$Z_5 = \frac{1}{4} \cdot 2 \cdot 2,4 \cdot 1,0 \cdot 5,2 = 6,24 \,.$$

Die statisch unbestimmten Größen ergeben sich somit zu:

$$X_1 = 0,5958 \cdot 5,28 - 0,1167 \cdot 16,86 + 0,0792 \cdot 12,84 - 0,0023 \cdot 17,94$$

$$+ \, 0,0004 \cdot 6,24 = 2,1568 \,,$$

$$X_2 = - \, 0,1167 \cdot 5,28 + 0,6038 \cdot 16,86 - 0,4097 \cdot 12,84 + 0,0118 \cdot 17,94$$

$$- \, 0,0023 \cdot 6,24 = 4,5006 \,.$$

Auf dieselbe Art und Weise errechnen wir:

$$X_3 = 0,7083 \,,$$
$$X_4 = 5,0300 \,,$$
$$X_5 = 2,6048 \,.$$

Daraus ergibt sich dann (vgl. den entsprechenden Ansatz auf S. 27 bzw. die Abb. 22).

$$U_2 = \frac{1}{h} X_1 = 0,625 \cdot 2,1568 = 1,348 \, t \,,$$

$$U_3 = \frac{1}{h} X_2 = 0,625 \cdot 4,5006 = 2,813 \, t \,,$$

$$V_3 = -\frac{2}{a} X_3 = -2 \cdot 0,417 \cdot 0,7083 = -0,590 \, t \,,$$

$$U_4 = \frac{1}{h} X_4 = 0,625 \cdot 5,0300 = 3,144 \, t \,,$$

$$U_5 = \frac{1}{h} X_5 = 0,625 \cdot 2,6048 = 1,628 \, t \,.$$

Die Stabkräfte in den übrigen Stäben errechnen sich nach dem Superpositionsgesetz zu

$$S = S_0 - S_1 X_1 - S_2 X_2 - \cdots - S_5 X_5 \,.$$

S_0 ist hierin gleich Null für sämtliche Stäbe.

Wir erhalten also beispielsweise:

$$D_1 = +\frac{\sec \varphi}{h} X_1 = 0,751 \cdot 2,1568 = 1,620 \, t \,,$$

$$D_3 = -\frac{\sec \varphi}{2h} X_2 + \frac{\sec \varphi}{h} X_3 + \frac{\sec \varphi}{2h} X_4 = 0,751 \, (-0,5 \cdot 4,5006 + 0,7083$$

$$+ \, 0,5 \cdot 5,0300) = 0,731 \, t$$

usw.

Ebenso ergeben sich Momente im biegungsfesten Obergurt aus:

$$M_m = M_{m0} - M_{m1} X_1 - M_{m2} X_2 - \cdots - M_{m5} X_5 \,.$$

Z. B. wird das Moment im Knotenpunkt 1

$$M_1 = 2,2 - 1,0 \cdot 2,1568 = 0,0432 \text{ tm}.$$

Das Moment im Knotenpunkt 2 wird

$$M_2 = 4,4 - 1,0 \cdot 4,5006 = -0,1006 \text{ tm}$$

usw.

In der Mitte des Feldes 2, 3 (unter der ersten Last $P = 1$ t) ist das Moment

$$M_{III} = 5,5 - 0,75 \cdot 4,5006 - 0,5 \cdot 0,7083 - 0,25 \cdot 5,0300 = 0,5130 \text{ tm}.$$

In Abb. 24 sind die so gewonnenen Momente, Normal- und Stabkräfte eingetragen (die Dimension der Momente ist tm, die der Stabkräfte t)[1]).

Zur Ermittlung der **Einflußlinien** brauchen wir die $[mr]$-Linien. Diese ergeben sich im vorliegenden Fall besonders einfach, da ja $J = \text{konst} = J_c$ für den gesamten Obergurt ist, als Momentenfläche des mit der M_r-Fläche belasteten einfachen Balkens. Die $[m4]$- und $[m5]$-Linien brauchen wir nicht zu ermitteln; infolge der Symmetrie des Systemes zur

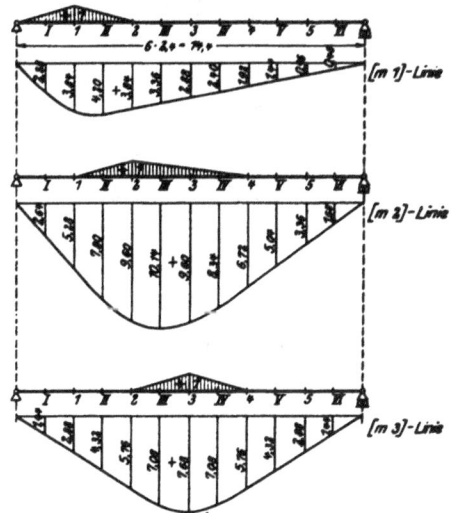

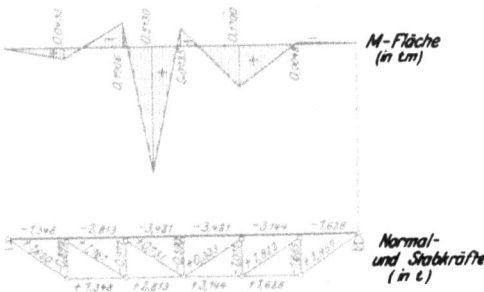

Abb. 24.

Abb. 25.

Mittelachse sind diese spiegelbildlich zu der $[m2]$- bzw. $[m1]$-Linie.

In Abb. 25 haben wir, der größeren Deutlichkeit halber, immer zuerst die Balken mit der darauf ruhenden M_r-Fläche als Belastung gezeichnet und dann darunter die zugehörige $[mr]$-Linie. Innerhalb der einzelnen Felder ist jeweils nur eine Ordinate, und zwar in Feldmitte, an-

---

[1]) Die von Herrn Schick für dasselbe Beispiel angegebenen Zahlenwerte (Der Bauingenieur 1921, S. 130) sind unrichtig. Es liegt dies daran, daß Schick — in ein und demselben Rechnungsgang — die $[ik]$-Werte ermittelt für Anordnung: Fachwerk als Grundsystem, die Berechnung der Belastungsglieder Z dagegen durchführt für Anordnung: Vollwandträger als Grundsystem.

gegeben; bei der vorhandenen kleinen Feldweite ist dies für praktische Zwecke vollkommen hinreichend.

Mit Hilfe dieser $[mr]$-Linien lassen sich jetzt die Einflußlinien für die statisch unbestimmten Größen punktweise ermitteln. Wir erhalten z. B. von der X_1-Linie:

die Ordinate unter dem Punkte I (in der Mitte des Feldes a, 1):

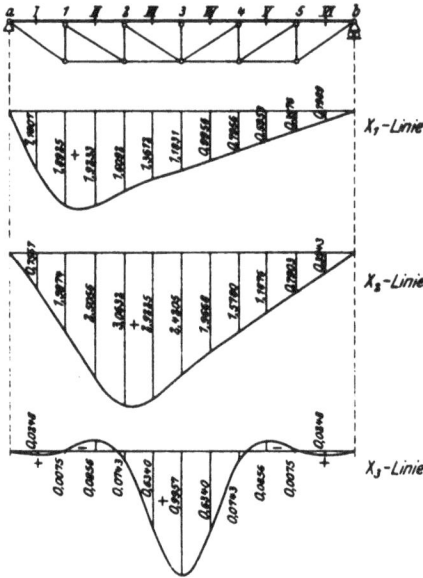

$$\eta_{1I} = 0{,}5958 \cdot 2{,}28 - 0{,}1167 \cdot 2{,}64$$
$$+ 0{,}0792 \cdot 1{,}44 - 0{,}0023 \cdot 1{,}68$$
$$+ 0{,}0004 \cdot 0{,}48 = 1{,}1607,$$

die Ordinate unter dem Knotenpunkt 1:

$$\eta_{11} = 0{,}5958 \cdot 3{,}84 - 0{,}1167 \cdot 5{,}28$$
$$+ 0{,}0792 \cdot 2{,}88 - 0{,}0023 \cdot 3{,}36$$
$$+ 0{,}0004 \cdot 0{,}96 = 1{,}8925$$

usw.

Trägt man die in dieser Weise ermittelten Ordinaten auf, so erhält man die Einflußlinien für X_1, X_2 und X_3, wie sie Abb. 26 zeigt. Die Einflußlinien für X_4 und X_5 sind wieder, wegen der Symmetrie des Systemes, spiegelbildlich denen für X_2 und X_1.

Abb. 26.

Diese Einflußlinien für X_1, X_2, X_4 und X_5 sind auch gleichzeitig Einflußlinien für die Stabkräfte in den Untergurtstäben U_2, U_3, U_4 und U_5; als Multiplikator haben wir dann anzuschreiben $\dfrac{1}{h} = 0{,}625$. Die Einfluß-

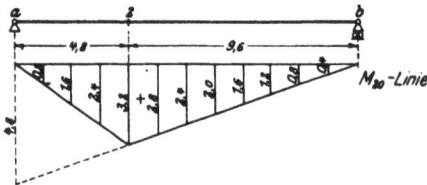

Abb. 27.

linie für die Stabkraft V_3 ist identisch mit der für X_3, wenn man als Multiplikator den Wert

$$-\frac{2}{a} = -0{,}833 \text{ einführt.}$$

Sind die Einflußlinien für die statisch unbestimmten Größen bekannt, dann lassen sich auch die für jede andere statische Größe — Moment, Normal- oder Stabkraft — sofort bestimmen mit Hilfe der Beziehung:

$$M_m = M_{m0} - M_{m1}X_1 - M_{m2}X_2 - \cdots - M_{m5}X_5$$

bzw.

$$S_r = S_{r0} - S_{r1}X_1 - S_{r2}X_2 - \cdots - S_{r5}X_5.$$

Als Beispiel ermitteln wir die Einflußlinie für das Moment im Knotenpunkt 2 des biegungsfesten Obergurtes ($m = 2$). Die M_{20}-Linie ist in

Abb. 27 dargestellt; M_{22} ist gleich $+1$, alle übrigen Werte M_{m2} verschwinden. Dann wird:

$$\eta_{2I} = 0,8 - 1,0 \cdot 0,7567 = 0,0433 ,$$
$$\eta_{21} = 1,6 - 1,0 \cdot 1,5974 = 0,0026 ,$$
$$\eta_{2II} = 2,4 - 1,0 \cdot 2,5056 = -0,1056 ,$$
$$\eta_{22} = 3,2 - 1,0 \cdot 3,0632 = 0,1368$$

usw.

Auf diese Art und Weise sind die Einflußlinien für die Biegungsmomente in den Obergurt-Knotenpunkten 1, 2 und 3 sowie in den Feldmitten I, II und III errechnet und in Abb. 28 und 29 dargestellt worden.

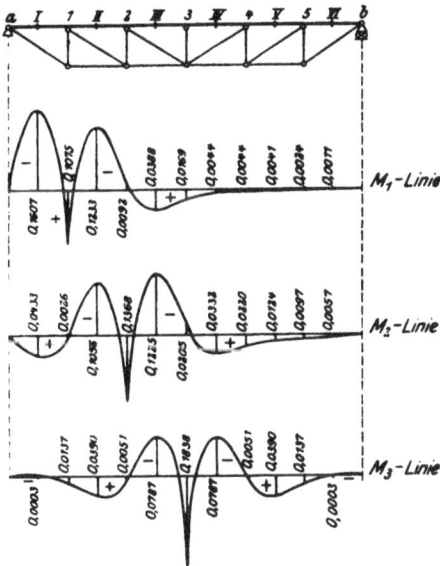

Abb. 28.

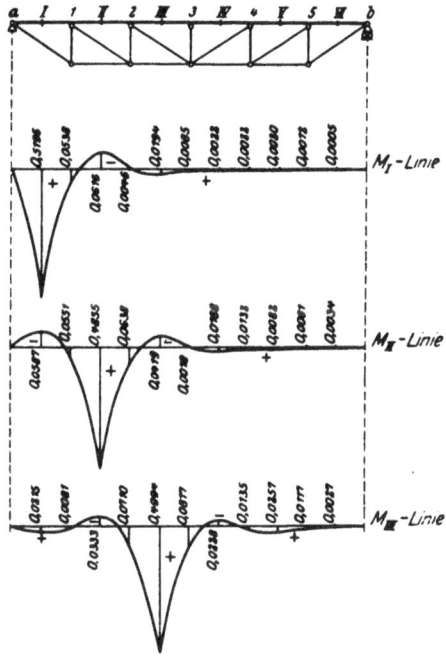

Abb. 29.

Über die Dimension der Einflußlinienordinaten sei noch kurz folgendes gesagt: Belasten wir das System mit einer Last P in t und ist η die Ordinate der Einflußlinie senkrecht unter dem Lastangriffspunkt, dann ergibt die Auswertung $P\eta$ in tm, wenn es sich um die Einflußlinie für ein Biegungsmoment, in t, wenn es sich um eine Stabkraft-Linie handelt.

b) Der Fachwerkträger als Grundsystem.

Die Momente, Normal- und Stabkräfte infolge der am Grundsystem angreifenden Zustände $X_r = -1$ sind auch für diesen Rechnungsgang (in nachstehender Abb. 30) nochmals besonders angegeben.

3*

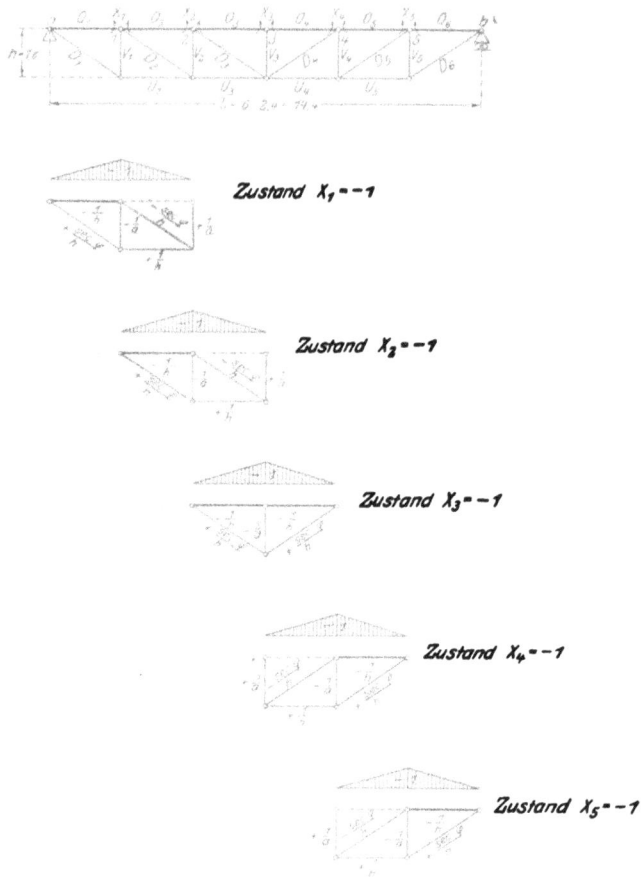

Zustand $X_1 = -1$

Zustand $X_2 = -1$

Zustand $X_3 = -1$

Zustand $X_4 = -1$

Zustand $X_5 = -1$

Abb. 30.

Die $[ik]$-Werte lassen sich dann bequem bilden; wir erhalten:

$[11] = 0{,}8 \cdot 2 + 0{,}0127\,[0{,}938\,(1 + 1{,}967) + 1{,}628\,(1{,}700 + 2{,}323)$
$\qquad + 0{,}278\,(3{,}155 + 4{,}184)] = 1{,}60 + 0{,}1445 = 1{,}7445\,,$

$[12] = 0{,}4 - 0{,}0127\,[1{,}628 \cdot 2{,}323 + 0{,}278 \cdot 4{,}184] = 0{,}4 - 0{,}0628$
$\qquad = 0{,}3372\,,$

$[22] = 0{,}8 \cdot 2 + 0{,}0127\,[0{,}938\,(1 + 1{,}356) + 1{,}628\,(2{,}323 + 3{,}073)$
$\qquad + 0{,}278\,(4{,}184 + 4{,}958)] = 1{,}6 + 0{,}1720 = 1{,}7720\,,$

$[23] = 0{,}4 - 0{,}0127\,[1{,}628 \cdot 3{,}073 + 2 \cdot 0{,}278 \cdot 4{,}958] = 0{,}4 - 0{,}0986$
$\qquad = 0{,}3014\,,$

$[24] = 0{,}0127 \cdot 0{,}278 \cdot 4{,}958 = 0{,}0175\,,$

$[33] = 0,8 \cdot 2 + 0,0127 \, [0,938 \cdot 2 + 1,628 \cdot 2 \cdot 3,073 + 4 \cdot 0,278 \cdot 4,958]$
$= 1,60 + 0,2210 = 1,8210.$

Die übrigen Werte brauchen — wegen der Symmetrie des Systemes — nicht berechnet zu werden.

Damit erhalten wir für die Elastizitätsgleichungen folgendes Schema:

	X_1	X_2	X_3	X_4	X_5	
1	1,7445	0,3372				$= Z_1$
2	0,3372	1,7720	0,3014	0,0175		$= Z_2$
3		0,3014	1,8210	0,3014		$= Z_3$
4		0,0175	0,3014	1,7720	0,3372	$= Z_4$
5				0,3372	1,7445	$= Z_5$

Die Auflösung dieser Gleichungen wollen wir diesmal nach dem von Müller - Breslau für fünfgliedrige Gleichungen aufgestellten Rechenschema[1]) vornehmen:

$r = 1:$ $\qquad \mu_1 = -\dfrac{0,3372}{1,7445} = -0,1933,$ $\qquad\qquad v_1 = 0.$

$r = 2:$ $\quad c_{I2} = 1,7720 - 0,3372 \cdot 0,1933 = 1,7068,$

$\qquad\quad b_{I3} = 0,3014,$

$\qquad\quad \mu_2 = -\dfrac{0,3014}{1,7068} = -0,1766,$ $\qquad v_2 = -\dfrac{0,0175}{1,7068} = -0,0103.$

$r = 3:$ $\quad c_{I3} = 1,8210 - 0,3014 \cdot 0,1766 = 1,7678,$

$\qquad\quad b_{I4} = -0,3014 \cdot 0,0103 + 0,3014 = 0,2983,$

$\qquad\quad \mu_3 = -\dfrac{0,2983}{1,7678} = -0,1688,$ $\qquad v_3 = 0,$

$r = 4:$ $\quad c_{I4} = 1,7720 - 0,0175 \cdot 0,0103 - 0,2983 \cdot 0,1688 = 1,7215,$

$\qquad\quad b_{I5} = 0,3372,$

$\qquad\quad \mu_4 = -\dfrac{0,3372}{1,7215} = -0,1959,$

$r = 5:$ $\quad c_{I5} = 1,7445 - 0,3372 \cdot 0,1959 = 1,6785.$

---

[1]) Vgl. Müller-Breslau: Die graphische Statik der Baukonstruktionen, Band II
1. Abt., 5. Aufl. 1922, S. 180/181. Müller-Breslau bezeichnet dort die Werte $[r, r-2]$
$[r, r-1]$, $[rr]$, $[r, r+1]$ und $[r, r+2]$ mit a_r, b_r, c_r, b'_r und a'_r.

Damit erhalten wir folgende β-Werte:

$$\beta_{55} = \frac{1}{1,6785} = 0,5958 \,,$$

$$\beta_{45} = -0,1959 \cdot 0,5958 = -0,1167 \,,$$

$$\beta_{35} = +0,1688 \cdot 0,1167 = 0,0197 \,,$$

$$\beta_{25} = -0,1766 \cdot 0,0197 + 0,0103 \cdot 0,1167 = -0,0023$$

$$\beta_{15} = +0,1933 \cdot 0,0023 = 0,0004 \,,$$

$$\beta_{44} = \frac{1}{1,7215} + 0,1959 \cdot 0,1167 = 0,6038 \,,$$

$$\beta_{34} = -0,1688 \cdot 0,6038 = -0,1019 \,,$$

$$\beta_{24} = +0,1766 \cdot 0,1019 - 0,0103 \cdot 0,6038 = 0,0118 \,,$$

$$\beta_{14} = -0,1933 \cdot 0,0118 = -0,0023 \,,$$

$$\beta_{33} = \frac{1}{1,7678} + 0,1688 \cdot 0,1019 = 0,5829 \,,$$

$$\beta_{23} = -0,1766 \cdot 0,5829 + 0,0103 \cdot 0,1019 = -0,1019 \,,$$

$$\beta_{13} = +0,1933 \cdot 0,1019 = 0,0197 \,,$$

$$\beta_{22} = \frac{1}{1,7068} + 0,1766 \cdot 0,1019 - 0,0103 \cdot 0,0118 = 0,6038 \,,$$

$$\beta_{12} = -0,1933 \cdot 0,6038 = -0,1167 \,,$$

$$\beta_{11} = \frac{1}{1,7445} + 0,1933 \cdot 0,1167 = 0,5958 \,.$$

Die so erhaltenen β-Werte stellen wir in einer Tafel zusammen:

	Z_1	Z_2	Z_3	Z_4	Z_5
$X_1 =$	0,5958	−0,1167	0,0197	−0,0023	0,0004
$X_2 =$	−0,1167	0,6038	−0,1019	0,0118	−0,0023
$X_3 =$	0,0197	−0,1019	0,5829	−0,1019	0,0197
$X_4 =$	−0,0023	0,0118	−0,1019	0,6038	−0,1167
$X_5 =$	0,0004	−0,0023	0,0197	−0,1167	0,5958

Als äußere — ruhende — Belastung nehmen wir wieder die beiden Einzellasten $P = 1\,\mathrm{t}$ in der in Abb. 31 angegebenen Lage an (vgl. hierzu Abb. 23 S. 31).

Die Momente, Stabkräfte und Normalkräfte im Grundsystem infolge dieser Belastung sind in Abb. 31a und b angegeben.

Für die Z_r-Werte schreiben wir wieder allgemein an:

$$Z_r = [0r] = \int M_0 M_r \, dx \frac{J_c}{J} + \frac{J_c}{F_c}\left[\int N_0 N_r \, dx \frac{F_c}{F} + \Sigma S_0 S_r s \frac{F_c}{F}\right].$$

Wir erhalten folgende Zahlenwerte:

$$Z_1 = 0,0127\,[1,375 \cdot 1,5\,(1 + 1,967) + 1,653 \cdot 2,167\,(1,700 - 2,323)$$
$$+ 0,917 \cdot 0,667\,(3,155 - 4,184)] = 0,0414,$$

$$Z_2 = -\frac{1}{4}2,4 \cdot 1,0 \cdot 0,6 + 0,0127\,[2,750 \cdot 1,5\,(1 + 1,356) + 2,167\,(1,653 \cdot 2,323$$
$$- 0,751 \cdot 3,073) + 0,667\,(0,917 \cdot 4,184 - 0,5 \cdot 4,958)]$$
$$= -0,36 + 0,1772 = -0,1828,$$

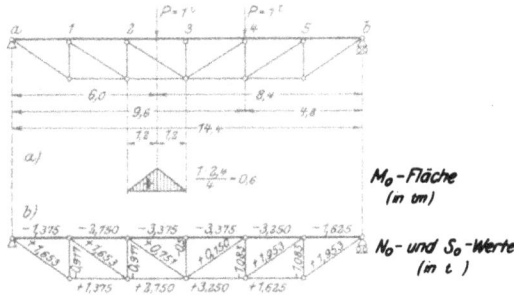

Abb. 31.

$$Z_3 = -\frac{1}{4} \cdot 2,4 \cdot 1,0 \cdot 0,6 + 0,0127\,[3,375 \cdot 1,5 \cdot 2 + 2,167 \cdot 3,073\,(0,751 + 0,150)$$
$$+ 0,5 \cdot 2 \cdot 0,667 \cdot 4,958] = -0,36 + 0,2470 = -0,1130,$$

$$Z_4 = 0,0127\,[3,250 \cdot 1,5\,(1 + 1,356) - 2,167\,(0,150 \cdot 3,073 - 1,953 \cdot 2,323)$$
$$- 0,667\,(0,5 \cdot 4,958 - 1,083 \cdot 4,184)] = 0,2757,$$

$$Z_5 = 0,0127\,[1,625 \cdot 1,5\,(1 + 1,967) - 1,953 \cdot 2,167\,(2,323 - 1,700)$$
$$- 1,083 \cdot 0,667\,(4,184 - 3,155)] = 0,0490.$$

Damit ergeben sich die statisch unbestimmten Größen zu:

$$X_1 = 0,5958 \cdot 0,0414 + 0,1167 \cdot 0,1828 - 0,0197 \cdot 0,1130 - 0,0023 \cdot 0,2757$$
$$+ 0,0004 \cdot 0,0490 = 0,0432 \text{ tm},$$

$$X_2 = -0,1167 \cdot 0,0414 - 0,6038 \cdot 0,1828 + 0,1019 \cdot 0,1130$$
$$+ 0,0118 \cdot 0,2757 - 0,0023 \cdot 0,0490 = -0,1006 \text{ tm}.$$

Ebenso ermitteln wir:

$$X_3 = -0,0735 \text{ tm},$$
$$X_4 = +0,1700 \text{ tm},$$
$$X_5 = -0,0048 \text{ tm}.$$

Auf Grund des Superpositionsgesetzes lassen sich nun für sämtliche anderen statischen Größen die Werte ermitteln. So erhalten wir beispielsweise die Stabkraft

$$D_1 = 1{,}653 - 0{,}751 \cdot 0{,}0432 = 1{,}620 \, t$$

oder

$$U_2 = 1{,}375 - 0{,}625 \cdot 0{,}0432 = 1{,}348 \, t \, .$$

Für das Moment im Obergurt, z. B. in der Mitte des Feldes 2,3, ergibt sich:

$$M_{III} = 0{,}60 - 0{,}5 \, (0{,}1006 + 0{,}0735) = 0{,}5130 \, \text{tm} \, .$$

Diese Werte müssen natürlich — je nach dem Genauigkeitsgrad der Rechnung — mit den im vorigen Rechnungsgang (Vollwandträger als Grundsystem) ermittelten mehr oder minder genau übereinstimmen. Es erübrigt sich daher, hier nochmals sämtliche Werte im einzelnen anzugeben; wie verweisen vielmehr auf die Abb. 24 (S. 33), aus der die Resultate zu ersehen sind.

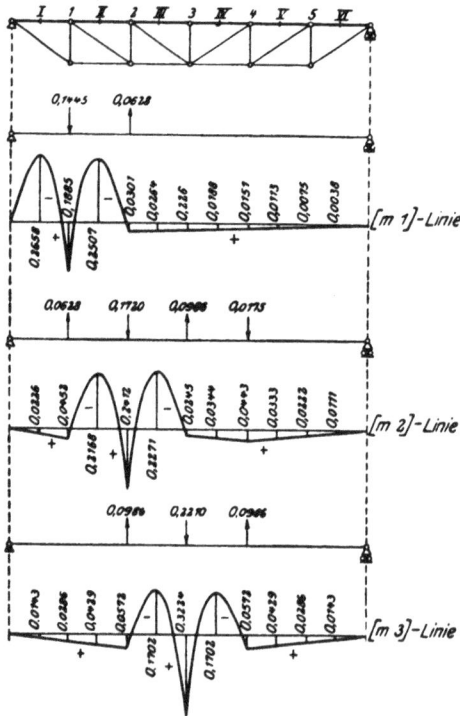

Abb. 32.

Zur Berechnung der Einflußlinien für die statisch unbestimmten Größen X brauchen wir die Werte $E J_c w_{ik} = [ik]_s$ (vgl. die Ausführungen auf S. 21).

Wir hatten ermittelt (vgl. S. 36 u. 37):

$$E J_c \, w_{11} = [11]_s = 0{,}1445 \, ,$$

$$E J_c \, w_{21} = [21]_s = [12]_s = -0{,}0628 \, ,$$

$$E J_c \, w_{22} = 0{,}1720 \, ,$$

$$E J_c \, w_{32} = -0{,}0986 \, ,$$

$$E J_c \, w_{42} = 0{,}0175 \, ,$$

$$E J_c \, w_{33} = 0{,}2210 \, .$$

Mit diesem $E J_c$-fachen w-Gewichten denkt man sich nun einen einfachen Balken belastet und bestimmt dazu die Momentenflächen (vgl. Abb. 32). Innerhalb der Knotenpunkte wollen wir die Ordinaten wieder nur für je einen Punkt, die Feldmitte, berechnen; bei nicht allzu großen Feldweiten kommt man damit vollständig aus.

Für $\dfrac{\xi}{a} = \dfrac{\xi'}{a} = 0,5$ ist $\omega_D = \omega'_D = (0,5 - 0,5^3) = 0,375$ (vgl. die Ausführungen auf S. 22). Da $\dfrac{J_c}{J}$ für den gesamten Obergurt konstant gleich 1 ist, ergeben sich die Durchbiegungen des Obergurtes (infolge Belastung durch die dreieckigen Momentenflächen) in Feldmitte, bezogen auf die Verbindungslinie der beiden anliegenden Knotenpunkte (nach der Deformation), für alle Felder konstant zu:

$$-\frac{a^2}{6}\frac{J_c}{J_r}\,\omega_D = -\frac{a^2}{6}\frac{J_c}{J_{r+1}}\,\omega'_D = -\frac{2,4^2}{6}\cdot 1 \cdot 0,375 = -0,36$$

(vgl. hierzu auch die Abb. 19 auf S. 21).

Die $[m\,1]$-, $[m\,2]$- und $[m\,3]$-Linien sind in Abb. 32 dargestellt; die $[m\,4]$- bzw. $[m\,5]$-Linie ist das Spiegelbild der $[m\,2]$- bzw. $[m\,1]$-Linie (wegen der Symmetrie des Tragwerks zur Mittelachse).

Nunmehr sind alle Werte gegeben, die wir zur Ermittlung der Einflußlinien für die statisch unbestimmten Größen benötigen. Wir haben nur die Ordinaten der $Z_r = [m\,r]$-Linien in das Lösungsschema (β-Tafel) einzusetzen und erhalten dann, Punkt für Punkt, die Einflußlinien für die Knotenpunktsmomente X.

So ergeben sich beispielsweise die Ordinaten der X_1-Linie, wenn wir wieder die Ordinaten senkrecht unter den Punkten I, 1, II, 2 ... mit $\eta_{1\,I}$, η_{11}, $\eta_{1\,II}$ usw. bezeichnen, zu:

$$\eta_{1\,I} = -\,0,5958\cdot 0,2658 - 0,1167\cdot 0,0226 + 0,0197\cdot 0,0143 - 0,0023\cdot 0,0111$$
$$+\,0,0004\cdot 0,0038 = -\,0,1607\,,$$

$$\eta_{11} = 0,5958\cdot 0,1885 - 0,1167\cdot 0,0452 + 0,0197\cdot 0,0286 - 0,0023\cdot 0,0222$$
$$+\,0,0004\cdot 0,0075 = 0,1075\,,$$

$$\eta_{1\,II} = -\,0,5958\cdot 0,2507 + 0,1167\cdot 0,2168 + 0,0197\cdot 0,0429 - 0,0023\cdot 0,0333$$
$$+\,0,0004\cdot 0,0113 = -\,0,1233$$

usw.

Die X-Linien hier nochmals darzustellen, erübrigt sich. Sie sind identisch mit den in Abb. 28 (S. 35) aufgetragenen Einflußlinien für die Momente M_1, M_2 und M_3 in den Obergurtknotenpunkten.

Aus den Einflußlinien für die statisch unbestimmten Größen X lassen sich nun die Linien für jede andere statische Größe vermittels des Superpositionsgesetzes leicht ermitteln.

Wir erhalten z. B. die Einflußlinie für die Stabkraft in der Diagonalen D_2 aus der Beziehung:

$$D_2 = D_{20} - D_{21}\,X_1 - D_{22}\,X_2 - \cdots - D_{25}\,X_5$$

oder, wenn wir für D_{21}, D_{22} ... bis D_{25} die Werte einsetzen (aus Abb. 30 ersichtlich).

$$D_2 = D_{20} + \frac{\sec \varphi}{h} X_1 - \frac{\sec \varphi}{h} X_2$$

$$= \frac{\sec \varphi}{h} (D_{20} h \cos \varphi + X_1 - X_2)$$

$$= 0{,}751 (D_{20} h \cos \varphi + X_1 - X_2).$$

Die $D_{20} h \cos \varphi$-Linie ist in Abb. 33a dargestellt; da

$$D_{20} = \frac{Q_{20}}{\sin \varphi},$$

so ist

$$D_{20} h \cos \varphi = \frac{Q_{20}}{\sin \varphi} h \cos \varphi$$

$$= Q_{20} h \operatorname{ctg} \varphi = Q_{20} a.$$

Wir erhalten für den Klammerwert $D_{20} h \cos \varphi + X_1 - X_2$ folgende Ordinaten:

$$\eta_I = -0{,}2 - 0{,}1607$$
$$\quad\quad - 0{,}0433 = -0{,}4040,$$

$$\eta_1 = -0{,}4 + 0{,}1075$$
$$\quad\quad - 0{,}0026 = -0{,}2951,$$

$$\eta_{II} = +0{,}6 - 0{,}1233$$
$$\quad\quad + 0{,}1056 = +0{,}5823$$
$$\text{usw.}$$

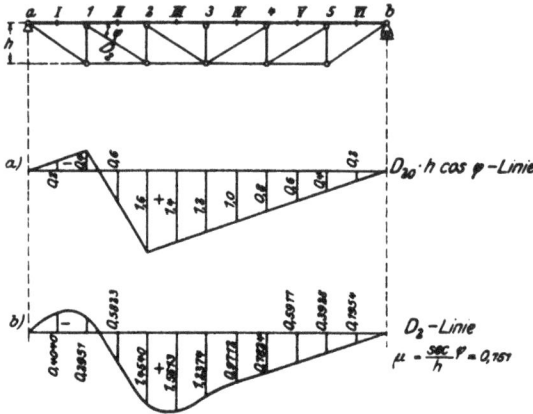

Abb. 33.

Abb. 33b zeigt die so ermittelte D_2-Linie; als Multiplikator haben wir anzuschreiben $\mu = \frac{\sec \varphi}{h} = 0{,}751$.

c) Diskussion der Resultate.

Auf Grund der strengen Untersuchung eines einzigen Systemes ist es natürlich nicht möglich, allgemeingültige Folgerungen herzuleiten. Falsch wäre es jedoch, deshalb auf eine Besprechung der gewonnenen Resultate gänzlich zu verzichten; für die Berechnung ähnlicher Systeme können diese Werte doch als Anhalt u. U. von Wert sein.

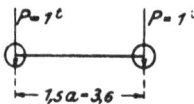

Abb. 34.

Werten wir für die in nebenstehender Abb. 34 dargestellte Lastgruppe die Einflußlinien für die Biegungsmomente aus, so erhalten wir folgende Werte (vgl. hierzu die Abb. 28 und 29 auf S. 35):

Feldmomente:

$$\text{max. } M_I = 0{,}5196 - 0{,}0046 = 0{,}5150 \text{ tm},$$

$$\text{min. } M_I = -0{,}0616 \text{ tm};$$

max. $M_{II} = 0,4855$ tm,

min. $M_{II} = -0,0419 + 0,0132 = -0,0287$ tm;

max. $M_{III} = 0,4994 + 0,0135 = 0,5130$ tm,

min. $M_{III} = -0,0333$ tm.

Knotenpunktsmomente:

max. $M_1 = 0,1075 + 0,0388 = 0,1463$ tm,

min. $M_1 = -0,1607 - 0,0092 = -0,1699$ tm;

max. $M_2 = 0,1368 + 0,0433 = 0,1801$ tm,

min. $M_2 = -0,1225 + 0,0026 = -0,1199$ tm;

max. $M_3 = 0,1838 + 0,0390 = 0,2228$ tm,

min. $M_3 = -0,0787 + 0,0051 = -0,0736$ tm.

Die Faustformeln von Andrée bzw. von Gregor (vgl. S. 3) liefern:

max. Feldmoment:

$$\text{Andrée:}\quad \frac{Pa}{6} = \frac{1,0 \cdot 2,4}{6} = 0,40 \text{ tm},$$

$$\text{Gregor:}\quad \frac{Pa}{5} = \frac{1,0 \cdot 2,4}{5} = 0,48 \text{ tm}.$$

min. Knotenpunktsmoment:

$$\text{Andrée:}\quad -\frac{1}{2} \cdot 0,40 = -0,20 \text{ tm},$$

$$\text{Gregor:}\quad -\frac{Pa}{12,5} = -\frac{1,0 \cdot 2,4}{12,5} = -0,192 \text{ tm}.$$

Die maximalen Feldmomente ergeben sich also nach der strengen Lösungsmethode sämtlich größer als nach den Faustformeln; immerhin muß zugegeben werden, daß die Gregorsche Formel — mit Rücksicht auf den rohen Charakter derselben — eine recht brauchbare Annäherung liefert. Unser Größtwert max. $M_I = 0,5150$ tm ist rund $\dfrac{Pa}{4,6}$.

Nach den neuen „Vorschriften für Eisenbauwerke" der Deutschen Reichsbahngesellschaft, die (unverändert oder manchmal auch teilweise abgeändert) häufig der Berechnung von Kranträgern zugrunde gelegt werden, muß bei dem Spannungsnachweis auch die Wechselwirkung berücksichtigt werden[1]). Wir benötigen dann außer den maximalen Mo-

---

[1]) Vorschriften für Eisenbauwerke. Berechnungsgrundlagen für eiserne Eisenbahnbrücken. Verlag von Wilhelm Ernst & Sohn, 1925, S. 42, Kap. IV: Berechnung der Wechselstäbe und Wechselträger.

menten noch die minimalen Werte. Das größte negative Feldmoment entsteht im Punkte I und hat den Wert — 0,0616 tm, oder als Bruchteil von max. M_I ausgedrückt: $-\dfrac{1}{8,4}$ max. M_I.

Für die minimalen-Knotenpunktsmomente liefern die Faustformeln Werte, die größer sind als die nach der strengen Theorie errechneten. Der Größtwert min. $M_1 = 0,1699$ tm ist $\approx \dfrac{1}{14} Pa$. Das größte positive Knotenpunktsmoment entsteht, wie zu erwarten, im Punkte 3 (dieser Knotenpunkt ist der am meisten elastische) und hat den Wert $0,2228 \approx \dfrac{Pa}{10}$.

Die Auswertung der für die Stabspannkräfte angegebenen Einflußlinien liefert:

$$\text{max } U_2 = 0,625\,(1,8925 + 1,3612) = 2,034\,\text{t}, \qquad (2,125\,\text{t})$$
$$\text{min } U_2 = 0; \qquad (0)$$

$$\text{max } U_3 = 0,625\,(3,063 + 1,967) = 3,144\,\text{t}, \qquad (3,25\,\text{t})$$
$$\text{min } U_3 = 0; \qquad (0)$$

$$\text{max } V_3 = -\frac{2}{2,4}\,(-0,0855) = +0,071\,\text{t}, \qquad (0)$$

$$\text{min } V_3 = -\frac{2}{2,4}\,(0,9957 - 0,0855) = -0,758\,\text{t}; \qquad (-1,0\,\text{t})$$

$$\text{max } D_2 = 0,751\,(1,4540 + 0,9712) = +1,822\,\text{t}, \qquad (1,953\,\text{t})$$
$$\text{min } D_2 = 0,751\,(-0,4040 + 1,4540) = +0,789\,\text{t}. \qquad (+0,751\,\text{t})$$

Die Werte für U_2, U_3 und V_3 ergeben sich durch Auswertung der Einflußlinien für X_1, X_2 und X_3 (vgl. Abb. 26, S. 34). Die in Klammern jeweils dahinter angeschriebenen Zahlen sind die Werte, die wir durch Auswertung der Einflußlinien für die entsprechenden Stäbe im Fachwerk (mit Gelenken in jedem Knotenpunkt) erhalten. Man erkennt, daß diese Werte in der Regel etwas größer sind als die nach der genauen Theorie ermittelten. Man kann sich dies vielleicht so vorstellen, daß der biegungsfeste Obergurt gewissermaßen einen Teil der Lasten selbständig auf die Lager überträgt und nur der andere, allerdings größere Teil dann in das Fachwerk geht.

3. Die Näherungslösungen.

Die Untersuchungen des Kapitels 1 dieses Abschnittes zeigen, daß die Berechnung eines Fachwerkträgers mit biegungsfestem Obergurt auf fünfgliedrige Elastizitätsgleichungen führt, ganz gleichgültig, ob man als statisch bestimmtes Hauptsystem einen einfachen Vollwandträger oder einen gewöhnlichen Fachwerkträger der Rechnung zugrunde legt.

Sie zeigen aber auch, daß die Größenverhältnisse der $[ik]$-Werte innerhalb einer Gleichungsgruppe für die beiden Anordnungen a und b grundsätzlich voneinander verschieden sind.

Bei der Anordnung b (Fachwerkträger als Grundsystem) erstrecken sich die Momentenflächen infolge der Zustände $X_r = -1$ ($r = 1, 2, 3 \ldots 7$) stets nur über zwei Felder. Daraus ergibt sich, daß die Momente nur einen Einfluß ausüben auf die $[ik]$-Werte in der Hauptdiagonalen ($[ii]$) sowie auf die in den rechts und links direkt daneben liegenden Reihen. Die $[ik]$-Werte in der zweiten Reihe rechts und links neben der Hauptdiagonalen sind, soweit sie nicht überhaupt verschwinden, nur von den Stabkräften abhängig.

Nun ist aber der Einfluß der Momente auf die Größe der $[ik]$-Werte sehr viel größer als derjenige der Stabkräfte. Dies hat zur Folge, daß bei der Anordnung b die Beiwerte $[ik]$ in den Elastizitätsgleichungen in den mittleren drei schrägen Reihen (unter schräger Reihe ist hier eine Reihe parallel zur Hauptdiagonalen verstanden) erheblich viel größer sind als die in den beiden äußeren schrägen Reihen.

Bei der Anordnung a (Vollwandträger als Grundsystem) trifft dies nicht mehr zu. Die Momentenflächen infolge der Zustände $X_r = -1$ erstrecken sich über zwei, drei und sogar auch über vier Felder. In allen angegebenen $[ik]$-Werten steckt der Einfluß der Momente, so daß man also von vornherein über die Größenverhältnisse dieser Werte nichts Bestimmtes aussagen kann.

Die Kenntnis der ungefähren Größenverhältnisse der $[ik]$-Werte untereinander ist nun für Näherungsberechnungen — mit diesen wollen wir uns in diesem Kapitel beschäftigen — von ausschlaggebender Bedeutung. Man erkennt, daß im vorliegenden Fall die Anordnung b einer näherungsweisen Berechnung viel eher zugänglich ist als die Anordnung a. Wir wollen uns bei den Näherungsuntersuchungen daher nur auf die Anordnung b beschränken.

a) Vereinfachung der genauen Rechnung durch Vernachlässigung des Beitrages der Normalkräfte auf die Formänderung.

Die Feststellung, daß bei der Anordnung b (Fachwerkträger als Grundsystem) die Glieder in den äußeren beiden schrägen Reihen nur abhängig sind von den Stabkräften und unabhängig sind von den Momenten, daher also erheblich kleiner sind als die übrigen $[ik]$-Werte, zwingt gewissermaßen dazu, eine Näherungslösung derart zu versuchen, daß man den Einfluß der Normal- und Stabkräfte auf die $[ik]$-Werte als klein gegenüber dem der Momente überhaupt vernachlässigt. Dadurch führen wir das System fünfgliedriger Elastizitätsgleichungen zurück auf ein solches von dreigliedrigen Gleichungen, das sich naturgemäß leichter lösen läßt als die genauen fünfgliedrigen Gleichungen.

Wir erhalten dann für beide Systeme A sowie B die gleichen angenäherten $[i\,k]$-Werte[1]):

$$[11] = \frac{a}{3}\left(\frac{J_c}{J_1} + \frac{J_c}{J_2}\right),$$

$$[12] = \frac{a}{6}\frac{J_c}{J_2},$$

$$[13] = [14] = \cdots = [17] = 0.$$

$$[33] = \frac{a}{3}\left(\frac{J_c}{J_3} + \frac{J_c}{J_4}\right),$$

$$[34] = \frac{a}{6}\frac{J_c}{J_4},$$

$$[35] = [36] = [37] = 0.$$

$$[22] = \frac{a}{3}\left(\frac{J_c}{J_2} + \frac{J_c}{J_3}\right),$$

$$[23] = \frac{a}{6}\frac{J_c}{J_3},$$

$$[24] = [25] = \cdots = [27] = 0.$$

$$[44] = \frac{a}{3}\left(\frac{J_c}{J_4} + \frac{J_c}{J_5}\right),$$

$$[45] = \frac{a}{6}\frac{J_c}{J_5},$$

$$[46] = [47] = 0.$$

usw.

Diese Werte gelten sowohl für die allgemeinen Systeme mit beliebig geformten Untergurt als auch für Parallelträger.

Multiplizieren wir beide Seiten der so entstehenden Gleichungen mit 6 und führen wir noch als Abkürzungen folgende Bezeichnungen ein:

$$a\frac{J_c}{J_r} = a_r' \quad \text{und} \quad 6\,Z_r = Z_r', \qquad \text{worin} \quad r = 1, 2, 3 \ldots 7,$$

so erhalten wir für beide Systeme A und B Elastizitätsgleichungen, von denen wir hier nur die $r$te anschreiben wollen:

$$X_{r-1}\,a_r' + 2\,X_r\,(a_r' + a_{r+1}') + X_{r+1}\,a_{r+1}' = Z_r'. \qquad (r = 1, 2, 3 \ldots 7)$$

Die linken Seiten dieser Gleichungen haben denselben Aufbau wie die der dreigliedrigen Gleichungen, die man bei der Berechnung eines durchlaufenden Trägers auf starren Stützen erhält, wenn man die Stützmomente als statisch unbestimmte Größen X in die Rechnung einführt (Clapeyronsche Gleichungen).

Die rechten Seiten der Gleichungen

$$Z_r' = 6\left\{\int M_0 M_r\,dx\,\frac{J_c}{J} + \frac{J_c}{F_c}\left[\int N_0 N_r\,dx\,\frac{F_c}{F} + \sum S_0 S_r\,s\,\frac{F_c}{F}\right]\right\}$$

sind, wie bereits in der Fußnote 2 auf S. 21 kurz erwähnt wurde, die $6\,E\,J_c$-fachen Winkeländerungen $\varDelta\vartheta_r$ des gestreckten Winkels ϑ_r (vgl. Abb. 35) infolge der äußeren Belastung, am Grundsystem wirkend:

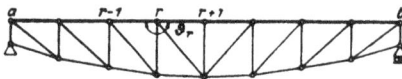

Abb. 35.

$$Z_r' = 6\,E\,J_c\,\varDelta\vartheta_r.$$

[1]) Vgl. S. 17 u. 19 sowie 24.

Dieselbe Gleichung gibt Müller-Breslau in seinen Untersuchungen über Nebenspannungen von Fachwerken, deren Gurtstäbe miteinander vernietet und deren Füllungsstäbe gelenkartig befestigt sind, an[1]). Damit haben wir den Zusammenhang gewonnen zwischen den allgemeinen Lösungsverfahren, wie wir sie im ersten Kapitel dieses Abschnittes angewandt haben, und den Methoden zur Nebenspannungsuntersuchung.

Führt man, was oft geschieht, dasselbe Profil über die gesamte Länge des Obergurtes durch und ist die Feldweite a konstant — was wir stets vorausgesetzt haben — dann wird:

$$a_1' = a_2' = \cdots = a_8' = a \qquad (J_c = J_{\text{Obergurt}})$$

und die dreigliedrigen Gleichungen vereinfachen sich zu:

$$X_{r-1} + 4X_r + X_{r+1} = \frac{6}{a} Z_r = Z_r''. \qquad (r = 1, 2, 3 \ldots 7)$$

Für die Auflösung derartiger Gleichungssysteme sind nun in der Literatur bereits eine Reihe von fertigen Zahlentafeln (β-Tafeln) angegeben, die man sofort benutzen kann[2]). Die gesamte Rechenarbeit besteht also lediglich in der Ermittlung der Belastungsglieder $Z_r'' = \frac{6}{a} Z_r$ sowie der Multiplikation dieser Glieder mit den aus der Zahlentafel entnommenen β-Werten.

b) Weitere Vereinfachung für erste Überschlagsrechnungen.

Eine weitere Vereinfachung der Rechnung gab Müller-Breslau bereits vor vielen Jahren in seinen Vorlesungen über eiserne Brücken an der Berliner Technischen Hochschule. Sie beruht darauf, daß der Einfluß der Belastung irgendeiner r-ten Öffnung auf die Momente X mit der Entfernung der Knotenpunkte von $r - 1$ bzw. r schnell abklingt.

Für erste Überschlagsrechnungen kann man daher diese kleinen X-Werte vernachlässigen, d. h. man rechnet so, als ob der Obergurt nur über die belastete sowie die beiden anschließenden Öffnungen biegungsfest durchginge, in den anderen Knotenpunkten jedoch mit Gelenken versehen sei (vgl. Abb. 36)[3]). Wir erhalten dann für die beiden statisch

---

[1]) Vgl. z. B. Müller-Breslau: Die graphische Statik der Baukonstruktionen, Bd. II, 2. Abt., 2. Auflage 1925, S. 607.

[2]) Vgl. z. B. V. Lewe: Die Berechnung durchlaufender Träger und mehrstieliger Rahmen nach der Methode des Zahlenrechtecks. Verlag R. Noske, Borna-Leipzig, 1916, S. 43 oder Klagas: Exakte Bestimmung der Feld- und Stützmomente beim Balken auf n Stützen bei gleichen Stützweiten und beliebiger Belastung. Beton und Eisen 1927, S. 204 (Tabelle 1).

[3]) Man kann selbstverständlich auch in den Knotenpunkten $r - 2$ und $r + 1$ eine teilweise Einspannung annehmen. Die Elastizitätsgleichungen lauten dann:

unbestimmten Größen X_{r-1} und X_r die Elastizitätsgleichungen:

$$2\,X_{r-1}\,(a'_{r-1} + a'_r) + X_r a'_r = Z'_{r-1},$$
$$X_{r-1} a'_r + 2\,X_r\,(a'_r + a'_{r+1}) = Z'_r$$

bzw. bei $a'_{r-1} = a'_r = a'_{r+1} = a$,

$$4\,X_{r-1} + X_r = Z''_{r-1},$$
$$X_{r-1} + 4\,X_r = Z''_r.$$

Sind mehrere Lasten in verschiedenen Feldern vorhanden, was bei einem Kranträger wohl meist vorliegen dürfte, so ist für jedes belastete Feld eine entsprechende Untersuchung durchzuführen; durch Addition der Einzelwerte ergeben sich dann die Momente X infolge der Gesamtbelastung.

Steht die Last direkt über einem Knotenpunkt, so genügt es in der Regel schon, den Obergurt nur an dieser einen Stelle biegungsfest und

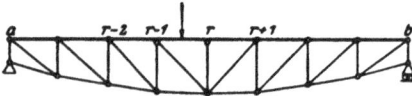 

Abb. 36.   Abb. 37.

an den anderen Knotenpunkten gelenkig anzunehmen (vgl. Abb. 37). Wir erhalten dann eine einzige Elastizitätsgleichung:

$$2\,X_r\,(a'_r + a'_{r+1}) = Z'_r,$$

bzw. bei $a'_r = a'_{r+1} = a$:

$$4\,X_r = Z''_r.$$

4. Zahlenbeispiel.

Vernachlässigen wir für eine näherungsweise Untersuchung den Einfluß der Normal- und Stabkräfte auf die $[ik]$-Werte, wie dies soeben (Kap. 3a) allgemein besprochen wurde, so erhalten wir, da für sämtliche Obergurtstäbe $\dfrac{J_s}{J} = \text{konst} = 1$ ist, an Stelle der fünfgliedrigen Elastizitätsgleichungen der genauen Rechnung dreigliedrige von der besonders einfachen Form:

$$X_{r-1} + 4\,X_r + X_{r+1} = \frac{6}{a}\,Z_r = Z''_r. \qquad (r = 1,\ 2 \ldots 5)$$

Für die Auflösung derartiger Gleichungssysteme liegen nun, wie schon erwähnt, bereits fertige Zahlentafeln vor. Wir können also sofort übernehmen (vgl. die Fußnote 2 auf S. 47; die Anzahl der Felder beträgt 6):

$$X_{r-2} a'_{r-1} + 2\,X_{r-1}\,(a'_{r-1} + a'_r) + X_r a'_r = Z'_{r-1},$$
$$X_{r-1} a'_r + 2\,X_r\,(a'_r + a'_{r+1}) + X_{r+1} a'_{r+1} = Z'_r.$$

Die Momente X_{r-2} und X_{r+1} werden schätzungsweise bestimmt, und zwar zweckmäßig als Verhältniswerte von X_{r-1} bzw. X_r.

	Z_1''	Z_2''	Z_3''	Z_4''	Z_5''
$X_1 =$	0,2679	−0,0718	0,0192	−0,0051	0,0013
$X_2 =$	−0,0718	0,2872	−0,0769	0,0205	−0,0051
$X_3 =$	0,0192	−0,0769	0,2885	−0,0769	0,0192
$X_4 =$	−0,0051	0,0205	−0,0769	0,2872	−0,0718
$X_5 =$	0,0013	−0,0051	0,0192	−0,0718	0,2679

Die Belastungsglieder Z_r'' ergeben sich aus den Z_r-Werten des genauen ·Rechnungsganges durch Multiplikation mit $\dfrac{6}{a} = \dfrac{6}{2,4} = 2,5$. (Der Beitrag der Normal- und Stabkräfte darf hier nicht vernachlässigt werden.) Wir wollen die Zahlenrechnung hier — der Kürze halber — nur für den in Abb. 31 (S. 39) dargestellten Belastungsfall durchführen[1]. Mit den auf S. 39 ermittelten Z-Werten erhalten wir hier:

$$Z_1'' = \quad 2,5\cdot0,0414 \quad = \quad\;\; 0,1036\,,$$
$$Z_2'' = -\,2,5\cdot0,1828 \quad = -\,0,4570\,,$$
$$Z_3'' = -\,2,5\cdot0,1130 \quad = -\,0,2825\,,$$
$$Z_4'' = \quad 2,5\cdot0,2757 \quad = \quad\;\; 0,6892\,,$$
$$Z_5'' = \quad 2,5\cdot0,0490 \quad = \quad\;\; 0,1225\,.$$

Setzen wir diese Werte in das obige Lösungsschema ein, so ergibt sich

$$X_1 = \quad 0,2679\cdot0,1036 + 0,0718\cdot0,4570 - 0,0192\cdot0,2825$$
$$- 0,0051\cdot0,6892 + 0,0013\cdot0,1225 = 0,0514\;\text{tm}\,,$$

$$X_2 = -\,0,0718\cdot0,1036 - 0,2872\cdot0,4570 + 0,0769\cdot0,2825$$
$$+ 0,0205\cdot0,6892 - 0,0051\cdot0,1225 = -\,0,1034\;\text{tm}\,.$$

Ebenso ermitteln wir:

$$X_3 = -\,0,0950\;\text{tm}\,,$$
$$X_4 = \quad 0,2009\;\text{tm}\,,$$
$$X_5 = -\,0,0196\;\text{tm}\,.$$

Das Moment unter der ersten Last errechnet sich dann zu:

$$M_{III} = M_{III\,0} + \frac{X_2 + X_3}{2} = 0,60 - 0,5\,(0,1034 + 0,0950) = 0,5008\;\text{tm}\,.$$

---

[1] Die Untersuchung von Einflußlinien läßt sich naturgemäß ebenfalls auf diesem näherungsweisen Weg durchführen. Statt der $[mr]$-Linien des genauen Rechnungsganges verwenden wir hier die $\dfrac{6}{a}[mr] = 2,5\,[mr]$-Linien.

Für erste Überschlagsrechnungen untersuchen wir getrennt den Einfluß der ersten Last $P = 1\,t$ im Punkte III und den der zweiten Last $P = 1\,t$ im Punkte 4.

Die Z''-Werte des vorigen Rechnungsganges dürfen wir hier so ohne weiteres nicht übernehmen, denn in diesen steckt der Einfluß beider Lasten P. Wir müssen vielmehr die Belastungsglieder für jeden Teilzustand gesondert ermitteln.

Abb. 38.

Infolge der ersten Last im Punkte III (vgl. Abb. 38) erhalten wir[1]):

$$Z''_2 = -0,5678,$$
$$Z''_3 = -0,4255.$$

Die beiden Elastizitätsgleichungen lauten dann:

$$4\,X_2 + X_3 = -0,5678,$$
$$X_2 + 4\,X_3 = -0,4255,$$

woraus sich ergibt

$$X_2 = -0,1231\,\text{tm},$$
$$X_3 = -0,0756\,\text{tm}.$$

Infolgedessen wird

$$M_{III} = 0,60 - 0,5\,(0,1231 + 0,0756) = 0,5007\,\text{tm}.$$

Das Knotenpunktsmoment X_4 infolge der zweiten Last $P = 1\,t$ im Punkte 4 ergibt sich aus [2]) (vgl. Abb. 39):

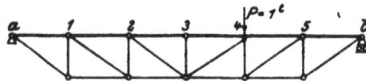

Abb. 39.

$$4\,X_4 = 0,6031$$
zu $$X_4 = 0,1508\,\text{tm}.$$

Für die überschlägliche Dimensionierung maßgebend ist das Moment M_{III}.

Der Übersichtlichkeit halber stellen wir die für M_{III} gefundenen Resultate nochmals zusammen; wir erhielten

bei der genauen Rechnung $M_{III} = 0,5130\,\text{tm}$,
bei der Näherungsrechnung $M_{III} = 0,5008\,\text{tm}$,
bei der Überschlagsrechnung $M_{III} = 0,5007\,\text{tm}$.

Die drei Werte verhalten sich zueinander wie

$$1 : 0,98 : 0,98.$$

---

[1]) Im vorliegenden Fall läßt sich das Resultat direkt anschreiben; wir können aus der $[m\,2]$- und $[m\,3]$-Linie (Abb. 32, S. 40) für eine Last $P = 1\,t$ im Punkte III übernehmen:

$$[m\,2] = Z_2 = -0,2271; \qquad [m\,3] = Z_3 = -0,1702.$$

Die Z''-Werte ergeben sich daraus durch Multiplikation mit $\frac{6}{a} = 2,5$:

$$Z''_2 = -0,2271 \cdot 2,5 = -0,5678; \qquad Z''_3 = -0,1702 \cdot 2,5 = -0,4255.$$

[2]) Für eine Last $P = 1\,t$ im Punkte 4 entnehmen wir der $[m\,4]$-Linie (dem Spiegelbild der $[m\,2]$-Linie):

$$[m\,4] = Z_4 = +0,2412; \quad \text{also wird } Z''_4 = 0,2412 \cdot 2,5 = 0,6031.$$

II. Die Berechnung des statisch bestimmt gelagerten Kranträgers mit biegungsfestem Obergurt und exzentrischem Anschluß der Obergurtstäbe.

Bei der zahlenmäßigen Durchrechnung eines Fachwerkkranträgers mit biegungsfestem Obergurt ergibt sich im allgemeinen, daß die größten Momente im Obergurt innerhalb der Felder sehr viel größer sind als die in den Knotenpunkten (absolut genommen). Im Interesse einer guten Materialausnutzung liegt es nun, den Unterschied in der Größe der Momente tunlichst zu verringern, d. h. also, die Feldmomente zu verkleinern und die Knotenpunktsmomente zu vergrößern.

Man versucht dies bekanntlich dadurch zu erreichen, daß man die Schnittpunkte der Netzlinien der Füllungsstäbe unterhalb der Schwerlinie der Obergurtstäbe anordnet; man legt also den Obergurt exzentrisch.

Der in der Praxis für ein derartiges System meistens durchgeführte Rechnungsgang ist nun folgender[1]): Man ermittelt zuerst (meist auf Grund von Faustformeln, was hier aber nebensächlich ist) die Momente, Normal- und Stabkräfte im System mit zentrischem Obergurt. Dabei ergibt sich z. B. im Obergurtstab $r-1, r$ eine Momentenfläche nach Abb. 40a sowie eine Druckkraft O_r. Nunmehr schieben wir die Schwerlinie des Obergurtstabes $r-1$, r um das Maß e in die Höhe. Die Druckkraft O_r wirkt jetzt um e exzentrisch und übt über die ganze Länge des Stabes ein negatives Mo-

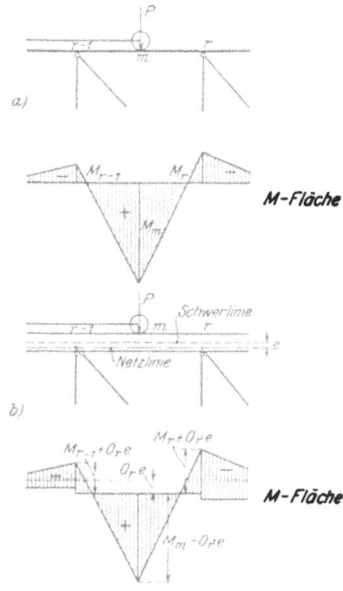

Abb. 40.

ment $O_r e$ aus (vgl. Abb. 40b). Ist, wie in Abb. 40a angegeben, M_m das größte positive und M_r das größte negative Moment des Stabes $r-1$, r, so wird man die Exzentrizität möglichst so wählen, daß $M_r + O_r e$ ungefähr gleich $M_m - O_r e$ wird. Daraus ergibt sich dann als ungefährer Anhalt für die Größe von e

$$e \approx \frac{M_m - M_r}{2 O_r}$$

(hierin sind M_m, M_r und O_r ohne Vorzeichen einzusetzen).

Auf den ersten Blick mag diese Überlegung vielleicht recht einleuchtend erscheinen. Sieht man jedoch genauer zu, so erkennt man,

---

[1]) Vgl. z. B. A. Gregor: Der praktische Eisenhochbau, Band II: Kranlaufbahnen, Verlag von H. Meußer, 1924, S. 97.

daß eine wichtige Voraussetzung stillschweigend gemacht wurde, nämlich die, daß die für zentrischen Anschluß gültigen Werte M_{r-1}, M_r und O_r bei der Verschiebung der Schwerlinie um das Maß e ungeändert bleiben.

Ob und wieweit diese Voraussetzung erfüllt ist, darüber sollen die Ausführungen dieses Abschnittes Aufschluß geben. Wir werden wieder, des leichteren Verständnisses halber, die Untersuchung an speziellen Beispielen — den Systemen A und B der Abb. 1 und 2 (S. 4) — durchführen.

In der Regel wird bei praktischen Ausführungen die Exzentrizität der Obergurtstäbe überall gleichgroß ausgeführt werden. Dies wollen wir auch hier annehmen. Eine Untersuchung für verschieden große Exzentrizitäten läßt sich jedoch auf entsprechende Weise durchführen.

1. Die genauen Lösungsverfahren.

Der Grad der innerlichen statischen Unbestimmtheit (7 fach für die Systeme A und B) bleibt selbstverständlich unverändert, ob der Obergurt zentrisch oder exzentrisch angeordnet wird. Hinsichtlich der Wahl der statisch unbestimmten Größen bestehen ebenfalls dieselben Möglichkeiten, wie bei den Trägern mit zentrischem Obergurt auch. Wir greifen auch hier wieder die zwei heraus (vgl. S. 6):

a) Das Grundsystem ist ein einfacher Vollwandträger und
b) das Grundsystem ist ein gewöhnlicher Fachwerkträger.

a) Der Vollwandträger als Grundsystem.

α) Das System A.

Der Deutlichkeit halber ist die Abb. 41 bewußt verzerrt gezeichnet worden; die Exzentrizität e der Obergurtstäbe ist stark übertrieben im Verhältnis zu den sonstigen Abmessungen.

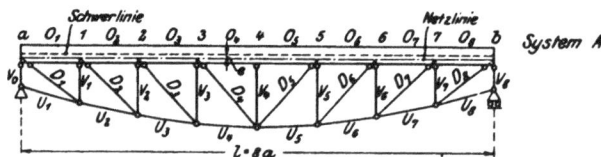

Abb. 41.

Wir führen als statisch unbestimmte Größen wieder in die Rechnung ein:

$$X_1 = U_2 h_1 \cos \gamma_2, \qquad\qquad X_5 = U_5 h_5 \cos \gamma_5,$$
$$X_2 = U_3 h_2 \cos \gamma_3, \qquad X_4 = -\frac{a}{2} V_4, \qquad X_6 = U_6 h_6 \cos \gamma_6,$$
$$X_3 = U_4 h_3 \cos \gamma_4, \qquad\qquad X_7 = U_7 h_7 \cos \gamma_7.$$

Das Grundsystem entsteht, indem man diese Größen X_1 bis X_7 gleich Null setzt. An diesem Grundsystem lassen wir nun der Reihe

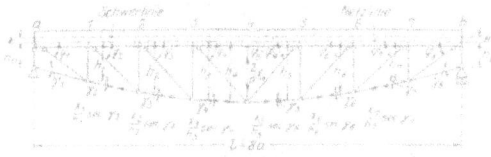

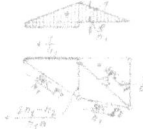

Zustand $X_1 = -1$

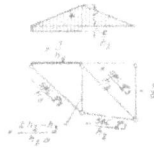

Zustand $X_2 = -1$

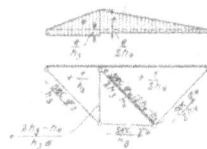

Zustand $X_3 = -1$

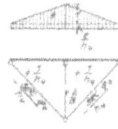

Zustand $X_4 = -1$

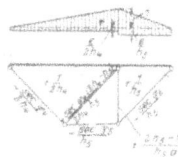

Zustand $X_5 = -1$

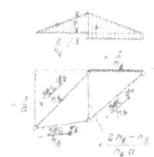

Zustand $X_6 = -1$

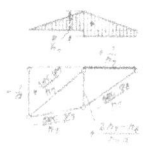

Zustand $X_7 = -1$

Abb. 42.

nach die Zustände $X_1 = -1$, $X_2 = -1$ usw. bis $X_7 = -1$ angreifen; die zugehörigen Momente, Normal- und Stabkräfte sind aus Abb. 42 ersichtlich.

Die $[ik]$-Werte ergeben sich zu:

$$[11] = \frac{a}{3}\left[\left(1 + 3\frac{e}{h_1} + 3\frac{e^2}{h_1^2}\right)\frac{J_c}{J_1} + \frac{J_c}{J_2}\right] + \frac{J_c}{F_c}\left[\frac{a}{h_1^2}\frac{F_c}{F_{O_1}} + \left(\frac{\sec\gamma_2}{h_1}\right)^2 u_2 \frac{F_c}{F_{U_2}}\right.$$
$$\left. + \left(\frac{\sec\varphi_1}{h_1}\right)^2 d_1 \frac{F_c}{F_{D_1}} + \left(\frac{\sec\varphi_2}{h_1}\right)^2 d_2 \frac{F_c}{F_{D_2}} + \frac{(2h_1 - h_2)^2}{h_1 a^2}\frac{F_c}{F_{V_1}} + \frac{h_2}{a^2}\frac{F_c}{F_{V_2}}\right],$$

$$[12] = \frac{a}{6}\left(1 + 3\frac{e}{h_2}\right)\frac{J_c}{J_2} - \frac{J_c}{F_c}\left[\frac{\sec^2\varphi_2}{h_1 h_2}d_2 \frac{F_c}{F_{D_2}} + \frac{2h_2 - h_3}{a^2}\frac{F_c}{F_{V_2}}\right],$$

$$[13] = [14] = \cdots [17] = 0,$$

$$[21] = [12],$$

$$[22] = \frac{a}{3}\left[\left(1 + 3\frac{e}{h_2} + 3\frac{e^2}{h_2^2}\right)\frac{J_c}{J_2} + \frac{J_c}{J_3}\right] + \frac{J_c}{F_c}\left[\frac{a}{h_2^2}\frac{F_c}{F_{O_2}} + \left(\frac{\sec\gamma_3}{h_2}\right)^2 u_3 \frac{F_c}{F_{U_3}}\right.$$
$$\left. + \left(\frac{\sec\varphi_2}{h_2}\right)^2 d_2 \frac{F_c}{F_{D_2}} + \left(\frac{\sec\varphi_3}{h_2}\right)^2 d_3 \frac{F_c}{F_{D_3}} + \frac{(2h_2 - h_3)^2}{h_2 a^2}\frac{F_c}{F_{V_2}} + \frac{h_3}{a^2}\frac{F_c}{F_{V_3}}\right],$$

$$[23] = \frac{a}{6}\left(1 + 3\frac{e}{h_3}\right)\frac{J_c}{J_3} - \frac{J_c}{F_c}\left[\frac{\sec^2\varphi_3}{h_2 h_3}d_3 \frac{F_c}{F_{D_3}} + \frac{2h_3 - h_4}{a^2}\frac{F_c}{F_{V_3}}\right],$$

$$[24] = [25] = \cdots [27] = 0,$$

$$[31] = 0,$$

$$[32] = [23],$$

$$[33] = \frac{a}{3}\left[\left(1 + 3\frac{e}{h_3} + 3\frac{e^2}{h_3^2}\right)\frac{J_c}{J_3} + 0{,}25\left(7 + 9\frac{e}{h_4} + 3\frac{e^2}{h_4^2}\right)\frac{J_c}{J_4}\right.$$
$$+ 0{,}25\left(1 + 3\frac{e}{h_4} + 3\frac{e^2}{h_4^2}\right)\frac{J_c}{J_5} + \frac{J_c}{F_c}\left[\frac{a}{h_3^2}\frac{F_c}{F_{O_3}} + \frac{a}{4h_4^2}\left(\frac{F_c}{F_{O_4}} + \frac{F_c}{F_{O_5}}\right)\right]$$
$$+ \left(\frac{\sec\gamma_4}{h_3}\right)^2 u_4 \frac{F_c}{F_{U_4}} + \left(\frac{\sec\varphi_3}{h_3}\right)^2 d_3 \frac{F_c}{F_{D_3}} + \left(\frac{\sec\varphi_4(2h_4 - h_3)}{2h_3 h_4}\right)^2 d_4 \frac{F_c}{F_{D_4}}$$
$$\left. + \left(\frac{\sec\varphi_5}{2h_4}\right)^2 d_5 \frac{F_c}{F_{D_5}} + \frac{(2h_3 - h_4)^2}{h_3 a^2}\frac{F_c}{F_{V_3}}\right],$$

$$[34] = \frac{a}{6}\left[\left(2 + 6\frac{e}{h_4} + 3\frac{e^2}{h_4^2}\right)\frac{J_c}{J_4} + \left(1 + 3\frac{e}{h_4} + 3\frac{e^2}{h_4^2}\right)\frac{J_c}{J_5}\right] + \frac{J_c}{F_c}\left[\frac{a}{2h_4^2}\left(\frac{F_c}{F_{O_4}} + \frac{F_c}{F_{O_5}}\right)\right.$$
$$\left. - \frac{\sec^2\varphi_4}{2h_3 h_4^2}(2h_4 - h_3)d_4 \frac{F_c}{F_{D_4}} + \frac{\sec^2\varphi_5}{2h_4^2}d_5 \frac{F_c}{F_{D_5}}\right],$$

$$[35] = \frac{a}{6}\left(1 + 3\frac{e}{h_4} + 1{,}5\frac{e^2}{h_4^2}\right)\left(\frac{J_c}{J_4} + \frac{J_c}{J_5}\right) + \frac{J_c}{F_c}\left[\frac{a}{4h_4^2}\left(\frac{F_c}{F_{O_4}} + \frac{F_c}{F_{O_5}}\right)\right.$$
$$\left. - \frac{\sec^2\varphi_4}{4h_3 h_4^2}(2h_4 - h_3)d_4 \frac{F_c}{F_{D_4}} - \frac{\sec^2\varphi_5}{4h_4^2 h_5}(2h_4 - h_5)d_5 \frac{F_c}{F_{D_5}}\right].$$

$$[36] = [37] = 0,$$

$[41] = [42] = 0$,

$[43] = [34]$,

$$[44] = \frac{a}{3}\left(1 + 3\frac{e}{h_4} + 3\frac{e^2}{h_4^2}\right)\left(\frac{J_c}{J_4} + \frac{J_c}{J_5}\right) + \frac{J_c}{F_c}\left[\frac{a}{h_4^2}\left(\frac{F_c}{F_{O_4}} + \frac{F_c}{F_{O_5}}\right)\right.$$

$$\left. + \frac{\sec^2 \varphi_4}{h_4^2} d_4\left(\frac{F_c}{F_{D_4}} + \frac{F_c}{F_{D_5}}\right) + \frac{4}{a^2} h_4 \frac{F_c}{F_{V_4}}\right]$$

usw.

Bezeichnen wir wieder zur Abkürzung wie bisher die $[ii]$-Werte durch zwei wagerechte Striche, die von Null verschiedenen $[ik]$-Werte durch einen Strich, dann erhalten wir folgende schematische Darstellung der Elastizitätsgleichungen:

	X_1	X_2	X_3	X_4	X_5	X_6	X_7	
1	=	—						$= Z_1$
2	—	=	—					$= Z_2$
3		—	=	—	—			$= Z_3$
4			—	=	—			$= Z_4$
5			—	—	=	—		$= Z_5$
6					—	=	—	$= Z_6$
7						—	—	$= Z_7$

Wie man an dem stark ausgezogenen treppenförmigen Linienzug erkennt, führt die Untersuchung, ebenso wie die entsprechende des vorigen Abschnittes, auf ein System fünfgliedriger Gleichungen. Die Beiwerte $[ii]$ bzw. $[ik]$ der Unbekannten sind aber in beiden Fällen voneinander verschieden, und zwar unterscheiden sie sich in dem Beitrag der Momente voneinander. Der Anteil, den die Normal- und Stabkräfte an den $[ik]$-Werten haben, ist in beiden Fällen der gleiche.

Die **Belastungsglieder** Z_r errechnen sich — ruhende Belastung vorausgesetzt — aus

$$Z_r = \int M_0 M_r\, dx \frac{J_c}{J} + \frac{J_c}{F_c}\left[\int N_0 N_r\, dx \frac{F_c}{F} + \Sigma S_0 S_r s \frac{F_c}{F}\right],$$

Für lotrechte Lasten sind die Momente M_0 unabhängig von der Exzentrizität e, da ja keine Normalkräfte im Träger auftreten.

Anders dagegen bei wagerechten Lasten. Als Beispiel betrachten wir wieder den Fall, daß eine Bremskraft H an irgendeiner Stelle des Trägers in der Höhe k über der Netzlinie des Obergurtes (d. h. an Kranschienen-Oberkante) angreift (Abb. 43). Die Momente M_0 sowie die Normal- und Stabkräfte N_0 und S_0 für diesen Belastungsfall sind in Abb. 43a und b angegeben.

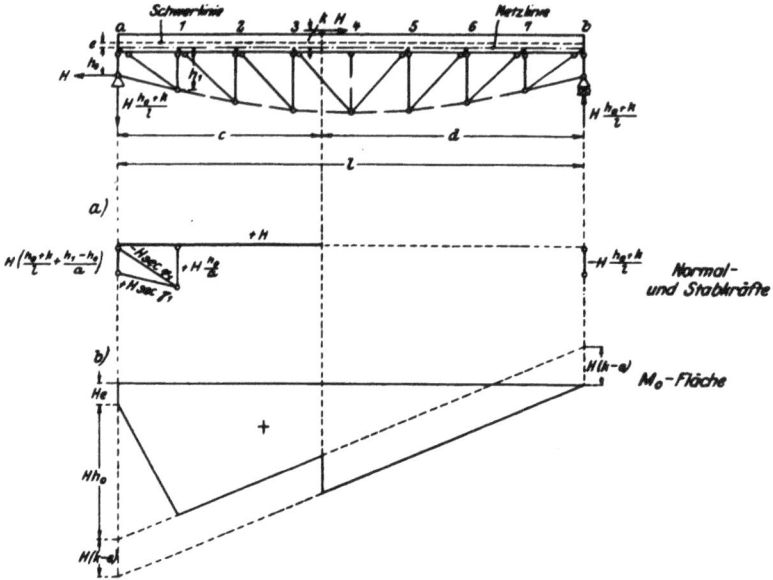

Abb. 43.

Zur Bestimmung des Einflusses rollender Lasten, d. h. für die Einflußlinienermittlung, haben wir anzusetzen:

$$Z_r = [mr].$$

Wegen der numerischen Berechnung der $[mr]$-Linie, die sich nach Mohr als Momentenfläche eines mit der $M_r \dfrac{J_c}{J}$-Fläche belasteten Balkens darstellen läßt, sei auf das Beispiel auf S. 33 verwiesen.

β) Das System B.

Bei dem System B, das der besseren Übersicht halber nachstehend

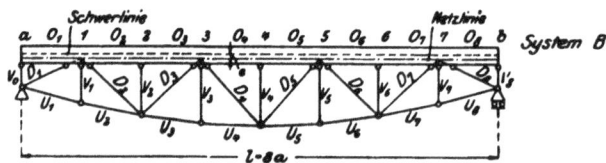

Abb. 44.

nochmals abgebildet wurde (Abb. 44), führen wir wieder als statisch unbestimmte Größen in die Rechnung ein:

$$X_1 = U_1 h_1 \cos \gamma_1, \qquad\qquad X_2 = -\frac{a}{2} V_2,$$

$$X_3 = U_3 h_3 \cos \gamma_3, \qquad\qquad X_4 = -\frac{a}{2} V_4,$$

$$X_5 = U_6 h_5 \cos \gamma_6, \qquad\qquad X_6 = -\frac{a}{2} V_6.$$

$$X_7 = U_8 h_7 \cos \gamma_8,$$

Setzen wir der Reihe nach $X_1 = -1$, $X_2 = -1$ usw. bis $X_7 = -1$, so erhalten wir die in Abb. 45 angegebenen Momente, Normal- und Stabkräfte.

Damit ergeben sich dann folgende $[ik]$-Werte:

$$[11] = \frac{a}{3}\left[\frac{J_c}{J_1} + 0{,}25\left(7 + 9\frac{e}{h_2} + 3\frac{e^2}{h_2^2}\right)\frac{J_c}{J_2} + 0{,}25\left(1 + 3\frac{e}{h_2} + 3\frac{e^2}{h_2^2}\right)\frac{J_c}{J_3}\right]$$

$$+ \frac{J_c}{F_c}\left[\frac{a}{4h_2^2}\left(\frac{F_c}{F_{0_2}} + \frac{F_c}{F_{0_3}}\right) + \left(\frac{\sec\gamma_1}{h_1}\right)^2 u_1 \frac{F_c}{F_{U_1}} + \left(\frac{\sec\gamma_2}{h_1}\right)^2 u_2 \frac{F_c}{F_{U_2}}\right.$$

$$+ \left(\frac{\sec\varphi_1}{h_1}\right)^2 d_1 \frac{F_c}{F_{D_1}} + \left(\frac{\sec\varphi_2\,(2h_2 - h_1)}{2h_1 h_2}\right)^2 d_2 \frac{F_c}{F_{D_2}} + \left(\frac{\sec\varphi_2}{2h_2}\right)^2 d_3 \frac{F_c}{F_{D_3}} + \frac{h_0}{a^2}\frac{F_c}{F_{V_0}}$$

$$+ \left.\frac{(2h_1 - h_0 - h_2)^2}{a^2 h_1}\frac{F_c}{F_{V_1}}\right],$$

$$[12] = \frac{a}{6}\left[\left(2 + 6\frac{e}{h_2} + 3\frac{e^2}{h_2^2}\right)\frac{J_c}{J_2} + \left(1 + 3\frac{e}{h_2} + 3\frac{e^2}{h_2^2}\right)\frac{J_c}{J_3}\right] + \frac{J_c}{F_c}\left[\frac{a}{2h_2^2}\left(\frac{F_c}{F_{0_2}} + \frac{F_c}{F_{0_3}}\right)\right.$$

$$\left.- \frac{\sec^2\varphi_2}{2h_1 h_2^2}(2h_2 - h_1) d_2 \frac{F_c}{F_{D_2}} + \frac{\sec^2\varphi_2}{2h_2^2} d_3 \frac{F_c}{F_{D_3}}\right],$$

$$[13] = \frac{a}{6}\left(1 + 3\frac{e}{h_2} + 1{,}5\frac{e^2}{h_2^2}\right)\left(\frac{J_c}{J_2} + \frac{J_c}{J_3}\right) + \frac{J_c}{F_c}\left[\frac{a}{4h_2^2}\left(\frac{F_c}{F_{0_2}} + \frac{F_c}{F_{0_3}}\right)\right.$$

$$\left.- \frac{\sec^2\varphi_2}{4h_1 h_2^2}(2h_2 - h_1) d_2 \frac{F_c}{F_{D_2}} - \frac{\sec^2\varphi_2}{4h_2^2 h_3}(2h_2 - h_3) d_3 \frac{F_c}{F_{D_3}}\right],$$

$$[14] = [15] = \cdots [17] = 0,$$

$$[21] = [12],$$

$$[22] = \frac{a}{3}\left(1 + 3\frac{e}{h_2} + 3\frac{e^2}{h_2^2}\right)\left(\frac{J_c}{J_2} + \frac{J_c}{J_3}\right) + \frac{J_c}{F_c}\left[\frac{a}{h_2^2}\left(\frac{F_c}{F_{0_2}} + \frac{F_c}{F_{0_3}}\right)\right.$$

$$\left.+ \frac{\sec^2\varphi_2}{h_2^2} d_2 \left(\frac{F_c}{F_{D_2}} + \frac{F_c}{F_{D_3}}\right) + \frac{4h_2}{a^2}\frac{F_c}{F_{V_2}}\right],$$

$$[23] = \frac{a}{6}\left[\left(1 + 3\frac{e}{h_2} + 3\frac{e^2}{h_2^2}\right)\frac{J_c}{J_2} + \left(2 + 6\frac{e}{h_2} + 3\frac{e^2}{h_2^2}\right)\frac{J_c}{J_3}\right] + \frac{J_c}{F_c}\left[\frac{a}{2h_2^2}\left(\frac{F_c}{F_{0_2}} + \frac{F_c}{F_{0_3}}\right)\right.$$

$$\left.+ \frac{\sec^2\varphi_2}{2h_2^2} d_2 \frac{F_c}{F_{D_2}} - \frac{\sec^2\varphi_2}{2h_2^2 h_3}(2h_2 - h_3) d_3 \frac{F_c}{F_{D_3}}\right],$$

$$[24] = [25] = \cdots [27] = 0,$$

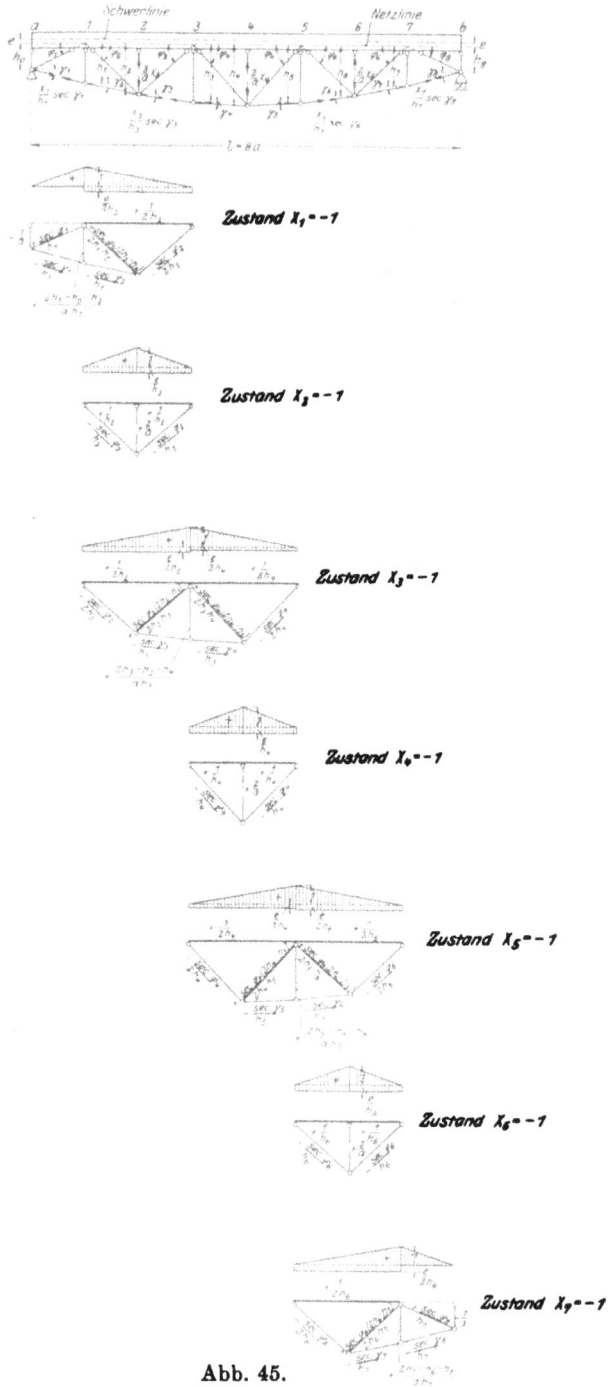

Abb. 45.

$[31] = [13],$

$[32] = [23],$

$$[33] = \frac{a}{3}\left[0,25\left(1 + 3\frac{e}{h_2} + 3\frac{e^2}{h_2^2}\right)\frac{J_c}{J_2} + 0,25\left(7 + 9\frac{e}{h_2} + 3\frac{e^2}{h_2^2}\right)\frac{J_c}{J_3}\right.$$

$$\left. + 0,25\left(7 + 9\frac{e}{h_4} + 3\frac{e^2}{h_4^2}\right)\frac{J_c}{J_4} + 0,25\left(1 + 3\frac{e}{h_4} + 3\frac{e^2}{h_4^2}\right)\frac{J_c}{J_5}\right]$$

$$+ \frac{J_c}{F_c}\left[\frac{a}{4h_2^2}\left(\frac{F_c}{F_{O_2}} + \frac{F_c}{F_{O_3}}\right) + \frac{a}{4h_4^2}\left(\frac{F_c}{F_{O_4}} + \frac{F_c}{F_{O_5}}\right) + \left(\frac{\sec\gamma_3}{h_3}\right)^2 u_3 \frac{F_c}{F_{U_3}}\right.$$

$$+ \left(\frac{\sec\gamma_4}{h_3}\right)^2 u_4 \frac{F_c}{F_{U_4}} + \left(\frac{\sec\varphi_2}{2h_2}\right)^2 d_2 \frac{F_c}{F_{D_2}} + \left(\frac{\sec\varphi_2(2h_2 - h_3)}{2h_2 h_3}\right)^2 d_3 \frac{F_c}{F_{D_3}}$$

$$+ \left(\frac{\sec\varphi_4(2h_4 - h_3)}{2h_3 h_4}\right)^2 d_4 \frac{F_c}{F_{D_4}} + \left(\frac{\sec\varphi_4}{2h_4}\right)^2 d_5 \frac{F_c}{F_{D_5}} + \left.\frac{(2h_3 - h_3 - h_4)^2}{a^2 h_3}\frac{F_c}{F_{V_3}}\right],$$

$$[34] = \frac{a}{6}\left[\left(2 + 6\frac{e}{h_4} + 3\frac{e^2}{h_4^2}\right)\frac{J_c}{J_4} + \left(1 + 3\frac{e}{h_4} + 3\frac{e^2}{h_4^2}\right)\frac{J_c}{J_5}\right] + \frac{J_c}{F_c}\left[\frac{a}{2h_4^2}\left(\frac{F_c}{F_{O_4}} + \frac{F_c}{F_{O_5}}\right)\right.$$

$$- \left.\frac{\sec^2\varphi_4}{2h_3 h_4^2}(2h_4 - h_3)d_4\frac{F_c}{F_{D_4}} + \frac{\sec^2\varphi_4}{2h_4^2}d_5\frac{F_c}{F_{D_5}}\right],$$

$$[35] = \frac{a}{6}\left(1 + 3\frac{e}{h_4} + 1,5\frac{e^2}{h_4^2}\right)\left(\frac{J_c}{J_4} + \frac{J_c}{J_5}\right) + \frac{J_c}{F_c}\left[\frac{a}{4h_4^2}\left(\frac{F_c}{F_{O_4}} + \frac{F_c}{F_{O_5}}\right)\right.$$

$$- \left.\frac{\sec^2\varphi_4}{4h_3 h_4^2}(2h_4 - h_3)d_4\frac{F_c}{F_{D_4}} - \frac{\sec^2\varphi_4}{4h_4^2 h_5}(2h_4 - h_5)d_5\frac{F_c}{F_{D_5}}\right],$$

$[36] = [37] = 0,$

$[41] = [42] = 0,$

$[43] = [34],$

$$[44] = \frac{a}{3}\left(1 + 3\frac{e}{h_4} + 3\frac{e^2}{h_4^2}\right)\left(\frac{J_c}{J_4} + \frac{J_c}{J_5}\right) + \frac{J_c}{F_c}\left[\frac{a}{h_4^2}\left(\frac{F_c}{F_{O_4}} + \frac{F_c}{F_{O_5}}\right)\right.$$

$$+ \left.\frac{\sec^2\varphi_4}{h_4^2}d_4\left(\frac{F_c}{F_{D_4}} + \frac{F_c}{F_{D_5}}\right) + \frac{4h_4}{a^2}\frac{F_c}{F_{V_4}}\right] \qquad \text{usw.}$$

Das Schema der Elastizitätsgleichungen nimmt also folgende Form an:

	X_1	X_2	X_3	X_4	X_5	X_6	X_7	
1	$=$	$-$	$-$					$= Z_1$
2	$-$	$=$	$-$					$= Z_2$
3	$-$	$-$	$=$	$-$	$-$			$= Z_3$
4		$-$	$=$	$-$				$= Z_4$
5			$-$	$-$	$=$	$-$	$-$	$= Z_5$
6				$-$	$=$	$-$		$= Z_6$
7				$-$	$-$	$=$		$= Z_7$

Bezüglich der Belastungsglieder Z_r gilt das unter α Gesagte sinngemäß hier ebenfalls.

b) Der Fachwerkträger als Grundsystem.

α) Das System A.

Als statisch unbestimmte Größen wählen wir wieder die Momente im Obergurt in den Querschnitten durch die Knotenpunkte 1, 2, 3 . . . 7. Im Gegensatz zu den entsprechenden Untersuchungen im vorigen Abschnitt I wollen wir diese Momente X nun aber nicht auf die Schwerpunkte dieser Querschnitte (in den Knoten 1, 2, 3 . . . 7) beziehen, sondern diesmal auf die Schnittpunkte der Netzlinien der Füllungsstäbe, die ja um das Maß e tiefer liegen als die Schwerlinie.

Das statisch bestimmte Hauptsystem ist dann ein einfacher Fachwerkträger, dessen Obergurtstäbe sämtlich um das Maß e exzentrisch angeordnet sind.

Die Momente (bezogen auf die Schwerlinie des Obergurtes), Normal- und Stabkräfte infolge der Zustände $X_r = -1$ $(r = 1, 2, 3 \ldots 7)$ sind in Abb. 46 angegeben.

Für die $[ik]$-Werte ergeben sich damit folgende Ausdrücke:

$$[11] = \frac{a}{3}\left[\left(1 + 3\frac{e}{h_1} + 3\frac{e^2}{h_1^2}\right)\frac{J_c}{J_1} + \frac{J_c}{J_2}\right] + \frac{J_c}{F_c}\left[\frac{a}{h_1^2}\frac{F_c}{F_{0_1}} + \left(\frac{\sec\gamma_2}{h_1}\right)^2 u_2 \frac{F_c}{F_{U_2}}\right.$$
$$\left. + \left(\frac{\sec\varphi_1}{h_1}\right)^2 d_1\frac{F_c}{F_{D_1}} + \left(\frac{\sec\varphi_2}{h_1}\right)^2 d_2\frac{F_c}{F_{D_2}} + \frac{(2h_1-h_2)^2}{h_1 a^2}\frac{F_c}{F_{V_1}} + \frac{h_2}{a^2}\frac{F_c}{F_{V_2}}\right],$$

$$[12] = \frac{a}{6}\left(1 + 3\frac{e}{h_2}\right)\frac{J_c}{J_2} - \frac{J_c}{F_c}\left[\frac{\sec^2\varphi_2}{h_1 h_2} d_2\frac{F_c}{F_{D_2}} + \frac{2h_2-h_3}{a^2}\frac{F_c}{F_{V_2}}\right],$$

$$[13] = [14] = \cdots [17] = 0,$$

$$\rule{8cm}{0.4pt}$$

$$[21] = [12],$$

$$[22] = \frac{a}{3}\left[\left(1 + 3\frac{e}{h_2} + 3\frac{e^2}{h_2^2}\right)\frac{J_c}{J_2} + \frac{J_c}{J_3}\right] + \frac{J_c}{F_c}\left[\frac{a}{h_2^2}\frac{F_c}{F_{0_2}} + \left(\frac{\sec\gamma_3}{h_2}\right)^2 u_3 \frac{F_c}{F_{U_3}}\right.$$
$$\left. + \left(\frac{\sec\varphi_2}{h_2}\right)^2 d_2\frac{F_c}{F_{D_2}} + \left(\frac{\sec\varphi_3}{h_2}\right)^2 d_3\frac{F_c}{F_{D_3}} + \frac{(2h_2-h_3)^2}{h_2 a^2}\frac{F_c}{F_{V_2}} + \frac{h_3}{a^2}\frac{F_c}{F_{V_3}}\right],$$

$$[23] = \frac{a}{6}\left(1 + 3\frac{e}{h_3}\right)\frac{J_c}{J_3} - \frac{J_c}{F_c}\left[\frac{\sec^2\varphi_3}{h_2 h_3} d_3\frac{F_c}{F_{D_3}} + \frac{2h_3-h_4}{a^2}\frac{F_c}{F_{V_3}}\right],$$

$$[24] = [25] = \cdots = [27] = 0,$$

$$\rule{8cm}{0.4pt}$$

$$[31] = 0,$$

$$[32] = [23],$$

$$[33] = \frac{a}{3}\left[\left(1 + 3\frac{e}{h_3} + 3\frac{e^2}{h_3^2}\right)\frac{J_c}{J_3} + \frac{J_c}{J_4}\right] + \frac{J_c}{F_c}\left[\frac{a}{h_3^2}\frac{F_c}{F_{0_3}} + \left(\frac{\sec\gamma_4}{h_3}\right)^2 u_4 \frac{F_c}{F_{U_4}}\right.$$
$$\left. + \left(\frac{\sec\varphi_3}{h_3}\right)^2 d_3\frac{F_c}{F_{D_3}} + \left(\frac{\sec\varphi_4}{h_3}\right)^2 d_4\frac{F_c}{F_{D_4}} + \frac{(2h_3-h_4)^2}{h_3 a^2}\frac{F_c}{F_{V_3}} + \frac{h_4}{a^2}\frac{F_c}{F_{V_4}}\right],$$

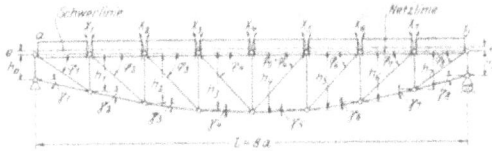

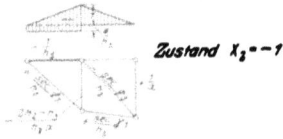

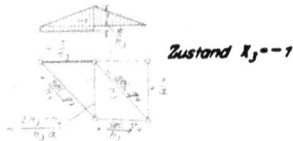

Abb. 46.

$$[34] = \frac{a}{6}\left(1 + 3\frac{e}{h_4}\right)\frac{J_c}{J_4} - \frac{J_c}{F_c}\left[\frac{\sec^2\varphi_4}{h_3 h_4}d_4\frac{F_c}{F_{D_4}} + \frac{2h_4}{a^2}\frac{F_c}{F_{V_4}}\right],$$

$$[35] = \frac{J_c}{F_c}\frac{h_4}{a^2}\frac{F_c}{F_{V_4}},$$

$$[36] = [37] = 0,$$

$$[41] = [42] = 0,$$

$$[43] = [34],$$

$$[44] = \frac{a}{3}\left(1 + 3\frac{e}{h_4} + 3\frac{e^2}{h_4^2}\right)\left(\frac{J_c}{J_4} + \frac{J_c}{J_5}\right) + \frac{J_c}{F_c}\left[\frac{a}{h_4^2}\left(\frac{F_c}{F_{O_4}} + \frac{F_c}{F_{O_5}}\right)\right.$$
$$\left. + \frac{\sec^2\varphi_4}{h_4^2}d_4\left(\frac{F_c}{F_{D_4}} + \frac{F_c}{F_{D_5}}\right) + \frac{4h_4}{a^2}\frac{F_c}{F_{V_4}}\right]$$
$$\text{usw.}$$

Der Aufbau der Elastizitätsgleichungen sieht dann, wieder schematisch dargestellt, folgendermaßen aus:

	X_1	X_2	X_3	X_4	X_5	X_6	X_7	
1	=	—						$= Z_1$
2	—	=	—					$= Z_2$
3		—	=	—	—			$= Z_3$
4			—	=	—			$= Z_4$
5			—	—	=	—		$= Z_5$
6					—	=	—	$= Z_6$
7						—	=	$= Z_7$

Der stark ausgezogene treppenförmige Linienzug zeigt, daß wir auch hier wieder, wie bisher stets bei unseren genauen Untersuchungen, auf ein System fünfgliedriger Elastizitätsgleichungen kommen, dessen Lösung wir bereits ausführlich bei der Behandlung des Zahlenbeispieles im vorigen Abschnitt kennengelernt haben.

Bei ruhender Belastung haben wir für die Glieder Z_r auf der rechten Seite der Elastizitätsgleichungen wieder anzusetzen:

$$Z_r = \int M_0 M_r dx\frac{J_c}{J} + \frac{J_c}{F_c}\left[\int N_0 N_r dx\frac{F_c}{F} + \Sigma S_0 S_r s\frac{F_c}{F}\right].$$

Wirken die Lasten lotrecht, dann lassen sich die Normalkräfte N_0 (in den Obergurtstäben) sowie die Stabkräfte S_0 (in den Untergurt- und

Füllungsstäben) nach den üblichen Methoden leicht ermitteln; für diese spielt der Einfluß der Exzentrizität keine Rolle.

Aufpassen muß man dagegen bei der Bestimmung der Momente M_0. Beispielsweise ergibt sich für einen Obergurtstab O_r (Abb. 47a), der durch eine Einzellast P sowie durch die Normalkraft O_{r0} (Druck) belastet wird, eine M_0-Fläche (die M_0-Werte sind bezogen auf die Schwerlinie des Obergurtstabes) nach Abb. 47b, die sich zusammensetzt aus einem positiven Dreieck mit der Ordinate $\dfrac{P\xi\xi'}{a}$ senkrecht unter der Last sowie einem negativen Rechteck von der Höhe $O_{r0} \cdot e$.

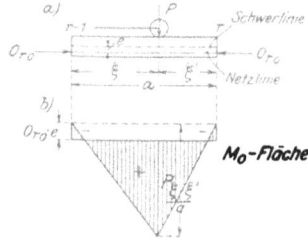

Abb. 47.

Greift eine wagerechte Einzelkraft H, z. B. im Felde 3, 4, im Abstande k von der Netzlinie des Obergurtes an, so geht die Rechnung folgendermaßen vor sich: Wir betrachten zuerst den Obergurtstab O_4 als Balken mit den Auflagern in den Punkten 3 und 4 (Abb. 48a). Die Auflagerkräfte ergeben sich zu

$$-H\,\frac{k}{a}\ \text{(lotrecht) und} \ -H\ \text{(wagerecht) am linken Lager}$$

und $+H\,\dfrac{k}{a}$ (lotrecht) am rechten Lager.

Die Momentenfläche ist in Abb. 48b dargestellt; die Normalkraft im Bereich von der Länge ξ ist gleich $+H$, über der Strecke ξ' verschwindet sie (Abb. 48c).

Diese soeben ermittelten Auflagerkräfte lassen wir nun, in entgegengesetzter Richtung, als äußere Kräfte am Fachwerk angreifen (Abb. 48d) und ermitteln hierfür die Spannkräfte. Wir erhalten in den Obergurtstäben O_1, O_2 und O_3 Zug, in den übrigen Stäben O_4 bis O_8

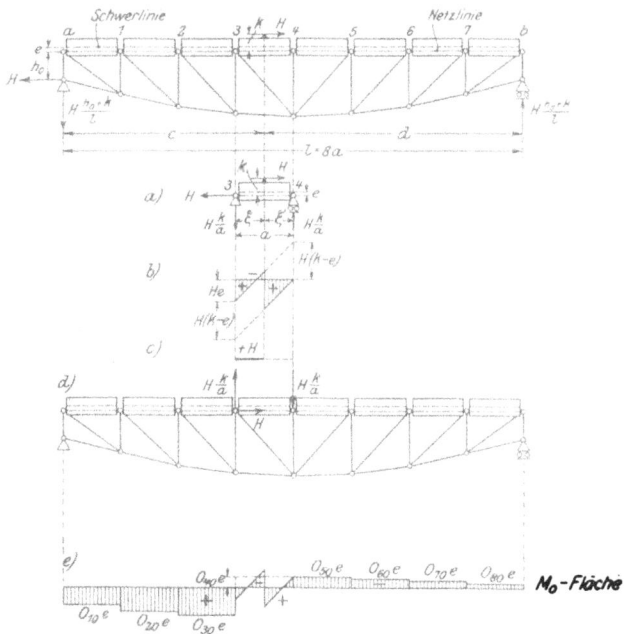

Abb. 48.

Druck. Infolge dieser exzentrisch wirkenden Obergurtspannkräfte entstehen nun wieder Momente, die innerhalb jedes Feldes verschieden sind.

So entsteht beispielsweise im Stabe O_2 ein Moment von der Größe $+ O_{20}e$ ($O_2 = $ Zugkraft), in den Stäben O_4 bzw. O_6 ein solches von der Größe $- O_{40}e$ bzw. $-O_{60}e$ (in den Stäben O_4 und O_6 herrscht Druck).

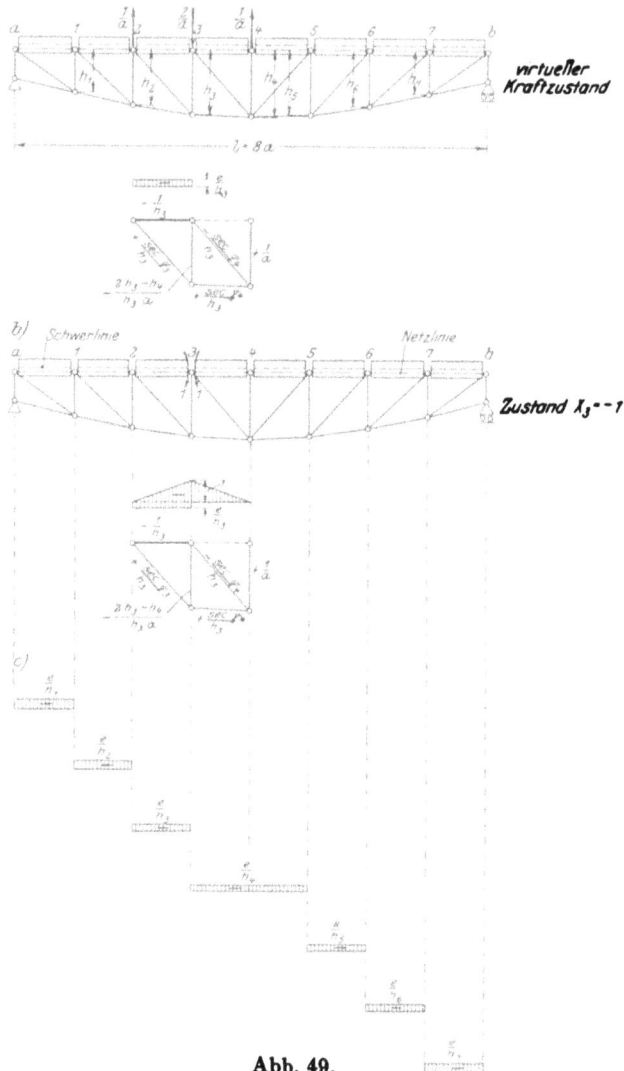

Abb. 49.

Zu diesen so entstehenden Momentenflächen ist noch die in Abb. 48 b dargestellte hinzuzufügen; die endgültige M_0-Fläche zeigt Abb. 48 e.

Zur Ermittlung der Einflußlinien setzen wir wieder an:

$$Z_r = [mr].$$

Die [mr]-Linien werden wieder mit Hilfe der elastischen Gewichte w bestimmt. Im Abschnitt I gaben wir an (vgl. S. 21):

$$EJ_c w_{ik} = [ik]_s,$$

worin $[ik]_s$ der Beitrag war, den die Normal- und Stabkräfte zu dem Werte $[ik]$ liefern.

Infolge der Exzentrizität der Obergurtstäbe kommt hier nun noch ein Anteil von den Momenten hinzu. Wir erläutern dies am besten wieder an einem Beispiel, und zwar wollen wir die w-Gewichte zur Bestimmung der [m3]-Linie ermitteln, d. h. die Werte $EJ_c w_{13}$ bis $EJ_c w_{73}$.

Zur Berechnung z. B. von $EJ_c w_{33}$ setzen wir die Arbeitsgleichung[1]) an:

$$EJ_c \cdot \Sigma \overline{K}\delta = \int \overline{M} M\, ds\, \frac{J_c}{J} + \frac{J_c}{F_c}\left[\int \overline{N} N\, ds\, \frac{F_c}{F} + \Sigma \overline{S} S\, s\, \frac{F_c}{F}\right].$$

Virtueller Kraftzustand.

Wirklicher Verschiebungszustand

Als virtuellen Kraftzustand wählen wir einen Zustand nach Abb. 49a, als wirklichen Verschiebungszustand den Zustand $X_3 = -1$ (Abb. 49b). (Für letzteren soll ja die Biegungslinie gefunden werden.) Der Ausdruck $\Sigma \overline{K}\delta$ infolge dieser Zustände ist gleich w_{33}[2]).

Wir erhalten also:

$$EJ_c w_{33} = \frac{a}{2}\frac{e}{h_3}\left(1 + 2\frac{e}{h_3}\right)\frac{J_c}{J_3} + [33]_s.$$

In entsprechender Weise werden auch die anderen Werte $EJ_c w_{i3}$ ermittelt. In Abb. 49c sind der Reihe nach die Momentenflächen für die virtuellen Kraftzustände, in den Punkten 1 bis 7 angreifend, dargestellt.

Somit erhalten wir:

$$EJ_c w_{13} = 0,$$
$$EJ_c w_{23} = [23]_s,$$
$$EJ_c w_{33} = \frac{a}{2}\frac{e}{h_3}\left(1 + 2\frac{e}{h_3}\right)\frac{J_c}{J_3} + [33]_s,$$
$$EJ_c w_{43} = \frac{a}{2}\frac{e}{h_4}\frac{J_c}{J_4} + [43]_s,$$

$$EJ_c w_{53} = [53]_s,$$
$$EJ_c w_{63} = 0,$$
$$EJ_c w_{73} = 0.$$

---

[1]) Vgl. z. B. Hütte, Band III, 24. Aufl., S. 100 u. 118.

[2]) Bezeichnet w_m das w-Gewicht im Knotenpunkt m, sowie δ_{m-1}, δ_m und δ_{m+1} die Ordinaten der gesuchten Biegungslinie für die Punkte $m-1$, m und $m+1$, so besteht die Beziehung

$$w_m = \frac{1}{a}(2\delta_m - \delta_{m-1} - \delta_{m+1})$$

(vgl. Müller-Breslau: Die graphische Statik der Baukonstruktionen, Band, II. 1. Abt., 5. Aufl. 1922, S. 95).

Mit diesen EJ_c-fachen w-Gewichten denken wir uns wieder einen einfachen Balken von der Spannweite l belastet und ermitteln dafür die Momentenfläche in entsprechender Weise, wie dieses in Abb. 19, S. 21 dargestellt wurde. Der Unterschied gegenüber der dort angegebenen Untersuchung ist hier außerdem noch der, daß die M_3-Fläche sich jetzt nicht mehr aus zwei Dreiecken zusammensetzt, sondern aus einem Trapez und einem Dreieck. (Für die $[m4]$-Linie haben wir sogar zwei Trapeze, anstatt, wie früher, zwei Dreiecke.) An Stelle des Zusatzwertes $-\dfrac{a^2}{6}\dfrac{J_c}{J_3}\omega_D$ im Felde 2, 3 tritt jetzt also $-\dfrac{a^2}{6}\dfrac{J_c}{J_3}\left(1+\dfrac{e}{h_3}\right)\omega_T$, worin ω_T $=\omega_D+\dfrac{e}{h_3+e}\,\omega'_D$ ist (vgl. hierzu die M-Fläche in Abb. 46, Zustand $X_3=-1$, bzw. Abb. 49b).

β) Das System B.

Genau wie bei dem System A führen wir als statisch unbestimmte Größen die Momente im Obergurt in den Querschnitten 1, 2, 3 ... 7 (durch die Knotenpunkte) ein, und zwar jedesmal wieder bezogen auf den Knotenpunkt des Fachwerknetzes, der um das Maß e tiefer liegt als der Schwerpunkt des Obergurtes. Am Kopfe der Abb. 50 ist das statisch bestimmte Hauptsystem mit den angreifenden Momenten X_1, X_2 ... bis X_7 dargestellt.

Mit Hilfe der in Abb. 50 angegebenen, infolge der Belastungszustände $X_r=-1$ $(r=1,2\ldots7)$ auftretenden Momente, Normal- und Stabkräfte lassen sich die Beiwerte $[ik]$ der Unbekannten wie folgt bestimmen:

$$[11]=\frac{a}{3}\left(\frac{J_c}{J_1}+\frac{J_c}{J_2}\right)+\frac{J_c}{F_c}\left[\left(\frac{\sec\gamma_1}{h_1}\right)^2 u_1\frac{F_c}{F_{U_1}}+\left(\frac{\sec\gamma_2}{h_1}\right)^2 u_2\frac{F_c}{F_{U_2}}+\left(\frac{\sec\varphi_1}{h_1}\right)^2 d_1\frac{F_c}{F_{D_1}}\right.$$
$$\left.+\left(\frac{\sec\varphi_2}{h_1}\right)^2 d_2\frac{F_c}{F_{D_2}}+\frac{h_0}{a^2}\frac{F_c}{F_{V_0}}+\frac{(2h_1-h_0-h_2)^2}{h_1 a^2}\frac{F_c}{F_{V_1}}+\frac{h_2}{a^2}\frac{F_c}{F_{V_2}}\right],$$

$$[12]=\frac{a}{6}\left(1+3\frac{e}{h_2}\right)\frac{J_c}{J_2}-\frac{J_c}{F_c}\left[\frac{\sec^2\varphi_2}{h_1 h_2}d_2\frac{F_c}{F_{D_2}}+\frac{2h_2}{a^2}\frac{F_c}{F_{V_2}}\right],$$

$$[13]=\frac{J_c}{F_c}\frac{h_2}{a^2}\frac{F_c}{F_{V_2}},$$

$$[14]=[15]=\cdots=[17]=0,$$

$$[21]=[12],$$

$$[22]=\frac{a}{3}\left(1+3\frac{e}{h_2}+3\frac{e^2}{h_2^2}\right)\left(\frac{J_c}{J_2}+\frac{J_c}{J_3}\right)+\frac{J_c}{F_c}\left[\frac{a}{h_2^2}\left(\frac{F_c}{F_{O_2}}+\frac{F_c}{F_{O_3}}\right)\right.$$
$$\left.+\frac{\sec^2\varphi_2}{h_2^2}d_2\left(\frac{F_c}{F_{D_2}}+\frac{F_c}{F_{D_3}}\right)+\frac{4h_2}{a^2}\frac{F_c}{F_{V_2}}\right],$$

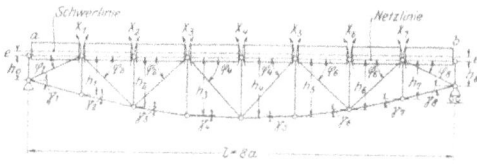

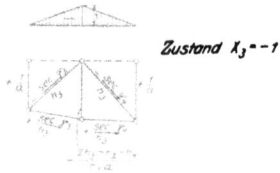

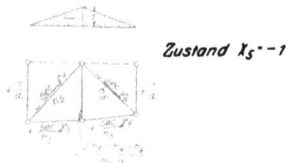

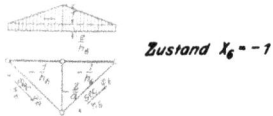

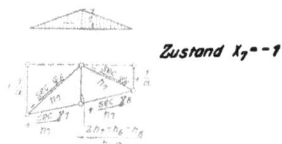

Zustand $X_1 = -1$

Zustand $X_2 = -1$

Zustand $X_3 = -1$

Zustand $X_4 = -1$

Zustand $X_5 = -1$

Zustand $X_6 = -1$

Zustand $X_7 = -1$

Abb. 50.

5*

$$[23] = \frac{a}{6}\left(1 + 3\frac{e}{h_2}\right)\frac{J_c}{J_3} - \frac{J_c}{F_c}\left[\frac{\sec^2\varphi_2}{h_2 h_3}d_2\frac{F_c}{F_{D_2}} + \frac{2h_2}{a^2}\frac{F_c}{F_{V_2}}\right],$$

$$[24] = [25] = \cdots = [27] = 0,$$

$$[31] = [13],$$

$$[32] = [23],$$

$$[33] = \frac{a}{3}\left(\frac{J_c}{J_3} + \frac{J_c}{J_4}\right) + \frac{J_c}{F_c}\left[\left(\frac{\sec\gamma_3}{h_3}\right)^2 u_3\frac{F_c}{F_{U_3}} + \left(\frac{\sec\gamma_4}{h_3}\right)^2 u_4\frac{F_c}{F_{U_4}} + \left(\frac{\sec\varphi_2}{h_3}\right)^2 d_2\frac{F_c}{F_{D_2}}\right.$$

$$\left. + \left(\frac{\sec\varphi_4}{h_3}\right)^2 d_4\frac{F_c}{F_{D_4}} + \frac{h_2}{a^2}\frac{F_c}{F_{V_2}} + \frac{(2h_3 - h_2 - h_4)^2}{h_3 a^2}\frac{F_c}{F_{V_3}} + \frac{h_4}{a^2}\frac{F_c}{F_{V_4}}\right],$$

$$[34] = \frac{a}{6}\left(1 + 3\frac{e}{h_4}\right)\frac{J_c}{J_4} - \frac{J_c}{F_c}\left[\frac{\sec^2\varphi_4}{h_3 h_4}d_4\frac{F_c}{F_{D_4}} + \frac{2h_4}{a^2}\frac{F_c}{F_{V_4}}\right],$$

$$[35] = \frac{J_c}{F_c}\frac{h_4}{a^2}\frac{F_c}{F_{V_4}},$$

$$[36] = [37] = 0,$$

$$[41] = [42] = 0,$$

$$[43] = [34],$$

$$[44] = \frac{a}{3}\left(1 + 3\frac{e}{h_4} + 3\frac{e^2}{h_4^2}\right)\left(\frac{J_c}{J_4} + \frac{J_c}{J_5}\right) + \frac{J_c}{F_c}\left[\frac{a}{h_4^2}\left(\frac{F_c}{F_{O_4}} + \frac{F_c}{F_{O_5}}\right)\right.$$

$$\left. + \frac{\sec^2\varphi_4}{h_4^2}d_4\left(\frac{F_c}{F_{D_4}} + \frac{F_c}{F_{D_5}}\right) + \frac{4h_4}{a^2}\frac{F_c}{F_{V_4}}\right]$$

usw.

Somit erhalten wir für die Elastizitätsgleichungen folgendes Schema:

	X_1	X_2	X_3	X_4	X_5	X_6	X_7	
1	$=$	$-$	$-$					$= Z_1$
2	$-$	$=$	$-$					$= Z_2$
3	$-$	$-$	$=$	$-$	$-$			$= Z_3$
4			$-$	$=$	$-$			$= Z_4$
5			$-$	$-$	$=$	$-$	$-$	$= Z_5$
6					$-$	$=$	$-$	$= Z_6$
7					$-$	$-$	$=$	$= Z_7$

woraus sofort ersichtlich ist, daß auch die Untersuchung dieses Systemes auf eine Gruppe fünfgliedriger Gleichungen führt.

Das über die Ermittelung der Belastungsglieder Z_r für das System A Gesagte ist hier sinngemäß zu übertragen.

2. Zahlenbeispiel[1]).

Als spezielles Beispiel für die Zahlenrechnung wählen wir wieder den Parallelträger nach Abb. 21, S. 25 (Feldweite $a = 2,4$ m, Spannweite $l = 6a = 14,4$ m, Trägerhöhe $h = 1,6$ m). Um nun aber nicht nur zu prüfen, inwieweit die Ergebnisse der genauen Rechnung mit denen der am Anfang dieses Abschnittes II angegebenen üblichen Näherungsrechnung übereinstimmen, sondern um auch kritisch vergleichen zu können, wie der Einfluß verschieden großer Exzentrizitäten sich rein zahlenmäßig im Resultat auswirken wird, hat der Verfasser die Rechnung für 3 verschiedene Werte von e durchgeführt, und zwar für $e = 1$ cm, $e = 5$ cm und $e = 10$ cm.

Sämtliche Zahlenrechnungen hier ausführlich wiederzugeben, würde nun aber zu weit führen. Wir begnügen uns hier mit der Angabe des Rechnungsganges für das System mit $e = 5$ cm. Die Rechnungen für $e = 1$ cm bzw. $e = 10$ cm lassen sich entsprechend durchführen; wir geben hier nur die Resultate.

Bei der Aufstellung der $[ik]$-Werte brauchen wir nur den Anteil der Momente neu zu berechnen; der Beitrag der Normal- und Stabkräfte bleibt gegenüber der früheren Berechnung (S. 27 ff.) ungeändert, kann also von dort übernommen werden.

Der auf S. 26 angegebenen Zusammenstellung der ein für allemal zu berechnenden Werte fügen wir hier noch zu:

$$\frac{e}{h} = \frac{0,05}{1,60} = 0,0313, \qquad \frac{e}{2h} = \frac{0,05}{2 \cdot 1,60} = 0,0156.$$

a) Der Vollwandträger als Grundsystem.

Der leichteren Übersicht halber geben wir in umstehender Abb. 51 die Momentenflächen für die einzelnen Zustände $X_r = -1$ $(r = 1, 2 \ldots 5)$ nochmals an. Wir erhalten dann[2]), wenn wir, wie bereits erwähnt, den Anteil der Normal- und Stabkräfte an den $[ik]$-Werten dem früheren Zahlenbeispiel (S. 27) entnehmen:

$[11] = 0,8 \, (0,0313^2 + 0,0313 \cdot 1,0313 + 1,0313^2) + 0,8 + 0,1445 = 1,8218,$

$[12] = 0,4 \cdot 1,0 \, (2 \cdot 0,0313 + 1,0313) - 0,0628 = 0,3747,$

$[22] = 0,8 \, (0,0313^2 + 0,0313 \cdot 1,0313 + 1,0313^2) + 1,6 \, (1,0156^2$
$\qquad + 1,0156 \cdot 0,0156 + 0,0156^2) + 0,1287 = 2,6822,$

---

[1]) Wegen der Genauigkeit der Zahlenrechnung vgl. die Fußnote auf S. 27.

[2]) Die Anteile, die die Momente an den $[ik]$-Werten haben, sind hier, der Abwechslung halber, durch unmittelbare Anwendung der auf S. 9 angeschriebenen Formeln berechnet worden. Durch sinngemäßes Einsetzen der Zahlen in die auf S. 54 aufgestellten Werte erhält man selbstverständlich die gleichen Ergebnisse.

$[23] = 1,2 \cdot 1,0 \,(1,0156 + 0,0156) + 2,4 \cdot 0,0313 \,(1,0156 + 0,0156)$
$\quad + 0,0119 = 1,3268\,,$

$[24] = 0,8 \,[1,0156 \,(2 \cdot 0,0156 + 1,0156) + 0,0156 \,(2 \cdot 1,0156 + 0,0156)]$
$\quad - 0,0258 = 0,8503\,,$

$[33] = 2 \cdot 0,8 \,(0,0313^2 + 0,0313 \cdot 1,0313 + 1,0313^2) + 0,2210 = 1,9757\,.$

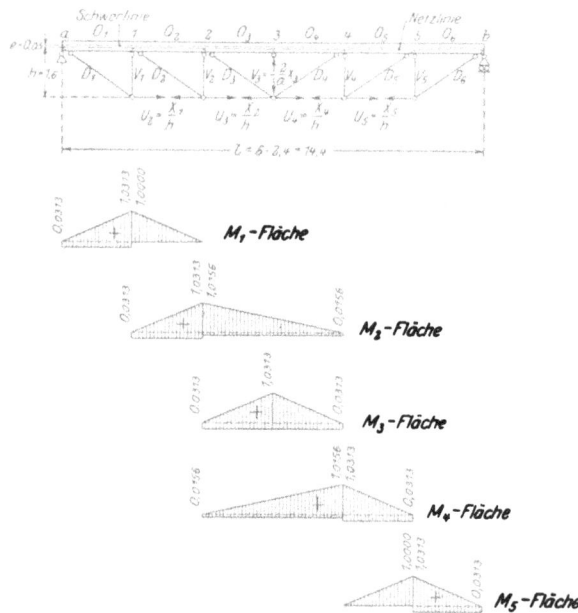

Abb. 51.

Da infolge der Symmetrie des Systemes zur Mittelachse die quadratische Matrix doppelt symmetrisch ist, brauchen wir die übrigen $[ik]$-Werte nicht zu berechnen.

Die Elastizitätsgleichungen sehen dann also folgendermaßen aus:

	X_1	X_2	X_3	X_4	X_5	
1	1,8218	0,3747				$= Z_1$
2	0,3747	2,6822	1,3268	0,8503		$= Z_2$
3		1,3268	1,9757	1,3268		$= Z_3$
4		0,8503	1,3268	2,6822	0,3747	$= Z_4$
5				0,3747	1,8218	$= Z_5$

Die Auflösung dieser Gleichungen ergibt[1]):

	Z_1	Z_2	Z_3	Z_4	Z_5
$X_1 =$	0,5736	−0,1200	0,0825	−0,0028	0,0006
$X_2 =$	−0,1200	0,5837	−0,4013	0,0138	−0,0028
$X_3 =$	0,0825	−0,4013	1,0451	−0,4013	0,0825
$X_4 =$	−0,0028	0,0138	−0,4013	0,5837	−0,1200
$X_5 =$	0,0006	−0,0028	0,0825	−0,1200	0,5736

Als äußere Belastung nehmen wir wieder zwei Einzellasten $P = 1\,\mathrm{t}$ in der in Abb. 23 (S. 31) angegebenen Stellung an. Die Z_r-Werte ergeben sich aus der Beziehung:

$$Z_r = \int M_0 M_r \, dx \frac{J_c}{J},$$

(der Anteil der Normal- und Stabkräfte verschwindet, da N_0 und S_0 gleich Null wird).

Die M_0-Fläche für diese vorgesehene Belastung ist in Abb. 23a (S. 31) angegeben. Wir erhalten also:

$Z_1 = 0,4 \cdot 2,2 \, (2 \cdot 1,0313 + 0,0313) + 0,4 \cdot 1,0 \, (2 \cdot 2,2 + 4,4) = 5,3625$,

$Z_2 = 0,4 \, [0,0313 \, (2 \cdot 2,2 + 4,4) + 1,0313 \, (2 \cdot 4,4 + 2,2)]$
$\quad + 0,4 \, [1,0156 \, (2 \cdot 4,4 + 5,4) + 0,5156 \, (2 \cdot 5,4 + 4,4)]$
$\quad + 0,6 \cdot 0,6 \, (1,0156 + 0,5156) + 0,4 \, [0,5156 \, (2 \cdot 5,4 + 5,2)$
$\quad + 0,0156 \, (2 \cdot 5,2 + 5,4)] = 17,5013$.

Ebenso ergibt sich:

$Z_3 = 13,6275$,

$Z_4 = 18,6263$,

$Z_5 = 6,3375$.

Die statisch unbestimmten Größen werden dann:

$X_1 = \quad 0,5736 \cdot 5,3625 \quad − 0,1200 \cdot 17,5013 \quad + 0,0825 \cdot 13,6275$
$\quad − \quad 0,0028 \cdot 18,6263 + 0,0006 \cdot 6,3375 \quad = 2,0502$,

$X_2 = − 0,1200 \cdot 5,3625 \quad + 0,5837 \cdot 17,5013 − 0,4013 \cdot 13,6275$
$\quad + \quad 0,0138 \cdot 18,6263 − 0,0028 \cdot 6,3375 = 4,3432$,

und ebenso

$X_3 = 0,7105$,

$X_4 = 4,8700$,

$X_5 = 2,4771$.

---

[1]) Vgl. hierzu das Zahlenbeispiel im Abschnitt I, S. 25 ff.

Damit erhalten wir sofort:

$$U_2 = \frac{1}{h} X_1 = 0,625 \cdot 2,0502 = 1,281 \text{ t},$$

$$U_3 = \frac{1}{h} X_2 = 0,625 \cdot 4,3432 = 2,714 \text{ t},$$

$$V_3 = -\frac{2}{a} X_3 = -2 \cdot 0,417 \cdot 0,7105 = -0,592 \text{ t},$$

$$U_4 = \frac{1}{h} X_4 = 0,625 \cdot 4,8700 = 3,044 \text{ t},$$

$$U_5 = \frac{1}{h} X_5 = 0,625 \cdot 2,4771 = 1,548 \text{ t}.$$

Die übrigen statischen Größen ergeben sich vermittels des Superpositionsgesetzes. Wir erhalten beispielsweise für die Momente (bezogen auf den Schwerpunkt der Querschnitte) unmittelbar links bzw. rechts vom Knotenpunkt 2 die Werte:

$$M_2^l = M_{20}^l - M_{22}^l X_2 = 4,4 - 1,0313 \cdot 4,3432 = -0,0789 \text{ tm},$$

$$M_2^r = M_{20}^r - M_{22}^r X_2 - M_{23}^r X_3 - M_{24}^r X_4 = 4,4 - 1,0156 \cdot 4,3432$$
$$- 0,0313 \cdot 0,7105 - 0,0156 \cdot 4,8700 = -0,1094 \text{ tm}.$$

Das Moment unter dem Angriffspunkt der ersten Last (Punkt III) ergibt sich zu:

$$M_{III} = M_{III_0} - M_{III_2} X_2 - M_{III_3} X_3 - M_{III_4} X_4 = 5,5 - 0,7656 \cdot 4,3432$$
$$- 0,5313 \cdot 0,7105 - 0,2656 \cdot 4,8700 = 0,5037 \text{ tm}.$$

Als Beispiel für die Ermittlung der Stabkräfte berechnen wir[1]):

$$D_3 = -D_{32} X_2 - D_{33} X_3 - D_{34} X_4 = \frac{\sec \varphi}{2h} (-X_2 + 2 X_3 + X_4)$$

$$= 0,5 \cdot 0,751 (-4,3432 + 2 \cdot 0,7105 + 4,8700) = 0,732 \text{ t}.$$

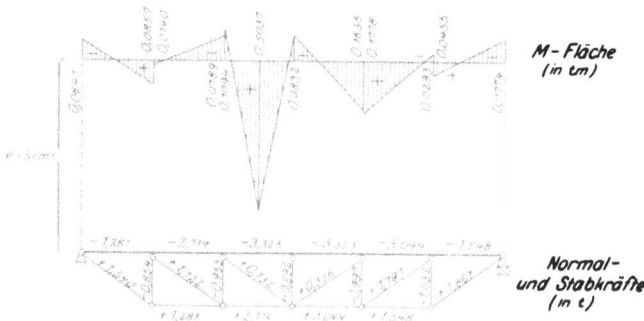

M-Fläche
(in tm)

Normal-
und Stabkräfte
(in t)

Abb. 52.

Die in dieser Weise erhaltenen Momente, Normal- und Stabkräfte sind in nebenstehender Abb. 52 angegeben. Die Dimension der Momente ist tm, die der Stabkräfte t.

Die Untersuchung von Einflußlinien geht ebenfalls in der genau entsprechenden Art vor sich, wie wir sie früher (S. 33ff.) bei demselben

---

[1]) Vgl. hierzu Abb. 22 auf S. 28.

System, aber mit zentrischem Anschluß der Obergurtstäbe besprochen haben. Mit Rücksicht auf den beschränkten Umfang des Büchleins wollen wir an dieser Stelle jedoch von einer Angabe der Zahlenrechnung absehen.

b) Der Fachwerkträger als Grundsystem.

In Abb. 53 sind wiederum nur die Momente infolge der Zustände $X_r = -1$ ($r = 1, 2 \ldots 5$) — am Grundsystem angreifend — dargestellt. Den Anteil der Normal- und Stabkräfte an den $[ik]$-Werten entnehmen

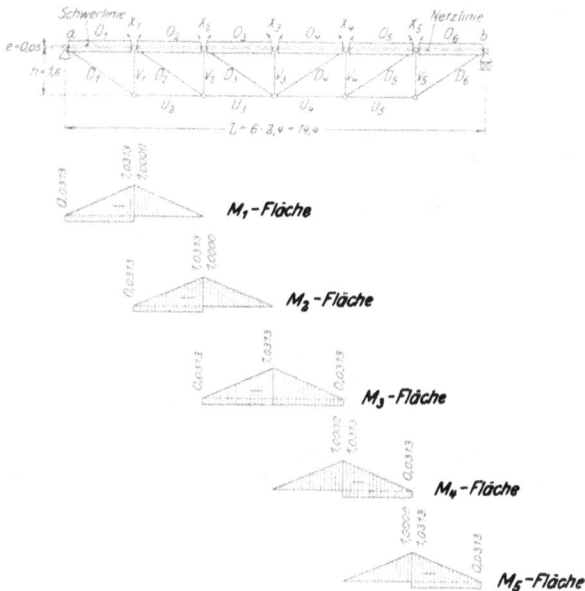

Abb. 53.

wir der früheren Berechnung (S. 36) und erhalten so die folgenden Zahlenwerte (vgl. die Fußnote 2 auf S. 69):

$$[11] = 0,8 \, (0,0313^2 + 0,0313 \cdot 1,0313 + 0,0313^2) + 0,8 + 0,1445 = 1,8218 \,,$$

$$[12] = 0,4 \cdot 1,0 \, (2 \cdot 0,0313 + 0,0313) - 0,0628 = 0,3747 \,,$$

$$[22] = 0,8 \, (0,0313^2 + 0,0313 \cdot 1,0313 + 1,0313^2) + 0,8 + 0,1720 = 1,8493 \,,$$

$$[23] = 0,4 \cdot 1,0 \, (2 \cdot 0,0313 + 1,0313) - 0,0986 = 0,3389 \,,$$

$$[24] = 0,0175 \,,$$

$$[33] = 2 \cdot 0,8 \, (0,0313^2 + 0,0313 \cdot 1,0313 + 1,0313^2) + 0,2210 = 1,9757 \,.$$

Wegen der Symmetrie des Systemes zur Mitte brauchen die übrigen Werte nicht berechnet zu werden.

Die Elastizitätsgleichungen lauten dann, wieder in der Matrixform angeschrieben, folgendermaßen:

	X_1	X_2	X_3	X_4	X_5	
1	1,8218	0,3747				$= Z_1$
2	0,3747	1,8498	0,3389	0,0175		$= Z_2$
3		0,3389	1,9757	0,3389		$= Z_3$
4		0,0175	0,3389	1,8498	0,3747	$= Z_4$
5				0,3747	1,8218	$= Z_5$

Die Auflösung liefert:

	Z_1	Z_2	Z_3	Z_4	Z_5
$X_1 =$	0,5786	$-0,1200$	0,0211	$-0,0028$	0,0006
$X_2 =$	$-0,1200$	0,5887	$-0,1025$	0,0138	$-0,0028$
$X_3 =$	0,0211	$-0,1025$	0,5414	$-0,1025$	0,0211
$X_4 =$	$-0,0028$	0,0138	$-0,1025$	0,5887	$-0,1200$
$X_5 =$	0,0006	$-0,0028$	0,0211	$-0,1200$	0,5786

Als äußere, ruhende Belastung seien auch hier wieder zwei Einzellasten $P = 1$ t nach Abb. 23 (S. 31) angenommen; die Momente M_0,

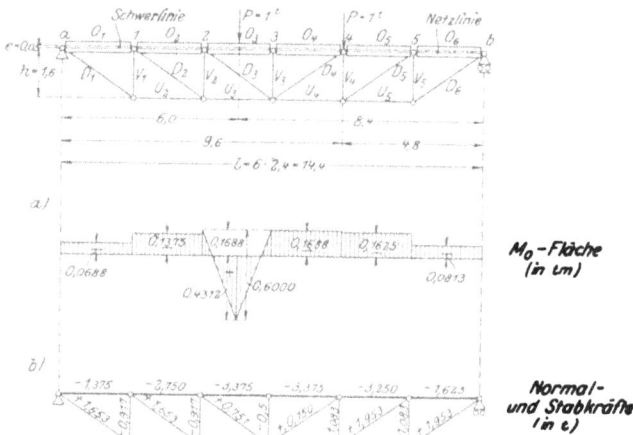

Abb. 54.

Normal- und Stabkräfte N_0 und S_0 am Grundsystem infolge dieser Belastung sind in Abb. 54 angegeben. Bei der Ermittlung der Z-Werte brauchen wir auch hier wieder nur den Einfluß der Momente neu zu errechnen; der Beitrag der Normal- und Stabkräfte kann aus dem ersten Zahlenbeispiel (S. 39) übernommen werden. Wir erhalten:

$$Z_1 = 1,2 \left[0,0688 (0,0313 + 1,0313) + 0,1375 \cdot 1,0\right] + 0,0414 = 0,2941,$$

$$Z_2 = 1,2 \left[0,1375 (0,0313 + 1,0313) + 0,1688 \cdot 1,0 - 0,5 \cdot 0,60 \cdot 1,0\right]$$
$$+ 0,1772 = 0,1950,$$

und ebenso

$$Z_3 = 0,2948,$$

$$Z_4 = 0,6853,$$

$$Z_5 = 0,3476.$$

Die statisch unbestimmten Größen ergeben sich damit zu:

$$X_1 = \quad 0,5736 \cdot 0,2941 - 0,1200 \cdot 0,1950 + 0,0211 \cdot 0,2948$$
$$- 0,0028 \cdot 0,6853 + 0,0006 \cdot 0,3476 = 0,1498,$$

$$X_2 = - 0,1200 \cdot 0,2941 + 0,5837 \cdot 0,1950 - 0,1025 \cdot 0,2948$$
$$+ 0,0138 \cdot 0,6853 - 0,0028 \cdot 0,3476 = 0,0568$$

und ebenso

$$X_3 = 0,0829,$$

$$X_4 = 0,3300,$$

$$X_5 = 0,1229.$$

Sind die X-Werte berechnet, so lassen sich mittels des Superpositionsgesetzes die anderen statischen Größen leicht bestimmen. Wir erhalten beispielsweise die Momente (auf den Querschnittsschwerpunkt bezogen) unmittelbar links bzw. rechts vom Knotenpunkt 2 zu:

$$M_2^l = M_{20}^l - M_{22}^l X_2 = - 0,1375 + 1,0313 \cdot 0,0568 = - 0,0789 \, \text{tm},$$
$$M_2^r = M_{20}^r - M_{22}^r X_2 - M_{23}^r X_3 = - 0,1688 + 1,0 \cdot 0,0568$$
$$+ 0,0313 \cdot 0,0829 = - 0,1094 \, \text{tm}.$$

Das Moment im Punkte III ergibt sich zu:

$$M_{III} = M_{III_0} - M_{III_2} X_2 - M_{III_3} X_3 = 0,4312 + 0,5 \cdot 0,0568$$
$$+ 0,5313 \cdot 0,0829 = 0,5037 \, \text{tm}.$$

Die Stabkraft, z. B. in der Diagonalen D_3, wird[1])

$$D_3 = D_{30} - D_{32} X_2 - D_{33} X_3 = 0,751 + \frac{\sec \varphi}{h} (X_2 - X_3)$$
$$= 0,751 + 0,751 \cdot (0,0568 - 0,0829) = 0,732 \, \text{t}.$$

Die so ermittelten Werte müssen natürlich übereinstimmen mit denen, die unter der Annahme eines Vollwandträgers als Grundsystem

---

[1]) Vgl. hierzu wieder Abb. 30 auf S. 36.

errechnet worden sind. Wir verweisen daher hier auf die Abb. 52 (S. 72), in der die gesamten Momente, Normal- und Stabkräfte für diesen Belastungsfall angegeben werden.

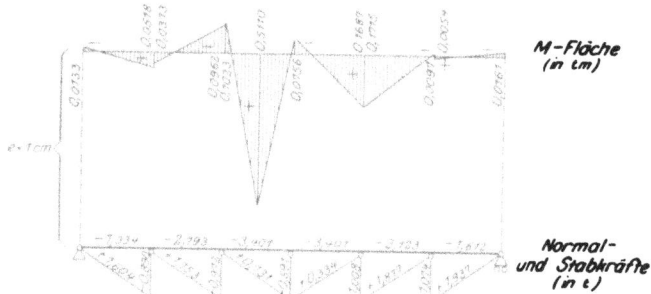

Abb. 55.

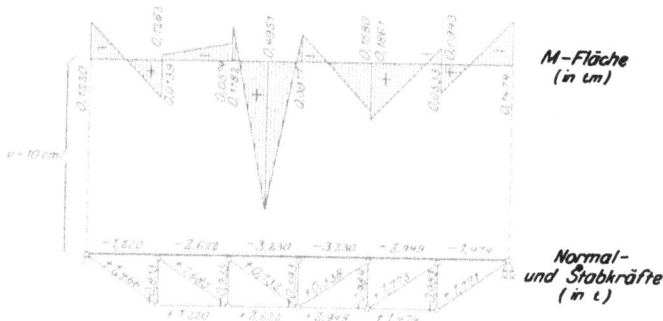

Abb. 56.

In der gleichen Weise ist die Rechnung für dasselbe System (bei der gleichen Belastung) mit einer Exzentrizität $e = 1$ cm sowie $e = 10$ cm durchgeführt worden. Abb. 55 zeigt die Momente, Normal- und Stabkräfte für den Träger mit $e = 1$ cm, Abb. 56 die entsprechenden Werte für den mit $e = 10$ cm.

c) Diskussion der Resultate.

Wie schon früher bei der Diskussion der Rechnungsergebnisse des gleichen Systemes (aber mit zentrischen Obergurtanschlüssen) ausdrücklich hervorgehoben wurde, lassen sich aus der Untersuchung eines Systemes allein keine allgemeingültigen Schlüsse ziehen. Eines läßt sich aber aus dem Beispiel ersehen, nämlich daß die übliche Ansicht, als würden die positiven Momente im Felde durch die Exzentrizität um den Betrag Normalkraft mal Exzentrizität entlastet (vgl. hierzu die Ausführungen am Anfang dieses Abschnittes, S. 51), nicht zutreffend ist.

Nach dieser errechnen wir nämlich, wenn für das System mit zentrischem Anschluß der Obergurtstäbe folgende Werte zugrunde gelegt werden (vgl. S. 43)

$$\text{max. Feldmoment} = \frac{Pa}{5} = 0{,}48 \text{ tm},$$

$$\text{min. Knotenpunktsmoment} = -\frac{Pa}{12{,}5} = -0{,}192 \text{ tm},$$

$$\text{min. Normalkraft im Obergurt} = -3{,}375\,\text{t},$$

für das System mit exzentrischem Anschluß der Obergurtstäbe:

	max. Feldmomente	min. Knotenpunktsmomente
$e = 0{,}01$ m	$0{,}48 - 3{,}375 \cdot 0{,}01 = 0{,}4463$ tm	$-0{,}192 - 3{,}375 \cdot 0{,}01 = -0{,}2258$ tm
$e = 0{,}05$ m	$0{,}48 - 3{,}375 \cdot 0{,}05 = 0{,}3113$ tm	$-0{,}192 - 3{,}375 \cdot 0{,}05 = -0{,}3608$ tm
$e = 0{,}10$ m	$0{,}48 - 3{,}375 \cdot 0{,}10 = 0{,}1425$ tm	$-0{,}192 - 3{,}375 \cdot 0{,}10 = -0{,}5295$ tm

Das Maß e, für das die Feld- und Knotenpunktsmomente (absolut genommen) die gleiche Größe aufweisen, wird üblich errechnet aus

$$e \approx \frac{0{,}48 - 0{,}192}{2 \cdot 3{,}375} = 0{,}043 \text{ m} = 4{,}3 \text{ cm}.$$

Die strenge Rechnung liefert nun statt dessen (vgl. die Abb. 24, 52, 55 und 56):

	max. Feldmoment M_{III}	Knotenpunktsmoment M'_2
$e = 0{,}00$ m	$0{,}5130$ tm	$0{,}1006$ tm,
$e = 0{,}01$ m	$0{,}5110$ tm	$0{,}1023$ tm,
$e = 0{,}05$ m	$0{,}5037$ tm	$0{,}1094$ tm,
$e = 0{,}10$ m	$0{,}4951$ tm	$0{,}1182$ tm.

Die nach der üblichen Rechnungsweise ermittelte günstigere Verteilung der Momente tritt also in Wirklichkeit nicht ein; von einem Ausgleich der Momente kann selbst bei $e = 0{,}1$ m keine Rede sein.

Die genaue Rechnung zeigt vielmehr, daß es für das Verhalten des Systemes beinahe gleichgültig ist, ob wir den Anschluß der Obergurtstäbe zentrisch oder exzentrisch anordnen. Der Unterschied zwischen den M_{III}-Werten für $e = 0$ und $e = 0{,}1$ m beträgt also 0,0179 = 3,5 v. H. Bei der Dimensionierung der Obergurtstäbe kann man also mit einer entlastenden Wirkung der Exzentrizität (in der üblich angenommenen Weise) nicht rechnen.

Inwieweit allerdings der exzentrische Anschluß das Spannungsbild im Knotenblech ändert, inwieweit also lokale Abweichungen gegenüber dem System mit zentrisch angeschlossenen Stäben auftreten, ist eine Frage, auf die einzugehen den Rahmen des Büchleins weit überschreiten würde. Zur Klärung dieser Aufgabe wird man in erster Linie wohl praktische Versuche heranziehen müssen.

Daß übrigens auch für die von uns auf rechnerischem Wege gefundenen Resultate eine Bestätigung durch Messung an ausgeführten Tragwerken von ausschlaggebender Bedeutung wäre, bedarf wohl kaum der Erwähnung.

3. Die Näherungslösungen.

In diesem Kapitel wollen wir uns hauptsächlich wieder mit den Näherungslösungen beschäftigen, die sich durch Vernachlässigung unwesentlicher Glieder aus den genauen Lösungen des 1. Kapitels dieses Abschnittes gewinnen lassen.

Bei der Untersuchung der Näherungslösungen im vorigen Abschnitt I zeigten wir ausführlich, daß die Anordnung b (Fachwerkträger als Grundsystem) für eine näherungsweise Behandlung erheblich geeigneter ist als Anordnung a (Vollwandträger als Grundsystem). Dieselben Überlegungen gelten auch hier; wir brauchen uns daher nur mit der Anordnung b zu beschäftigen.

Das Näherungsverfahren im Abschnitt I beruhte auf der Überlegung, daß der Beitrag der Normal- und Stabkräfte zu den $[ik]$-Werten relativ gering sein wird gegenüber dem der Momente und deshalb vernachlässigt werden darf. Hier wollen wir nun noch einen Schritt weitergehen. Betrachtet man den Anteil der Momente infolge der exzentrischen Anschlüsse (vgl. z. B. Abb. 46, S. 61), so erkennt man, daß der Wert $\frac{e}{h}$ (e = Exzentrizität, h = Trägerhöhe des Fachwerks) in normalen Fällen sehr gering sein wird im Verhältnis zu dem Momentenwert 1. Vernachlässigt man daher auch diesen Beitrag, d. h. berücksichtigen wir für die Berechnung der Beiwerte $[ik]$ überhaupt nur den Anteil der dreieckförmigen Momentenflächen (mit der Größtordinate 1), so erhalten wir genau wie im Abschnitt I dreigliedrige Elastizitätsgleichungen, deren $r$te folgende Form hat:

$$X_{r-1}\, a_r' + 2\, X_r\, (a_r' + a_{r+1}') + X_{r+1}'\, a_{r+1}' = Z_r'.$$

Hierin ist

$$a_r' = a\, \frac{J_c}{J_r} \quad \text{und} \quad Z_r' = 6\, Z_r\,.$$

Dieses Gleichungssystem gilt für die Systeme A und B, und zwar sowohl für den allgemeinen Fall mit beliebig gekrümmtem Untergurt als auch für Parallelträger.

Bei der Bestimmung der Belastungsglieder Z_r darf der Beitrag der Momente infolge der exzentrischen Anschlüsse sowie derjenige der Normal- und Stabkräfte indessen nicht vernachlässigt werden.

Dieselben Gleichungen gibt Müller-Breslau ebenfalls in seinen Untersuchungen über Nebenspannungen an[1]).

---

[1]) Vgl. z. B. Müller-Breslau: Die graphische Statik der Baukonstruktionen, Band II. II. Abt., 2. Aufl. 1925, S. 612/613.

Für den häufig vorliegenden Sonderfall $a' = $ konst $= a$ vereinfachen sich diese Gleichungen wieder zu:

$$X_{r-1} + 4X_r + X_{r+1} = Z_r'',$$

worin

$$Z_r'' = \frac{6}{a} Z_r$$

ist.

Bezüglich der Auflösung derartiger Gleichungssysteme verweisen
wir wieder auf die Ausführungen auf S. 47.

Das im vorhergehenden Abschnitt I für erste Überschlagsrechnungen angegebene Näherungsverfahren ist hier nicht anwendbar, da die Voraussetzung dafür, nämlich daß die Momente X mit
wachsender Entfernung vom Angriffspunkt der Last schnell abklingen,
nicht erfüllt ist.

4. Zahlenbeispiel.

Um den Genauigkeitsgrad der Näherungsrechnung prüfen zu
können, wählen wir für das Zahlenbeispiel dasselbe System, für das wir
auch die genaue Berechnung durchgeführt haben, nämlich den Parallelträger nach Abb. 21, S. 25) (Feldweite $a = 2,4$ m, Spannweite $l = 6a$
$= 14,4$ m, Trägerhöhe $h = 1,6$ m, Exzentrizität $e = 0,05$ m).

Da für dieses Tragwerk $a' = $ konst $= a$ ist, so haben die Elastizitätsgleichungen den einfachen Aufbau:

$$X_{r-1} + 4X_r + X_{r+1} - Z_r''. \qquad (r = 1, 2 \ldots 5) \quad \left(Z_r'' = \frac{6}{a} Z_r \doteq 2,5 Z_r\right)$$

Die zu diesem Gleichungssystem gehörige β-Tafel gaben wir bereits
auf S. 49 an; sie sei jedoch der besseren Übersicht halber hier nochmals angeschrieben:

	Z_1''	Z_2''	Z_3''	Z_4''	Z_5''
$X_1 =$	0,2679	$-0,0718$	0,0192	$-0,0051$	0,0013
$X_2 =$	$-0,0718$	0,2872	$-0,0769$	0,0205	$-0,0051$
$X_3 =$	0,0192	$-0,0769$	0,2885	$-0,0769$	0,0192
$X_4 =$	$-0,0051$	0,0205	$-0,0769$	0,2872	$-0,0718$
$X_5 =$	0,0013	$-0,0051$	0,0192	$-0,0718$	0,2679

Nehmen wir als äußere Belastung wieder zwei Einzellasten $P = 1$ t
in der in Abb. 23 (S. 31) angegebenen Stellung, dann erhalten wir für
die Z'' (vgl. hierzu die Werte Z auf S. 75):

$$Z_1'' = 2{,}5 \cdot 0{,}2941 = 0{,}7353\,,$$

$$Z_2'' = 2{,}5 \cdot 0{,}1950 = 0{,}4875\,,$$

$$Z_3'' = 2{,}5 \cdot 0{,}2948 = 0{,}7371\,,$$

$$Z_4'' = 2{,}5 \cdot 0{,}6853 = 1{,}7134\,,$$

$$Z_5'' = 2{,}5 \cdot 0{,}3476 = 0{,}8689\,.$$

Damit erhalten wir dann für die statisch unbestimmten Größen folgende Ausdrücke:

$$X_1 = \quad 0{,}2679 \cdot 0{,}7353 - 0{,}0718 \cdot 0{,}4875 + 0{,}0192 \cdot 0{,}7371$$
$$- 0{,}0051 \cdot 1{,}7134 + 0{,}0013 \cdot 0{,}8689 = 0{,}1685\,,$$

$$X_2 = - 0{,}0718 \cdot 0{,}7353 + 0{,}2872 \cdot 0{,}4875 - 0{,}0769 \cdot 0{,}7371$$
$$+ 0{,}0205 \cdot 1{,}7134 - 0{,}0051 \cdot 0{,}8689 = 0{,}0612$$

und ebenso

$$X_3 = 0{,}0745\,,$$

$$X_4 = 0{,}3792\,,$$

$$X_5 = 0{,}1224\,.$$

Das Moment unter der ersten Last errechnet sich damit zu

$$M_{III} = 0{,}4991 \text{ tm}$$

(gegenüber 0,5037 tm bei der strengen Lösung).

III. Die Berechnung
des statisch bestimmt gelagerten Kranträgers mit biegungsfestem Obergurt und Zwischenfachwerk.

Der einfacheren Darstellung halber haben wir bei unseren bisherigen Untersuchungen Träger mit 8 bzw. 6 Feldern zugrunde gelegt. Wie bereits erwähnt, gelten die Ausführungen der vorhergehenden Abschnitte sinngemäß ganz allgemein, gleichgültig, wie groß die Anzahl der Felder ist und wie der Träger im einzelnen geformt ist.

Vorausgesetzt haben wir dabei allerdings, daß die Fachwerke eine einfache Gliederung aufweisen. Fachwerke mit Zwischensystemen, die als Kranträger ebenfalls häufig Verwendung finden, bedürfen einer besonderen Untersuchung; auf diese wollen wir in diesem Abschnitt eingehen.

Auch diesmal werden wir die Untersuchung wieder an speziellen Beispielen durchführen, und zwar wählen wir dazu — entsprechend den früher eingeführten Systemen A und B — die beiden in Abb. 57 und 58 dargestellten Tragwerke, die wir kurz mit System C und System D bezeichnen.

Beide Systeme, C sowie D, sind elffach innerlich statisch unbestimmt. Analog den Ausführungen der Abschnitte I und II müßten wir im folgenden die Untersuchung durchführen sowohl für Anordnung a (Voll-

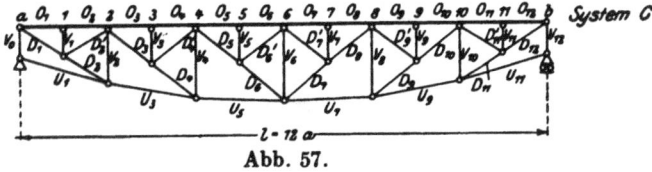

Abb. 57.

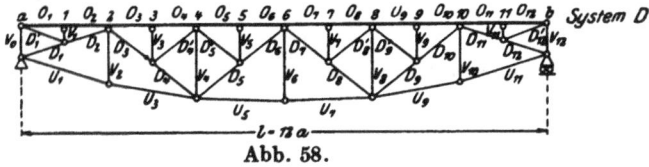

Abb. 58.

wandträger als Grundsystem) als auch für Anordnung b (Fachwerkträger als Grundsystem). Um den Umfang des Buches nicht zu sehr anschwellen zu lassen, beschränken wir uns diesmal auf die — praktisch wichtigere — Anordnung b.

1. Die strenge Lösung.

a) Zentrischer Anschluß der Obergurtstäbe.

α) Das System C.

Das Grundsystem nebst den angreifenden Momenten X_1 bis X_{11} ist am Kopfe der Abb. 59 dargestellt; weiter zeigt diese die Momente, Normal- und Stabkräfte in diesem Grundsystem infolge der Belastungszustände $X_r = -1$ $(r = 1, 2 \ldots 11)$.

Die Beiwerte $[ik]$ in den Elastizitätsgleichungen ergeben sich damit zu:

$$[11] = \frac{a}{3}\left(\frac{J_c}{J_1} + \frac{J_c}{J_2}\right) + \frac{J_c}{F_c}\left[\frac{4a}{h_2^2}\left(\frac{F_c}{F_{O_1}} + \frac{F_c}{F_{O_2}}\right) + \frac{4\sec^2\varphi_1}{h_2^2}d_1\left(\frac{F_c}{F_{D_1}} + \frac{F_c}{F_{D_2'}}\right)\right.$$
$$\left. + \frac{2h_2}{a^2}\frac{F_c}{F_{V_1}}\right],$$

$$[12] = \frac{a}{6}\frac{J_c}{J_2} - \frac{J_c}{F_c}\left[\frac{2\sec^2\varphi_1}{h_2^2}d_2\frac{F_c}{F_{D_2'}} + \frac{h_2}{a^2}\frac{F_c}{F_{V_1}}\right],$$

$$[13] = [14] = \cdots = [1,11] = 0,$$

$$\{22\} = \frac{a}{3}\left(\frac{J_c}{J_2} + \frac{J_c}{J_3}\right) + \frac{J_c}{F_c}\left[\frac{a}{h_4^2}\left(\frac{F_c}{F_{O_3}} + \frac{F_c}{F_{O_4}}\right) + \frac{\sec^2\gamma_3}{h_2^2}u_3\frac{F_c}{F_{U_3}}\right.$$
$$+ \frac{\sec^2\varphi_1}{h_2^2}d_2\left(\frac{F_c}{F_{D_2}} + \frac{F_c}{F_{D_2'}}\right) + \sec^2\varphi_3\left(\frac{1}{h_2} + \frac{1}{h_4}\right)^2 d_3\frac{F_c}{F_{D_3}} + \frac{\sec^2\varphi_3}{h_2^2}d_4\frac{F_c}{F_{D_4}}$$
$$+ \frac{\sec^2\varphi_3}{h_4^2}d_4\frac{F_c}{F_{D_4'}} + \frac{h_2}{2a^2}\frac{F_c}{F_{V_1}} + \frac{(2h_2 - h_4)^2}{4a^2h_2}\frac{F_c}{F_{V_2}} + \frac{h_4}{2a^2}\frac{F_c}{F_{V_3}} + \frac{h_4}{4a^2}\frac{F_c}{F_{V_4}}\right],$$

$$[23] = \frac{a}{6}\frac{J_c}{J_3} - \frac{J_c}{F_c}\left[\frac{2a}{h_4^2}\left(\frac{F_c}{F_{O_3}} + \frac{F_c}{F_{O_4}}\right) + \frac{2\sec^2\varphi_3}{h_4}\left(\frac{1}{h_2} + \frac{1}{h_4}\right)d_3\frac{F_c}{F_{D_3}}\right.$$

$$\left. + \frac{2\sec^2\varphi_3}{h_4^2}d_4\frac{F_c}{F_{D_4'}} + \frac{h_4}{a^2}\frac{F_c}{F_{V_3}}\right],$$

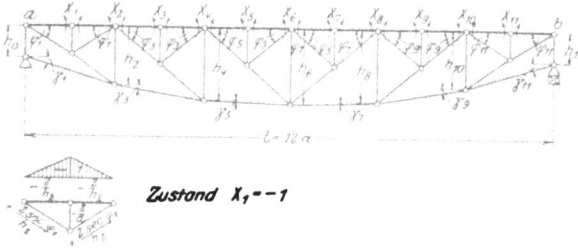

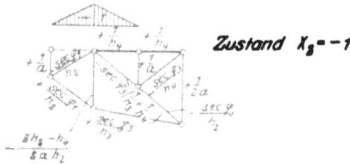

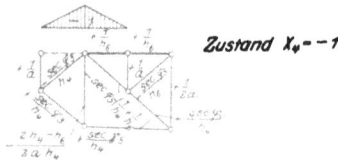

Zustand $X_1 = -1$

Zustand $X_2 = -1$

Zustand $X_3 = -1$

Zustand $X_4 = -1$

Zustand $X_5 = -1$

Abb. 59.

$$[24] = \frac{J_c}{F_c}\left[\frac{\sec^2\varphi_3}{h_4^2}d_4\frac{F_c}{F_{D_4'}} - \frac{\sec^2\varphi_3}{h_2 h_4}d_4\frac{F_c}{F_{D_4}} + \frac{h_4}{2a^2}\frac{F_c}{F_{V_3}} - \frac{2h_4 - h_6}{4a^2}\frac{F_c}{F_{V_4}}\right],$$

$$[25] = [26] = \cdots = [2,11] = 0.$$

$$[33] = \frac{a}{3}\left(\frac{J_c}{J_3} + \frac{J_c}{J_4}\right) + \frac{J_c}{F_c}\left[\frac{4a}{h_4^2}\left(\frac{F_c}{F_{O_3}} + \frac{F_c}{F_{O_4}}\right) + \frac{4\sec^2\varphi_3}{h_4^2}d_3\left(\frac{F_c}{F_{D_3}} + \frac{F_c}{F_{D_4'}}\right)\right.$$

$$\left. + \frac{2h_4}{a^2}\frac{F_c}{F_{V_3}}\right],$$

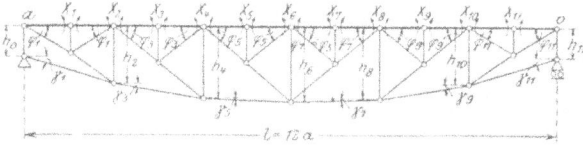

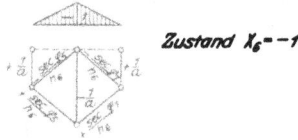

Zustand $X_6 = -1$

Zustand $X_7 = -1$

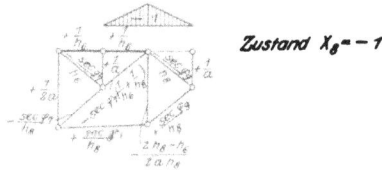

Zustand $X_8 = -1$

Zustand $X_9 = -1$

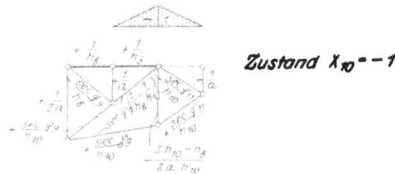

Zustand $X_{10} = -1$

Zustand $X_{11} = -1$

Abb. 59.

$$[34] = \frac{a}{6}\frac{J_c}{J_4} - \frac{J_c}{F_c}\left[\frac{2\sec^2\varphi_3}{h_4^2}d_4\frac{F_c}{F_{D_4'}} + \frac{h_4}{a^2}\frac{F_c}{F_{V_3}}\right],$$

$$[35] = [36] = \cdots = [3,11] = 0,$$

$$
[44] = \frac{a}{3}\left(\frac{J_c}{J_4} + \frac{J_c}{J_5}\right) + \frac{J_c}{F_c}\left[\frac{a}{h_6^2}\left(\frac{F_c}{F_{O_5}} + \frac{F_c}{F_{O_6}}\right) + \frac{\sec^2\gamma_5}{h_4^2}u_5\frac{F_c}{F_{U_5}}\right.
$$
$$
+ \frac{\sec^2\varphi_2}{h_4^2}d_4\left(\frac{F_c}{F_{D_4}} + \frac{F_c}{F_{D_4'}}\right) + \sec^2\varphi_5\left(\frac{1}{h_4}+\frac{1}{h_6}\right)^2 d_5\frac{F_c}{F_{D_5}} + \frac{\sec^2\varphi_5}{h_4^2}d_6\frac{F_c}{F_{D_6}}
$$
$$
+ \frac{\sec^2\varphi_5}{h_6^2}d_6\frac{F_c}{F_{D_6'}} + \frac{h_4}{2a^2}\frac{F_c}{F_{V_3}} + \frac{(2h_4-h_6)^2}{4a^2 h_4}\frac{F_c}{F_{V_4}} + \frac{h_6}{2a^2}\frac{F_c}{F_{V_5}} + \frac{h_6}{4a^2}\frac{F_c}{F_{V_6}}\left.\right],
$$

$$
[45] = \frac{a}{6}\frac{J_c}{J_5} - \frac{J_c}{F_c}\left[\frac{2a}{h_6^2}\left(\frac{F_c}{F_{O_5}}+\frac{F_c}{F_{O_6}}\right) + \frac{2\sec^2\varphi_5}{h_6}\left(\frac{1}{h_4}+\frac{1}{h_6}\right)d_5\frac{F_c}{F_{D_5}}\right.
$$
$$
+ \frac{2\sec^2\varphi_5}{h_6^2}d_6\frac{F_c}{F_{D_6'}} + \frac{h_6}{a^2}\frac{F_c}{F_{V_5}}\left.\right],
$$

$$
[46] = \frac{J_c}{F_c}\left[\frac{\sec^2\varphi_5}{h_6^2}d_6\frac{F_c}{F_{D_6'}} - \frac{\sec^2\varphi_5}{h_4 h_6}d_6\frac{F_c}{F_{D_6}} + \frac{h_6}{2a^2}\left(\frac{F_c}{F_{V_5}}-\frac{F_c}{F_{V_4}}\right)\right],
$$

$$[47] = 0,$$

$$[48] = \frac{J_c}{F_c}\frac{h_6}{4a^2}\frac{F_c}{F_{V_6}},$$

$$[49] = [4,10] = [4,11] = 0,$$

$$
[55] = \frac{a}{3}\left(\frac{J_c}{J_5} + \frac{J_c}{J_6}\right) + \frac{J_c}{F_c}\left[\frac{4a}{h_6^2}\left(\frac{F_c}{F_{O_5}} + \frac{F_c}{F_{O_6}}\right) + \frac{4\sec^2\varphi_5}{h_6^2}d_5\left(\frac{F_c}{F_{D_5}}+\frac{F_c}{F_{D_6'}}\right)\right.
$$
$$
+ \frac{2h_6}{a^2}\frac{F_c}{F_{V_5}}\left.\right],
$$

$$
[56] = \frac{a}{6}\frac{J_c}{J_6} - \frac{J_c}{F_c}\left[\frac{2\sec^2\varphi_5}{h_6^2}d_6\frac{F_c}{F_{D_6'}} + \frac{h_6}{a^2}\frac{F_c}{F_{V_5}}\right],
$$

$$[57] = [58] = \cdots = [5,11] = 0,$$

$$
[66] = \frac{a}{3}\left(\frac{J_c}{J_6} + \frac{J_c}{J_7}\right) + \frac{J_c}{F_c}\left[-\frac{\sec^2\varphi_5}{h_6^2}d_6\left(\frac{F_c}{F_{D_6}} + \frac{F_c}{F_{D_6'}} + \frac{F_c}{F_{D_7}} + \frac{F_c}{F_{D_7'}}\right)\right.
$$
$$
+ \frac{h_6}{2a^2}\left(\frac{F_c}{F_{V_6}} + \frac{F_c}{F_{V_7}}\right) + \frac{h_6}{a^2}\frac{F_c}{F_{V_6}}\left.\right]
$$

usw.

Die strenge Untersuchung des Systemes C führt, wie das auf der nächsten Seite angegebene Schema der Elastizitätsgleichungen zeigt, auf ein System neungliedriger Elastizitätsgleichungen (vgl. den stark ausgezogenen treppenförmigen Linienzug), in dem allerdings eine ziemliche Anzahl von $[ik]$-Werten zu Null werden.

Die Auflösung dieser neungliedrigen Gleichungen geschieht zweckmäßig wieder nach dem von Müller-Breslau angegebenen Verfahren (Literaturangabe siehe S. 12).

Schema der Elastizitätsgleichungen:

	X_1	X_2	X_3	X_4	X_5	X_6	X_7	X_8	X_9	X_{10}	X_{11}	
1	$=$	$-$										$=Z_1$
2	$-$	$=$	$-$	$-$								$=Z_2$
3		$-$	$=$	$-$								$=Z_3$
4		$-$	$-$	$=$	$-$	$-$						$=Z_4$
5				$-$	$=$	$-$						$=Z_5$
6				$-$	$-$	$=$	$-$	$-$				$=Z_6$
7						$-$	$=$	$-$				$=Z_7$
8						$-$	$-$	$=$	$-$	$-$		$=Z_8$
9								$-$	$=$	$-$		$=Z_9$
10								$-$	$-$	$=$	$-$	$=Z_{10}$
11										$-$	$=$	$=Z_{11}$

Bezüglich der Ermittlung der Belastungsglieder Z_r ($r = 1$, $2 \ldots 11$) sei auf die Ausführungen des Abschnittes I (S. 20 ff.) verwiesen. Es ist auch hier für ruhende Last

$$Z_r = \int M_0 M_r \, dx \, \frac{J_c}{J} + \frac{J_c}{F_c}\left[\int N_0 N_r \, dx \, \frac{F_c}{F} + \sum S_0 S_r \, s \, \frac{F_c}{F}\right]$$

und für wandernde Einzellasten

$$Z_r = \sum P_m \cdot [mr]$$

bzw. $Z_r = [mr]$ für die Ermittlung von Einflußlinien.

Zur Bestimmung der $[mr]$-Linie ziehen wir wieder die $EJ_c w$-Gewichte heran, die wir aus der Beziehung gewinnen

$$EJ_c w_{ik} = [ik]_s,$$

worin $[ik]_s$ den $[ik]$-Wert bedeutet infolge der Normal- und Stabkräfte allein, also ohne den Beitrag der Momente.

β) Das System D.

Abb. 60 zeigt wieder das Grundsystem mit den angreifenden statisch unbestimmten Größen X_1 bis X_{11} sowie die Momente, Normal- und Stabkräfte infolge der Zustände $X_r = -1$ ($r = 1, 2 \ldots 11$).

Die [ik] nehmen dann folgende Werte an:

$$[11] = \frac{a}{3}\left(\frac{J_c}{J_1}+\frac{J_c}{J_2}\right) + \frac{J_c}{F_c}\left[\frac{4a}{h_0^2}\left(\frac{F_c}{F_{O_1}}+\frac{F_c}{F_{O_2}}\right) + \frac{4\sec^2\varphi_0}{h_0^2}d_1\left(\frac{F_c}{F_{D_1'}}+\frac{F_c}{F_{D_2}}\right)\right.$$

$$\left. + \frac{2h_0}{a^2}\frac{F_c}{F_{V_1}}\right],$$

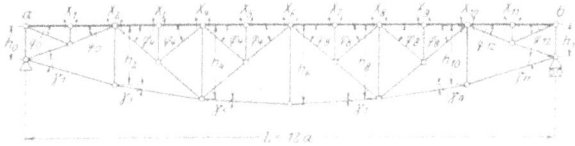

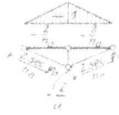

Zustand $X_1 = -1$

Zustand $X_2 = -1$

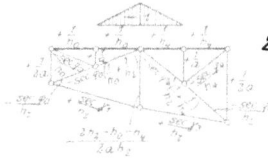

Zustand $X_3 = -1$

Zustand $X_4 = -1$

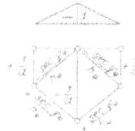

Zustand $X_5 = -1$

Abb. 60.

$$[12] = \frac{a}{6}\frac{J_c}{J_2} - \frac{J_c}{F_c}\left[\frac{2a}{h_0^2}\left(\frac{F_c}{F_{O_1}}+\frac{F_c}{F_{O_2}}\right) + \frac{2\sec^2\varphi_0}{h_0^2}d_1\frac{F_c}{F_{D_1'}}\right.$$

$$\left. + \frac{2\sec^2\varphi_0}{h_0}\left(\frac{1}{h_0}+\frac{1}{h_2}\right)d_2\frac{F_c}{F_{D_2}}+\frac{h_0}{a^2}\frac{F_c}{F_{V_1}}\right],$$

$$[13] = [14] = \cdots [1,11] = 0,$$

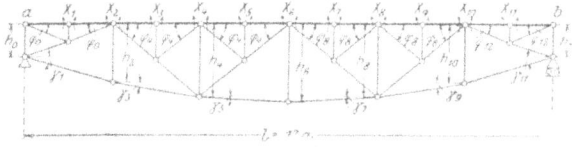

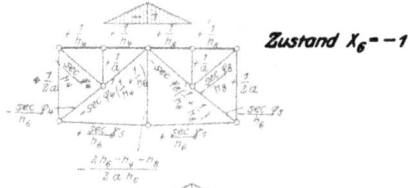

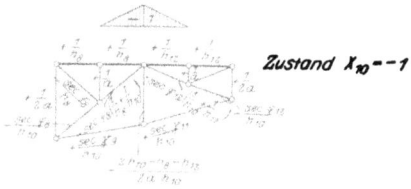

Abb. 60.

$$[22] = \frac{a}{3}\left(\frac{J_c}{J_2}+\frac{J_c}{J_3}\right) + \frac{J_c}{F_c}\left[\frac{a}{h_0^2}\left(\frac{F_c}{F_{O_1}}+\frac{F_c}{F_{O_2}}\right) + \frac{a}{h_4^2}\left(\frac{F_c}{F_{O_3}}+\frac{F_c}{F_{O_4}}\right) + \frac{\sec^2\gamma_1}{h_2^2}u_1\frac{F_c}{F_{U_1}}\right.$$

$$+ \frac{\sec^2\gamma_3}{h_2^2}u_3\frac{F_c}{F_{U_3}} + \frac{\sec^2\varphi_0}{h_0^2}d_1\frac{F_c}{F_{D_1'}} + \frac{\sec^2\varphi_0}{h_2^2}d_1\frac{F_c}{F_{D_1}} + \sec^2\varphi_0\left(\frac{1}{h_0}+\frac{1}{h_2}\right)^2 d_2\frac{F_c}{F_{D_2}}$$

$$+ \sec^2\varphi_4\left(\frac{1}{h_2}+\frac{1}{h_4}\right)^2 d_3\frac{F_c}{F_{D_3}} + \frac{\sec^2\varphi_4}{h_4^2}d_4\frac{F_c}{F_{D_4'}} + \frac{\sec^2\varphi_4}{h_2^2}d_4\frac{F_c}{F_{D_4}}$$

$$\left. + \frac{h_0}{4\,a^2}\left(\frac{F_c}{F_{V_0}}+2\frac{F_c}{F_{V_1}}\right) + \frac{(2\,h_2-h_0-h_4)^2}{4\,a^2\,h_2}\frac{F_c}{F_{V_2}} + \frac{h_4}{4\,a^2}\left(2\frac{F_c}{F_{V_3}}+\frac{F_c}{F_{V_4}}\right)\right],$$

$$[23] = \frac{a}{6}\frac{J_c}{J_3} - \frac{J_c}{F_c}\left[\frac{2\,a}{h_4^2}\left(\frac{F_c}{F_{O_3}}+\frac{F_c}{F_{O_4}}\right) + \frac{2\sec^2\varphi_4}{h_4}\left(\frac{1}{h_2}+\frac{1}{h_4}\right)d_3\frac{F_c}{F_{D_3}}\right.$$

$$\left. + \frac{2\sec^2\varphi_4}{h_4^2}d_4\frac{F_c}{F_{D_4'}} + \frac{h_4}{a^2}\frac{F_c}{F_{V_3}}\right],$$

$$[24] = \frac{J_c}{F_c}\left[+\frac{\sec^2\varphi_4}{h_4^2}d_4\frac{F_c}{F_{D_4'}} - \frac{\sec^2\varphi_4}{h_2\,h_4}d_4\frac{F_c}{F_{D_4}} + \frac{h_4}{2\,a^2}\left(\frac{F_c}{F_{V_3}}-\frac{F_c}{F_{V_4}}\right)\right],$$

$$[25] = 0,$$

$$[26] = \frac{J_c}{F_c}\frac{h_4}{4\,a^2}\frac{F_c}{F_{V_4}},$$

$$[27] = [28] = \cdots [2,11] = 0,$$

$$[33] = \frac{a}{3}\left(\frac{J_c}{J_3}+\frac{J_c}{J_4}\right) + \frac{J_c}{F_c}\left[\frac{4\,a}{h_4^2}\left(\frac{F_c}{F_{O_3}}+\frac{F_c}{F_{O_4}}\right) + \frac{4\sec^2\varphi_4}{h_4^2}d_3\left(\frac{F_c}{F_{D_3}}+\frac{F_c}{F_{D_4'}}\right)\right.$$

$$\left. + \frac{2\,h_4}{a^2}\frac{F_c}{F_{V_3}}\right],$$

$$[34] = \frac{a}{6}\frac{J_c}{J_4} - \frac{J_c}{F_c}\left[\frac{2\sec^2\varphi_4}{h_4^2}d_4\frac{F_c}{F_{D_4'}} + \frac{h_4}{a^2}\frac{F_c}{F_{V_3}}\right],$$

$$[35] = [36] = \cdots = [3,11] = 0,$$

$$[44] = \frac{a}{3}\left(\frac{J_c}{J_4}+\frac{J_c}{J_5}\right) + \frac{J_c}{F_c}\left[\frac{\sec^2\varphi_4}{h_4^2}d_4\left(\frac{F_c}{F_{D_4'}}+\frac{F_c}{F_{D_4}}+\frac{F_c}{F_{D_5}}+\frac{F_c}{F_{D_5'}}\right)\right.$$

$$\left. + \frac{h_4}{2\,a^2}\left(\frac{F_c}{F_{V_3}}+2\frac{F_c}{F_{V_4}}+\frac{F_c}{F_{V_5}}\right)\right],$$

$$[45] = \frac{a}{6}\frac{J_c}{J_5} - \frac{J_c}{F_c}\left[\frac{2\sec^2\varphi_4}{h_4^2}d_5\frac{F_c}{F_{D_5'}} + \frac{h_4}{a^2}\frac{F_c}{F_{V_5}}\right],$$

$$[46] = \frac{J_c}{F_c}\left[\frac{\sec^2\varphi_4}{h_4^2}d_5\frac{F_c}{F_{D_5'}} - \frac{\sec^2\varphi_4}{h_4\,h_6}d_5\frac{F_c}{F_{D_5}} - \frac{h_4}{2\,a^2}\left(\frac{F_c}{F_{V_4}}-\frac{F_c}{F_{V_5}}\right)\right],$$

$$[47] = [48] = \cdots = [4,11] = 0,$$

$$[55]=\frac{a}{3}\left(\frac{J_c}{J_5}+\frac{J_c}{J_6}\right)+\frac{J_c}{F_c}\left[\frac{4a}{h_4^2}\left(\frac{F_c}{F_{O_5}}+\frac{F_c}{F_{O_6}}\right)+\frac{4\sec^2\varphi_4}{h_4^2}d_5\left(\frac{F_c}{F_{D_5'}}+\frac{F_c}{F_{D_6'}}\right)\right.$$
$$\left.+\frac{2h_4}{a^2}\frac{F_c}{F_{V_5}}\right],$$

$$[56]=\frac{a}{6}\frac{J_c}{J_6}-\frac{J_c}{F_c}\left[\frac{2a}{h_4^2}\left(\frac{F_c}{F_{O_5}}+\frac{F_c}{F_{O_6}}\right)+\frac{2\sec^2\varphi_4}{h_4^2}d_5\frac{F_c}{F_{D_5'}}\right.$$
$$\left.+\frac{2\sec^2\varphi_4}{h_4}\left(\frac{1}{h_4}+\frac{1}{h_6}\right)d_6\frac{F_c}{F_{D_6}}+\frac{h_4}{a^2}\frac{F_c}{F_{V_5}}\right],$$

$$[57]=[58]=\cdots=[5,11]=0,$$

$$[66]=\frac{a}{3}\left(\frac{J_c}{J_6}+\frac{J_c}{J_7}\right)+\frac{J_c}{F_c}\left[\frac{a}{h_4^2}\left(\frac{F_c}{F_{O_5}}+\frac{F_c}{F_{O_6}}\right)+\frac{a}{h_6^2}\left(\frac{F_c}{F_{O_7}}+\frac{F_c}{F_{O_8}}\right)+\frac{\sec^2\gamma_5}{h_6^2}u_5\frac{F_c}{F_{U_5}}\right.$$
$$+\frac{\sec^2\gamma_7}{h_6^2}u_7\frac{F_c}{F_{U_7}}+\frac{\sec^2\varphi_4}{h_4^2}d_5\frac{F_c}{F_{D_5'}}+\frac{\sec^2\varphi_4}{h_6^2}d_5\frac{F_c}{F_{D_5}}+\sec^2\varphi_4\left(\frac{1}{h_4}+\frac{1}{h_6}\right)^2d_6\frac{F_c}{F_{D_6}}$$
$$+\sec^2\varphi_8\left(\frac{1}{h_6}+\frac{1}{h_8}\right)^2d_7\frac{F_c}{F_{D_7}}+\frac{\sec^2\varphi_8}{h_6^2}d_8\frac{F_c}{F_{D_8}}+\frac{\sec^2\varphi_8}{h_8^2}d_8\frac{F_c}{F_{D_5'}}$$
$$+\frac{h_4}{4a^2}\left(\frac{F_c}{F_{V_4}}+2\frac{F_c}{F_{V_5}}\right)+\frac{(2h_6-h_4-h_8)^2}{4a^2h_6}\frac{F_c}{F_{V_6}}+\frac{h_8}{4a^2}\left(2\frac{F_c}{F_{V_7}}+\frac{F_c}{F_{V_8}}\right)\right]$$

usw.

Das Schema der Elastizitätsgleichungen hat demnach folgendes Aussehen:

	X_1	X_2	X_3	X_4	X_5	X_6	X_7	X_8	X_9	X_{10}	X_{11}	
1	=	−										$=Z_1$
2	−	=	−	−		−						$=Z_2$
3		−	=	−								$=Z_3$
4		−	−	=	−	−						$=Z_4$
5				−	=	−						$=Z_5$
6		−		−	−	=	−	−		−		$=Z_6$
7						−	=	−				$=Z_7$
8						−	−	=	−	−		$=Z_8$
9								−	=	−		$=Z_9$
10						−		−	−	=	−	$=Z_{10}$
11										−	=	$=Z_{11}$

Die genaue Untersuchung des Systemes D führt also ebenfalls auf eine Gruppe neungliedriger Gleichungen, wie der stark ausgezogene treppenförmige Linienzug zeigt.

Bezüglich der Auflösung dieses Gleichungssystemes sowie der Bestimmung der Belastungsglieder Z_r gilt das für das System C Gesagte sinngemäß auch hier.

b) Exzentrischer Anschluß der Obergurtstäbe.

Wie aus den Ausführungen der Abschnitte I und II ersichtlich ist, besteht der Unterschied zwischen der Untersuchung eines Systemes mit zentrischem und exzentrischem Anschluß der Obergurtstäbe nur darin, daß bei letzterem in dem Obergurt noch Zusatzmomente infolge des exzentrischen Angriffs der Normalkraft auftreten. Der Gang der Untersuchung, der Aufbau der Elastizitätsgleichungen ist indessen in beiden Fällen vollständig gleich. Es erübrigt sich daher, hier ausführlich auf die Systeme mit Zwischenfachwerk und exzentrischem Anschluß der Obergurtstäbe einzugehen. Wir begnügen uns vielmehr mit einem Hinweis auf den Abschnitt II.

2. Die Näherungslösungen.

Die Betrachtung der in Kap. 1a dieses Abschnittes angeschriebenen Beiwerte $[ik]$ zeigt, daß die wenigen Werte, die ganz außen direkt an dem stark ausgezogenen treppenförmigen Linienzug liegen, nur abhängig sind von der Längenänderung je einer einzigen Vertikalen. Diese Werte werden also bereits gegenüber den anderen $[ik]$-Werten, die nur von den Normal- und Stabkräften beeinflußt sind, ziemlich klein sein. Vernachlässigt man diese wenigen Werte, so gelangt man — ebenso wie früher bei der strengen Untersuchung der Systeme A und B — auf fünfgliedrige Gleichungen (vgl. den punktierten Treppenzug in den Gleichungsschemata auf S. 85 und 89).

Auf diese Art und Weise gewinnen wir eine Näherung, die von der genauen Lösung wohl kaum abweicht und daher selbst für schärfere praktische Berechnungen hinreichend sein dürfte.

Wir können natürlich noch einen Schritt weitergehen und überhaupt nur den — ausschlaggebenden — Einfluß der Momente auf die $[ik]$-Werte berücksichtigen. Der Anteil der Momente erstreckt sich, wie man aus den Abbildungen sofort ersieht, nur auf die Glieder in der Hauptdiagonalen $[ii]$ sowie auf die in den unmittelbar links und rechts danebenliegenden schrägen Reihen.

An Stelle der genauen neungliedrigen bzw. der fünfgliedrigen Gleichungen treten dann die genäherten dreigliedrigen Gleichungen in derselben Form, wie wir sie bereits früher für die Systeme A und B angeschrieben hatten, nämlich

$$X_{r-1} \cdot a'_r + 2 X_r (a'_r + a'_{r+1}) + X_{r+1} a'_{r+1} = Z'_r, \quad (r = 1, 2 \ldots 11)$$

worin

$$a'_r = a\,\frac{J_c}{J_r} \quad \text{und} \quad Z'_r = 6\,Z_r$$

ist, oder bei $a'_r = \text{konst} = a$

$$X_{r-1} + 4X_r + X_{r+1} = Z''_r\,,$$

worin wieder $Z''_r = \dfrac{6}{a}\,Z_r$ ist.

Diese Gleichungen gelten übrigens auch für Systeme mit exzentrisch angeschlossenen Obergurtstäben, wenn wir außer dem Einfluß der Normal- und Stabkräfte auch den der Momente infolge der Exzentrizität auf die Werte $[ik]$ vernachlässigen.

Für erste Überschlagsrechnungen empfiehlt es sich auch hier, wieder so zu rechnen, als ginge der Obergurt nur an einigen Stellen kontinuierlich durch, während sonst sämtliche Knotenpunkte gelenkig ausgebildet seien. Wir verweisen hier auf die Ausführungen von S. 47 ff. (siehe auch die Bemerkung auf S. 79).

IV. Die Berechnung des statisch unbestimmt gelagerten Kranträgers mit biegungsfestem, zentrisch oder exzentrisch angeschlossenem Obergurt.

Daß bei unseren bisherigen Untersuchungen (Abschnitt I bis III) stets Kranträger für Laufkrane als Beispiele herangezogen werden, geschah nur der einfachen Darstellung halber. Der vorgetragene Rechnungsgang ist jedoch in entsprechender Weise auch für andere statisch bestimmt gelagerte Tragwerke anwendbar. In Abb. 61 haben wir beispielsweise einige Systeme (Kranträger für Brückenkrane und Drehkrane) dargestellt, deren Untersuchung auf genau die gleiche Art durchgeführt wird, wie dies für die Laufkranträger angegeben wurde.

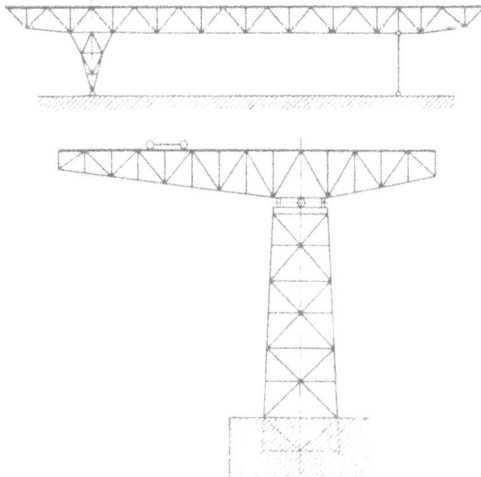

Abb. 61.

Eine besondere Behandlung erfordern die statisch unbestimmt gelagerten Krantragwerke, von denen einige Beispiele in Abb. 62 dargestellt sind[1]). Auf diese wollen wir in diesem Abschnitt, gewissermaßen als Abschluß, noch ganz kurz eingehen.

Auch diesmal soll der Gang der Berechnung wieder an einem speziellen Beispiel erläutert werden; wir wählen dazu das in Abb. 63 dargestellte Tragwerk, einen durchlaufenden Fachwerkkranträger mit biegungsfestem Obergurt.

Durch Abzählen stellt man fest, daß dieses System 52fach statisch unbestimmt ist; 47fach innerlich und 5fach äußerlich. Zur Berechnung derartiger, hochgradig statisch unbestimmter Tragwerke ziehen wir zweckmäßig die Theorie der statisch unbestimmten Hauptsysteme heran[2]). Wir führen als statisch unbestimmte Größen Y und Y' die fünf Momente im Obergurt über den Innenstützen sowie die Stabkräfte in den fünf Untergurtstäben links von jeder Mittelstütze in

Abb. 62.

die Rechnung ein[3]). Das so entstehende 42fach statisch unbestimmte Hauptsystem (mit den angreifenden Y bzw. Y') ist in Abb. 64 dargestellt.

Durch diese Wahl der statisch unbestimmten Größen zerlegen wir das Tragwerk in sechs Fachwerkbalken auf je zwei Stützen, von denen jeder

[1]) Das zweite, in Abb. 62 dargestellte Tragwerk — ein unterspannter Träger — ist zwar äußerlich statisch bestimmt. Dem Wesen nach gehört dieses System jedoch ebenfalls hierher, da außer den Momenten in den Obergurtknotenpunkten noch eine weitere statisch unbestimmte Größe, nämlich die Horizontalkomponente in den Stäben der dritten Gurtung, auftritt.

[2]) Wir verweisen u. a. auf die Abhandlung von E. Kammer: „Statisch unbestimmte Hauptsysteme." — „Ein Beitrag zur Berechnung mehrfach statisch unbestimmter Tragwerke" in der Zeitschrift Armierter Beton 1914, S. 121 u. 161.

[3]) Obwohl wir in Abb. 63 ein zur Mitte symmetrisches System dargestellt haben, ist die Wahl der statisch unbestimmten Größen so getroffen, als ob es sich um ein allgemeines unsymmetrisches Tragwerk handelt.

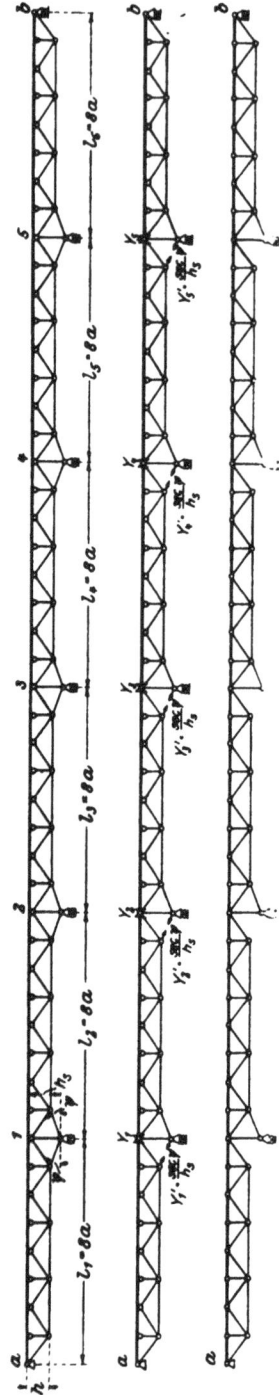

Abb. 63 bis 65.

wieder 7fach innerlich statisch unbestimmt ist. Als statisch unbestimmte Größen X in dem statisch unbestimmten Hauptsystem seien z. B. die Momente in den Obergurtknotenpunkten eingeführt, so wie dies in den Abschnitten I bzw. II ausführlich erläutert wurde. Das statisch bestimmte Hauptsystem, das wir kurz wieder mit Grundsystem bezeichnen wollen, ist in Abb. 65 dargestellt.

Die Berechnung des statisch unbestimmten Hauptsystemes (der Einfachheit halber kurz mit Hauptsystem bezeichnet) ist nun so vorzunehmen, wie wir dies in den vorhergehenden Abschnitten auseinandergesetzt haben. Wir erhalten stets voneinander unabhängige Gruppen mehrgliedriger Gleichungen mit je sieben Unbekannte X. Die Belastungsglieder Z sind zu bilden sowohl für die äußere Last als auch für die Zustände $Y = -1$ bzw. $Y' = -1$. Sind, was in praktischen Fällen häufig vorliegen wird, die sechs Fachwerkbalken auf je zwei Stützen des Hauptsystemes einander vollkommen gleich, so vereinfacht sich die Rechnung ganz beträchtlich. Statt der 6 Gleichungsgruppen mit je 7 Unbekannten haben wir dann nur ein System von 7 mehrgliedrigen Gleichungen aufzulösen.

In Abb. 66 sind die Momente, die Normal- und Stabkräfte infolge der Zustände $Y = -1$ bzw. $Y' = -1$ angedeutet, sowohl am Hauptsystem als auch am Grundsystem[1]); die gespannten Stäbe sind ausgezogen worden, die ungespannten wurden gestrichelt bzw. ganz fortgelassen.

Wir bezeichnen mit M^I, N^I und S^I die Momente, Normal- und Stabkräfte am Hauptsystem, während wie früher M, N und S die entsprechenden Werte am Grundsystem darstellen. Analog den früher angestellten Betrachtungen hätten wir jetzt die Beiwerte der Elastizitätsgleichungen für Y bzw. Y' aufzustellen zu:

$$[i\,k]^I = \int M_i^I M_k^I \, dx \frac{J_c}{J} + \frac{J_c}{F_c}\left[\int N_i^I N_k^I \, dx \frac{F_c}{F} + \sum S_i^I S_k^I s \frac{F_c}{F}\right].$$

Eine wesentliche Vereinfachung der numerischen Rechnung erzielen wir nun durch die Anwendung des Reduktionssatzes, der besagt, daß man zu demselben Resultat gelangt, wenn man einen der beiden Werte M, N und S — welchen von beiden, ist gleichgültig — am Grundsystem bildet[2]). Aus dem soeben für $[i\,k]^I$ angeschriebenen Ausdruck wird dann:

$$[i\,k]^I = \int M_i^I M_k \, dx \frac{J_c}{J} + \frac{J_c}{F_c}\left[\int N_i^I N_k \, dx \frac{\Gamma_c}{F} + \sum S_i^I S_k s \frac{F_c}{F}\right]$$

$$= \int M_i M_k^I \, dx \frac{J_c}{J} + \frac{J_c}{F_c}\left[\int N_i N_k^I \, dx \frac{F_c}{F} + \sum S_i S_k^I s \frac{F_c}{F}\right]$$

---

[1]) Um die Abb. 66 nicht noch mehr verkleinern zu müssen, sind nur die Zustände $Y_1 = -1$ bis $Y_3 = -1$ bzw. $Y_1' = -1$ bis $Y_3' = -1$ dargestellt; es genügt dies, um den Rhythmus des Gleichungssystemes erkennen zu können.

[2]) In seiner Abhandlung: „Beispiele zur Anwendung des Reduktionssatzes" in der Zeitschrift Beton und Eisen 1924, S. 39ff. hat der Verfasser an einer Reihe von Zahlenbeispielen die wesentliche Ersparnis an Rechenarbeit — und damit auch die Verringerung der Fehlerquellen — bei Verwendung des Reduktionssatzes ausführlich besprochen.

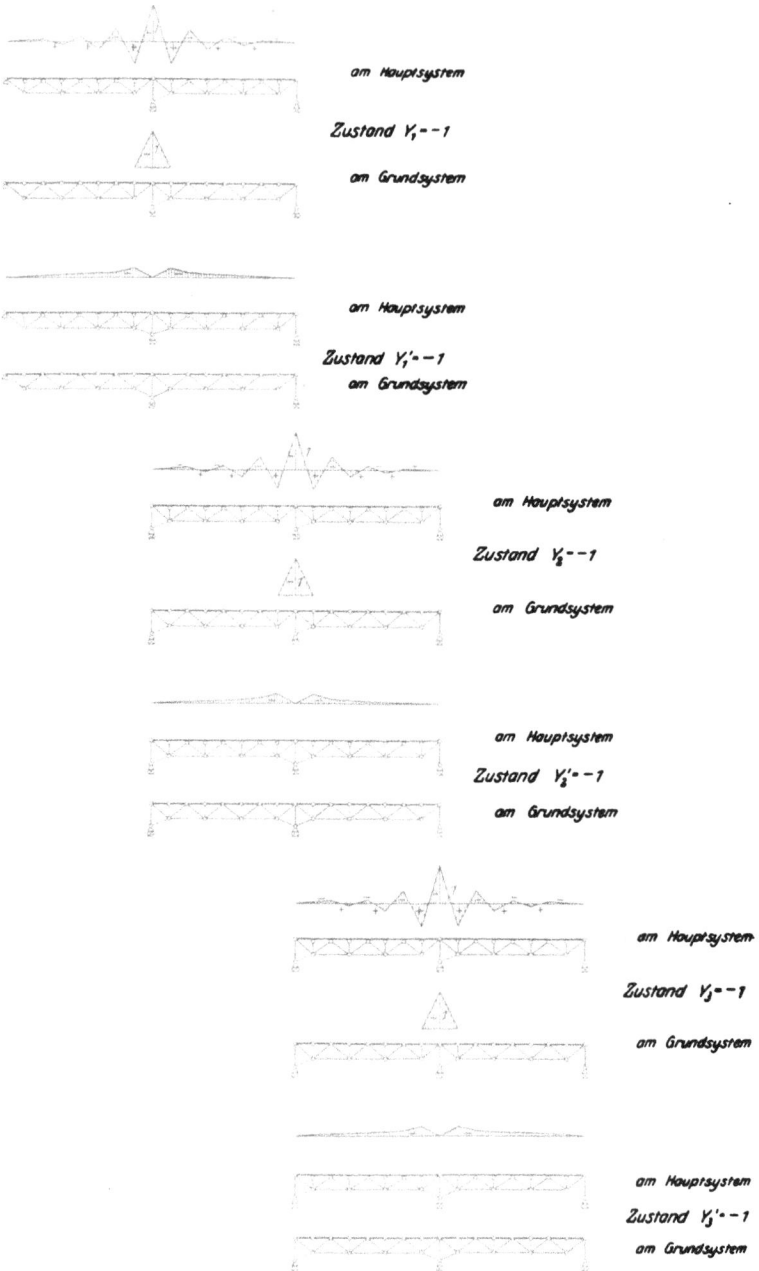

am Hauptsystem

Zustand $Y_1 = -1$

am Grundsystem

am Hauptsystem

Zustand $Y_1' = -1$

am Grundsystem

am Hauptsystem

Zustand $Y_2 = -1$

am Grundsystem

am Hauptsystem

Zustand $Y_2' = -1$

am Grundsystem

am Hauptsystem

Zustand $Y_3 = -1$

am Grundsystem

am Hauptsystem

Zustand $Y_3' = -1$

am Grundsystem

Abb. 66.

Das Schema der Elastizitätsgleichungen hat folgendes Aussehen:

	Y_1	Y'_1	Y_2	Y'_2	Y_3	Y'_3	Y_4	Y'_4	Y_5	Y'_5	
1	=	—	—	—	—	—					$= Z_1^I$
1'	—	=	—	—	—	—					$= Z_1^{I'}$
2	—	—	=	—	—	—	—	—			$= Z_2^I$
2'	—	—	—	=	—	—	—	—			$= Z_2^{I'}$
3	—	—	—	—	=	—	—	—	—	—	$= Z_3^I$
3'	—	—	—	—	—	=	—	—	—	—	$= Z_3^{I'}$
4			—	—	—	—	=	—	—	—	$= Z_4^I$
4'			—	—	—	--	—	=	—	—	$= Z_4^{I'}$
5					—	—	—	—	=	—	$= Z_5^I$
5'					—	—	—	—	—	=	$= Z_5^{I'}$

Wir haben es also mit einem System elfgliedriger Gleichungen zu tun.

Nun sind aber die außerhalb des treppenförmigen, stark ausgezogenen Linienzuges liegenden $[ik]^I$-Werte nur abhängig von der Stabkraft in je einem Pfosten über den mittleren Auflagern, daher also klein im Verhältnis zu den übrigen $[ik]^I$-Werten. Vernachlässigen wir für praktische Berechnungen diese kleinen $[ik]^I$-Werte, so werden aus den elfgliedrigen siebengliedrige Gleichungen. (Wegen der Auflösung sowohl der elf- als auch der siebengliedrigen Gleichungen vgl. die Literaturangabe auf S. 12.)

Für die Ermittlung der Belastungsglieder Z_r^I bzw. $Z_r^{I'}$ gilt hier — bei Anwendung des Reduktionssatzes — analog:

$$Z_r^I = \int M_0 M_r^I dx \frac{J_c}{J} + \frac{J_c}{F_c} \left[\int N_0 N_r^I dx \frac{F_c}{F} + \sum S_0 S_r^I s \frac{F_c}{F} \right]$$

$$= \int M_0^I M_r dx \frac{J_c}{J} + \frac{J_c}{F_c} \left[\int N_0^I N_r dx \frac{F_c}{F} + \sum S_0^I S_r s \frac{F_c}{F} \right]$$

für ruhende Lasten, bzw.

$$Z_r^I = \sum P_m \cdot [mr]^I$$

für wandernde Lasten. $[mr]^I$ ist hierin die EJ_c-fache Biegungslinie des Obergurtes infolge des Zustandes $Y_r = -1$ am statisch unbestimmten Hauptsystem.

Schlußwort.

Das vorliegende Buch soll in erster Linie praktischen Zwecken dienen. Da ist nun die Frage nicht unberechtigt: In welchem Maße wird dieses Ziel erreicht? Wird man praktisch nach den angegebenen Methoden rechnen oder soll man den Inhalt — derb ausgedrückt — als statische Spielerei zur Kenntnis nehmen und — weiter bei den bisher angewandten Faustformeln bleiben?

Die Antwort auf diese Frage wird, je nach der Einstellung des Lesers, verschieden ausfallen. Deshalb seien dem Verfasser noch einige Schluß-worte zu dieser Frage gestattet.

In den letzten Jahren sind immer stärker werdende Bestrebungen im Gange, unsere Baustoffe sowie auch unser Wissen um diese Baustoffe mehr und mehr zu verbessern. Hand in Hand damit muß nun aber auch das Streben nach einer Verfeinerung unserer statischen Untersuchungs-methoden gehen. Nur so wird das Ziel erreicht werden: mit einem ge-ringsten Aufwand an Material ein Bauwerk von höchster — überall gleicher — Sicherheit zu errichten.

Gewiß ist mit diesen verfeinerten Untersuchungsmethoden in der Regel ein größerer Aufwand an Rechenarbeit verbunden als bei der Rechnung nach Faustformeln. Jedoch wiegt die Materialersparnis, die durch eine schärfere Untersuchung erzielt wird, das Mehr an Büroarbeit im allgemeinen um ein Vielfaches wieder auf. Ganz besonders tritt dies in Erscheinung bei Tragwerken, die nicht nur einmal, sondern viele Male in genau derselben Form, mit denselben Abmessungen und der gleichen Belastung ausgeführt werden. Dieser Fall ist im Kranbau durchaus nicht selten; hier vervielfältigt sich die Materialersparnis. Für Tragwerke, die in ähnlicher Ausführung häufig wiederkehren, lassen sich ferner, wenn erst eine Anzahl schärferer Untersuchungen durchgeführt worden sind, leicht durch Auswertung derselben fertige Formeln herleiten, die innerhalb gewisser Grenzen gültig sind und die bei größerer Genauigkeit nicht mehr Rechenaufwand erfordern als die bisher üblichen Faust-formeln; in dieser Weise sind bereits verschiedene Systeme des Brücken- und Ingenieur-Hochbaues durchgearbeitet worden.

Das Schlußwort wäre unvollständig, wenn wir nicht noch mit ein paar Worten auf eine gewisse Unsicherheit in der Frage der Belastungs-annahmen hinweisen würden: die Größe und Auswirkung der Massen-kräfte, Bremskräfte, der Kräfte infolge Schrägzug sowie der dynamischen

Zuschläge zur ruhend gedachten Last (sogenannte Stoßzahlen) usw. Zwar berührt diese Frage den Inhalt des vorliegenden Buches nur mittelbar, denn die Statik arbeitet mit gegebenen bekannten Lasten; die Berücksichtigung der obengenannten Einflüsse kommt für die statische Untersuchung nur in erhöhten Zahlenwerten zum Ausdruck. Immerhin ist es aber für den Wert einer statischen Berechnung nicht gleichgültig, mit welcher Genauigkeit man die Belastung bestimmen kann.

Zur Beantwortung dieser Frage hat nun aber nicht der Statiker allein das Wort; dazu bedarf es vielmehr der Zusammenarbeit von Ingenieuren verschiedener Fachrichtungen. Ähnlich den „Vorschriften für Eisenbauwerke" der Deutschen Reichsbahn-Gesellschaft müßten auch — von industrieller oder behördlicher Seite — für die Eisenkonstruktionen von Kranen einheitliche Berechnungsgrundlagen herausgegeben werden, die dem Kranbau-Ingenieur feste, auf exakten Untersuchungen beruhende Werte geben, so daß er auch in dieser Frage nicht mehr auf eine mehr oder weniger richtige gefühlsmäßige Einstellung angewiesen ist[1]). Erst dann werden sich die in vorliegendem Buche angegebenen statischen Berechnungsverfahren richtig auswirken können.

---

[1]) Anmerkung bei der Korrektur: Wie dem Verfasser von gut unterrichteter Seite mitgeteilt wurde, werden derartige Vorschriften z. Z. vom Deutschen Kranbau-Verband ausgearbeitet.

Literaturübersicht.

1. W. L. Andrée: Die Statik des Kranbaues, 3. Aufl. Verlag von R. Oldenbourg. 1922, S. 11.

Das Moment im biegungsfesten Obergurt im Felde wird zu $\frac{Pa}{6}$, das über dem Knotenpunkt zu $-\frac{Pa}{12}$ angegeben. Hierin bezeichnet P die größte Radlast, a die Feldweite.

2. A. Gregor: Der praktische Eisenhochbau, Band II: Kranlaufbahnen, Verlag von H. Meusser. 1924, S. 96.

Für das größte Feldmoment wird $\frac{Pa}{5}$, für das größte negative Moment im Knotenpunkt $\frac{Pa}{12,5}$ vorgeschlagen. Liegt die Netzlinie um das Maß e tiefer als die Schwerlinie des Obergurtes, so wird das größte Feldmoment zu $\frac{Pa}{5} - Se$ und das größte negative Knotenpunktsmoment zu $-\frac{Pa}{12,5} - Se$ angegeben. Hierin ist S die Druckkraft in dem betreffenden Obergurtstabe.

3. R. Schick: Berechnung von Fachwerkträgern mit biegungsfestem Obergurt (Kranbahnträger). Der Bauingenieur 1921, S. 93 u. 126.

Der biegungsfeste Obergurt wird aufgefaßt als ein durchlaufender Träger, der auf einem Fachwerkträger (von den gleichen Abmessungen wie der zu berechnende Träger, nur in allen Knotenpunkten mit Gelenken versehen) in den Knotenpunkten elastisch senkbar aufruht. Dieser Fachwerkunterstützungsträger wird nun wieder durch einen vollwandigen Träger ersetzt, dessen Trägheitsmoment über die ganze Länge konstant ist und möglichst dem des Fachwerkunterstützungsträgers entspricht. Für dieses Ersatzsystem werden Zahlentafeln aufgestellt.

4. E. Kohl: Berechnung eines Fachwerkträgers mit biegungsfestem Obergurt. Der Bauingenieur 1922, S. 657.

Kohl sieht ebenfalls den biegungsfesten Obergurt als einen durchlaufenden Träger an, der in den Knotenpunkten auf dem Fachwerkunterstützungsträger aufruht. Für diesen letzteren werden die Durchbiegungen infolge der äußeren Lasten ermittelt und als bekannte Stützensenkungen in die Berechnung des durchlaufenden Obergurtes eingeführt.

In einer Zuschrift (Der Bauingenieur 1922, S. 761) weist K. Groß darauf hin, daß bei der Ermittlung der Durchbiegungen des Fachwerkunterstützungsträgers der Einfluß der Überhöhung des Systemes unberücksichtigt geblieben ist.

5. G. Unold: Beitrag zur Berechnung der Laufkranobergurte. Der Eisenbau 1920, S. 331.

Der Obergurt des Kranträgers wird als durchlaufender Balken auf sehr vielen, in gleichen Abständen liegenden starren Stützen aufgefaßt. Für diesen werden die Einflußlinien für das Moment in Feldmitte sowie über der Stütze im mittleren Bereich aufgestellt und für zwei gleichgroße Raddrucke P bei verschiedenen Radständen ausgewertet.

6. G. Unold: Statik für den Eisen- und Maschinenbau, Verlag von J. Springer. 1925, S. 313.

Genau wie in der unter 5. angegebenen Abhandlung nimmt U. den Obergurt zunächst als durchlaufenden Träger auf starren Stützen (mit einem Trägheitsmoment J) an und ermittelt infolge der Katzenlasten $K = P_1 + P_2$ das größte Moment in Feldmitte (eines mittleren Feldes) M_{km} und das größte negative Stützenmoment M_{ks}. Der Einfluß der Nachgiebigkeit der Stützen wird nun wie folgt berücksichtigt: Ist J_h das Trägheitsmoment des Fachwerkunterstützungsträgers von der Spannweite l (aus den Gurtquerschnitten und der Fachwerkhöhe zu ermitteln), so entfällt auf den Obergurt noch der Anteil

$$\text{von den Katzenlasten } K: \quad K' = K \frac{J}{J_h + J}, \qquad M_K = \frac{K'l}{4},$$

$$\text{vom Eigengewicht } Q: \quad Q' = Q \frac{J}{J_h + J}, \qquad M_Q = \frac{Q'l}{8}.$$

Die endgültigen Momente werden dann angesetzt zu:

$$M_m = M_{km} + M_K + M_Q,$$
$$M_s = M_{ks} + M_K + M_Q.$$

Drang und Zwang. Eine höhere Festigkeitslehre für Ingenieure. Von Prof. Dr. ing. August Föppl und Prof. Dr. Ludwig Föppl. Bd. I: 2. Auflage. 371 Seiten, 70 Abbildungen. Gr.-8⁰. 1924. Bd. II: 2. Auflage. 390 Seiten, 79 Abbildungen. 1928. Jeder Band brosch. M. 16.—, in Leinen geb. M. 17.50.

Der Eisenbau. Ein Handbuch für den Brückenbauer und Eisenkonstrukteur. Von Luigi Vianello. In 3. Auflage umgearbeitet und erweitert von Dr. ing. L. David. 628 Seiten, 640 Abbildungen. 8⁰. 1927. Brosch. M. 30.—, in Leinen geb. M. 31.50.

Entwerfen im Kranbau. Ein Handbuch für den Zeichentisch. Bearbeitet von Prof. Rudolf Krell. 2 Bände. 254 Seiten Text, mit 1100 Abbildungen, 99 Tafeln, vielen Beispielen, Tabellen und einer Beilage: Elektrische Kranausrüstungen. Bearb. von Obering. Chr. Ritz. 4⁰. 1925. In Leinen geb. M. 32.—.

Die Statik des Eisenbaues. Von W. Ludwig Andrée. 2. Aufl. 532 S., 810 Abbildungen. Gr.-8⁰. 1922. Brosch. M. 12.50, geb. M. 14.—.

Die Statik des Kranbaues. Von W. Ludwig Andrée. 3. Auflage. 380 Seiten, 554 Abbildungen. Gr.-8⁰. 1922. Brosch. M. 9.50, geb. M. 11.—.

Die Statik der Schwerlastkrane. Von W. Ludwig Andrée. 171 Seiten. 305 Abbildungen. Gr.-8⁰. 1919. Brosch. M. 5.—, geb. M. 6.50.

Das B-U-Verfahren. Von W. Ludwig Andrée. 139 Seiten, 348 Abbildg. Gr.-8⁰. 1919. Brosch. M. 4.—, geb. M. 5.50.

Die günstigste Form eiserner Zweigelenkbrückenbogen. Von Alfred W. Berrer. 58 Seiten, 7 Abbildungen, 7 Tafeln. Lex.-8⁰. 1916. Brosch. M. 2.50.

Lebenserinnerungen. Rückblick auf meine Lehr- und Aufstiegjahre. Von August Föppl. 160 Seiten. Gr.-8⁰. 1925. In Leinen M. 6.—.

Gesetzmäßigkeiten in der Statik des Vierendel-Trägers. Von L. Freytag. 25 Seiten, 6 Abbildungen. 4⁰. 1911. Brosch. M. 1.20.

Berechnung ebener, rechteckiger Platten mittels trigonometrischer Reihen. Von Karl Hager. 94 Seiten, 20 Abbildungen. Lex.-8⁰. 1911. Brosch. M. 5.—.

Der Spannungszustand in rechteckigen Platten. Von H. Henky. 94 Seiten, 12 Abbildungen, 7 Tafeln. Lex.-8⁰. 1913. Brosch. M. 4.—.

Die amerikanischen Turmbauten, die Gründe ihrer Entstehung, ihre Finanzierung, Konstruktion und Rentabilität. Von Fritz Stöhr. 47 Seiten, 20 Tafeln. Gr.-8⁰. 1921. Brosch. M. 3.50.

Illustrierte Technische Wörterbücher in 6 Sprachen.
Band 7: Hebemaschinen und Transportvorrichtungen. 659 Seiten, 1560 Abbildungen. 3621 Worte in jeder Sprache. Kl.-8⁰. Geb. M. 10.50.
Band 13: Baukonstruktionen. 1030 Seiten, 2660 Abbildungen und Formeln, 6462 Worte in jeder Sprache. Kl.-8⁰. Geb. M. 20.—.

R. OLDENBOURG ∕ MÜNCHEN 32 UND BERLIN W 10

www.ingramcontent.com/pod-product-compliance
Lightning Source LLC
Chambersburg PA
CBHW081231190326
41458CB00016B/5746

Verlag von R. Oldenbourg.

TECHNIKA
BÜCHER DER PRAXIS
HERAUSGEGEBEN VON DR. SACHTLEBEN

BAND 2

DESTILLIER-
REKTIFIZIER-ANLAGEN

UND IHRE WÄRMETECHNISCHE BERECHNUNG

VON

JOSEPH JACOBS

MIT 98 ABBILDUNGEN

VERLAG VON R. OLDENBOURG

MÜNCHEN 1950

Inhaltsverzeichnis

Vorwort

In den letzten 30 Jahren sind im In- und Auslande zahlreiche Fachbücher auf dem Gebiete der Destillation und Rektifikation erschienen, wovon der größte Teil inzwischen veraltet ist, da sie durch neu gewonnene Forschungsergebnisse überholt sind.

Auf Grund meiner 35jährigen Erfahrungen im Destillier- und Rektifizierfach und als Abschluß meiner beruflichen Tätigkeit habe ich vorliegendes Buch geschrieben, das den im Apparatebau tätigen Ingenieuren und Studierenden als Wegweiser dienen möge.

Dem verstorbenen Direktor der Firma Friedrich Heckmann, Berlin, Herrn Baurat Eugen Hausbrand, mit welchem ich viele Jahre zusammenarbeitete, verdanke ich viel Wissenswertes aus dem Destillier-, Rektifizier- und Verdampfungsfach. Genanntem gebührt unbestreitbar das Verdienst, mit seinen Werken: „Die Wirkungsweise der Destillier- und Rektifizierapparate" sowie: „Verdampfen, Kondensieren und Kühlen" vielfache Aufklärung gegeben und manche Irrtümer beseitigt zu haben. Leider ist das erste Werk nach 1921 durch eine Neuauflage nicht vervollständigt worden, da Herr Hausbrand kurze Zeit darauf verschied. Das Buch hätte bestimmt sehr gewonnen, wenn die inzwischen gemachten Erfahrungen mit der molaren Gleichgewichtskurve und der daraus folgenden graphischen Bodenanzahl-Bestimmung nach McCabe-Thiele darin Aufnahme gefunden hätten.

In vorliegendem Buche wird der Versuch unternommen, diese Lücke zu schließen und den Apparatebau-Ingenieur der Benzol-, Spiritus- und verwandten Industrien mit der Trennung verschiedener Gemische vertraut zu machen.

Es wird dem Leser Einblick gewährt in die mitunter verwickelten Vorgänge, insbesondere wird untersucht, welche Rücklaufzahlen, Bodenanzahl bzw. Füllkörper-Schichthöhe, Säulendurchmesser, Heiz- und Kühlflächen, sowie wieviel Dampf und Kühlwasser erforderlich sind. Hierzu ist die genaue Kenntnis bzw. Bestimmung der molaren Gleichgewichtskurve von entscheidender Bedeutung. Zu diesem Zwecke sind im Anhang eine Anzahl solcher Zweistoffgemischkurven beigefügt. Einige Arbeitsschemen nebst Beschreibung geben eine Übersicht über verschiedene technische Destillieranlagen.

Die erforderlichen Konstruktions-Einzelheiten können hier nicht Aufnahme finden, sondern müssen dem Apparatebau-Ingenieur überlassen werden, weil sonst das Buch seinen handlichen Charakter verlieren würde.

Ich habe den Wunsch, daß dieses Buch den mit Destillier- und Rektifizieranlagen beschäftigten Ingenieuren und Studierenden eine wertvolle Hilfe sein wird und bin für Anregungen und Hinweise für eine spätere 2. Auflage dankbar.

Paderborn, im August 1948.

Jos. Jacobs

I. Einleitung und Übersicht

Zweck einer Destillier-Rektifizieranlage ist es, ein Zwei-, Drei- oder Vielstoff-Gemisch so in seine einzelnen Komponenten zu zerlegen, daß jede Komponente möglichst rein, also frei von anderen Stoffen erhalten wird.

In der primitivsten, schon im Altertum geübten Form wird mittels eines feuerbeheizten Gefäßes aus einem Gemisch der leichtsiedende Stoff abgedampft und in einem Luft- oder Wasserkühler verdichtet und gekühlt (Skizze A). Sofern das erhaltene Destillat nicht die gewünschte Konzentration hatte, wurde es nochmals oder mehrmals destilliert.

Diese Art des Destillierens hat sich bis in unsere Zeit erhalten. Gewisse Kleinindustrien arbeiten heute noch nach dieser alten Methode. Die Spiritusindustrie war die erste, die bereits im vorigen Jahrhundert die alte Arbeitsweise verließ und dazu überging, das mehrfache Destillieren in einem Arbeitsgang durchzuführen.

Hierzu dient die Rücklaufkondensation, welche einen Teil des Destillates schon während der Destillation wieder in das Verdampfungsgefäß zurückleitet (Skizze B). Der Vorgang wird auch Dephlegmation genannt, weil das Destillat hierbei vom „Phlegma", d. i. dem Schwersiedenden teilweise befreit wird.

In den letzten vierzig Jahren sind die Destillier- und Rektifizierapparate für die Spiritus- und die chemische Industrie wesentlich verbessert worden. Zwar verwendet man vielfach noch periodisch arbeitende Apparate, doch ist man inzwischen dazu übergegangen, wiederholte Aufkochungen durch Säulen vorzunehmen, die eine gewisse Anzahl Böden enthalten, welche mit Sieblöchern oder Glocken versehen sind. Seit 32 Jahren verwendet man auch Säulen, die mit Füllkörpern aus Steingut, Porzellan oder Metall, System Raschig, Berl oder Prym gefüllt werden.

Böden wie Füllkörper kondensieren die schwersiedenden Bestandteile aus dem aufsteigenden Dampf, welcher dadurch an Leichtsiedendem „verstärkt" wird. Deshalb bezeichnet man derartige Einrichtungen als Verstärkungssäulen. Gleichzeitig wendet man den Rückflußkühler oder Dephlegmator an, welcher den hochprozentigen Destillatdampf teilweise verdichtet und ihn verflüssigt auf die Spitze der Säule zurückgibt, wodurch die letzten schwersiedenden Bestandteile aus dem Dampf genommen werden (Skizze C). Hierdurch wurde der periodische oder unterbrochene Betrieb bedeutend wirtschaftlicher.

Den höchsten Grad der Vollkommenheit erhielten die Destillier- und Rektifizierapparate erst durch Einführung des kontinuierlichen oder ununterbrochenen Betriebes. Hierbei durchfließt das Gemisch in regelbaren Mengen den Apparat und ist daher nur kurze Zeit der Erwärmung ausgesetzt. Das Leicht-

GRUNDFORMEN DER DESTILLIERANLAGEN

A. Einfache periodische Destillation

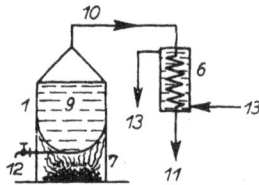

B. Periodische Destillation mit Rückfluss-Kühler

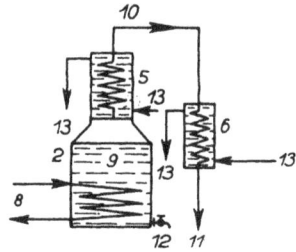

C. Periodische Destillation mit Verstärkungssäule

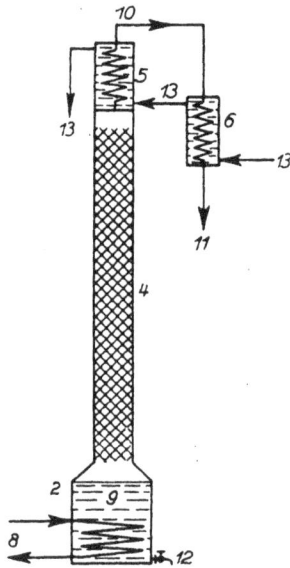

D. Ununterbrochen arbeitende Destillation

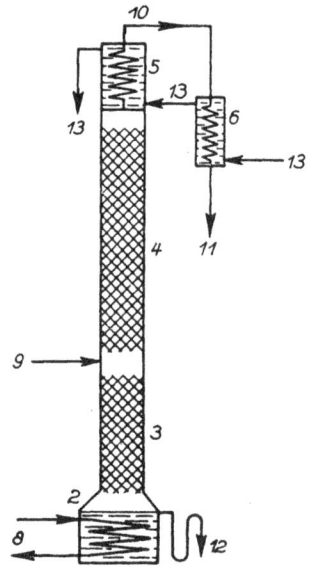

1 Blase	5 Rückflußkühler	9 Gemisch
2 Verdampfungsgefäß	6 Verdichter und Kühler	10 Destillatdampf
3 Abtriebssäule	7 Feuerung	11 Destillat
4 Verstärkungssäule	8 Heizdampf	12 Schwersiedendes
		13 Kühlwasser

sowie das Schwersiedende strömt unausgesetzt ab und wird in besonderen Sammelbehältern aufgefangen. Das Gemisch wird seitlich der Säule zugeführt und begegnet den aus dem Verdampfungsgefäß aufsteigenden Dämpfen, welche das Leichtsiedende „abtreiben" (Skizze D). Der untere Teil der Säule wird daher Abtriebssäule genannt, während der obere Teil die Verstärkungssäule bildet.

Ein gut durchdachter Apparat kann monatelang in Betrieb sein, ohne unterbrochen zu werden. Eine Nachregulierung der Gemisch-, Dampf- und Kühlwassermengen ist ebenfalls nicht erforderlich, wenn selbsttätig wirkende Regulierinstrumente vorgesehen werden. Hierdurch ist die Wirtschaftlichkeit der Anlage bis zur Höchstgrenze gesteigert worden. Man hat Apparaturen entwickelt, die in einem Arbeitsgang ein Vielstoffgemisch in 6 bis 8 und mehr Komponenten zerlegen und zwar in ununterbrochenem Betrieb.

Da die ununterbrochen arbeitenden Destillier-Rektifizierapparate den Vorzug haben, mit dem wirtschaftlich niedrigsten Dampf- und Kühlwasser-Verbrauch auszukommen und ein Minimum an Bedienung benötigen, ist es nicht erforderlich, daß wir uns mit den veralteten periodisch arbeitenden Apparaten befassen. In diesem Buche werden daher nur die kontinuierlich arbeitenden Anlagen behandelt.

II. Physikalische und chemische Grundlagen

1. Allgemeine Berechnungsgrundlagen

a) Metrische Grundeinheiten

Als Meßzahlen für die in der Technik vorkommenden Längen wird der m, dm, cm und mm, für die Flächen der m², dm², cm² und mm², für die Volumina der m³, dm³, cm³ und mm³ und für die Gewichte die t, das kg und g angewendet.

1 m = 10 dm = 100 cm = 1000 mm,
1 m² = 100 dm² = 10 000 cm² = 1 000 000 mm²,
1 m³ = 1000 dm³ = 1 000 000 cm³ = 1 000 000 000 mm³,
1 t = 1000 kg = 1 000 000 g.
1 l = 1 dm³; 1 l dest. Wasser von 4° C wiegt 1 kg.

Der Meterkonvention vom 20. 5. 1875 gehören alle Staaten der Welt an.

b) Drucke

Drucke werden in Atmosphären Überdruck = atü, Atmosphären absolut = ata (1 atü = 2 ata), Millimeter Quecksilber = Torr, Kilogramm pro Quadratmeter = kg/m², Millimeter Wassersäule = mm WS und Kilogramm pro Quadratzentimeter = kg/cm² gemessen.

Die physikalische Atmosphäre = 1 Atm = 760 Torr = 10 333 kg/m² = 1,0333 kg/cm² = 10 333 mm WS.

Die technische Atmosphäre = 1 at = 735,5 Torr = 10 000 kg/m² = 10 m WS = 10 000 mm WS, unterscheidet sich von der physikalischen Atmosphäre also um etwa 3,3%.

Vakuum wird in Torr, at oder in % des Barometerstandes gemessen.

c) Temperatur und Wärme

Die Temperaturen werden mit dem hundertteiligen Thermometer nach Celsius in ° C gemessen, wobei der Schmelzpunkt von Eis mit 0° C und der Siedepunkt des Wassers bei 760 Torr mit 100° C bezeichnet wird.

Absolute Temperaturen werden in Kelvingrad (° K) ausgedrückt. Bei technischen Berechnungen werden sie auf den absoluten Nullpunkt gleich minus 273° C bezogen. 0° C = 273° K; die absolute Temperatur T eines Dampfes von 100° C = 100 + 273 = 373° K.

Wärmemengen werden in Wärmeeinheiten (WE), neuerdings in Kilogramm-Kalorien (kcal) gemessen. Eine kcal ist diejenige Wärmemenge, die erforderlich ist, um 1 kg destilliertes Wasser bei atmosphärischem Druck von 14,5 auf 15,5° C zu erwärmen. Vereinfacht kann man auch sagen, daß 1 kcal diejenige

Wärmemenge darstellt, die zur Erwärmung von 1 kg Wasser um 1^0 C notwendig ist. Es wird dabei angenommen, daß die spezifische Wärme von Wasser etwa c = 1 beträgt. Flüssigkeiten, welche leichter oder schwerer als Wasser sind, haben eine geringere spez. Wärme. Für erstere sind Anhaltswerte der Zahlentafel 6 zu entnehmen.

d) Energie-Äquivalente

Da Wärme eine der Formen der Energie ist, läßt sich ihre Einheitsmenge (kcal) in Einheiten anderer Energieformen angeben:

$$1 \text{ kcal} = 427 \text{ mkg}, \quad 1 \text{ mkg} = \frac{1}{427} = 0{,}002342 \text{ kcal}.$$

Bekanntlich leistet 1 PS 75 mkg pro Sekunde, d. i. 270000 mkg pro Stunde. Da 427 mkg gleichwertig mit 1 kcal sind, so erfordert die Erzeugung von 1 PS pro Stunde theoretisch:

$$1 \text{ PS/h} = \frac{270000}{427} = 632{,}31 = \text{rund } 632 \text{ kcal.}$$

Mittels der Zahl 632 kann man den Wirkungsgrad oder Nutzeffekt einer Wärmekraftmaschine wie folgt bestimmen:

$$\eta = \frac{632}{G \cdot H_u}$$

worin bedeuten: G = Gewicht des verbrauchten Brennstoffs in kg/h,
H_u = Unterer Heizwert des Brennstoffs in kcal/kg.

Beispiel: Im Dampfkessel einer Heißdampfmaschine von 100 PS werden 60 kg/h Steinkohle mit einem unteren Heizwert von 7000 kcal/kg verfeuert. Der Nutzeffekt dieser Anlage ist:

$$\eta = \frac{100 \cdot 632}{60 \cdot 7000} = 0{,}15 \text{ oder } 15\%.$$

Im elektrischen Maßsystem ist die Kilowattstunde (kWh) laut deutscher gesetzlicher Regelung vom 7. 8. 1924 860 kcal gleich zu erachten.
Beispiel: Sind 100 kg Wasser pro Stunde von 20 auf 100^0 C zu erwärmen, so benötigt man dazu:

$$100 \, (100 - 20) = 8000 \text{ kcal/h} = \frac{8000}{860} = 9{,}3 \text{ kWh.}$$

Sind 100 kg/h Wasser von 20^0 C in gesättigten Dampf von 8 atü und 663 kcal/kg Gesamtwärme zu verwandeln, so sind im Dampfkessel aufzuwenden:

$$100 \, (663 - 20) = 64300 \text{ kcal/h oder } \frac{64300}{860} = 74{,}77 \text{ kWh.}$$

e) Molekulargewichte, Gemischkonzentration

Die Molekulargewichte der hauptsächlich im Destillier-Rektifizierfach vorkommenden Stoffe sind in Zahlentafel 1 angegeben.

Das mittlere Molekulargewicht eines Gemisches entspricht den Gewichten der Einzelstoffe, multipliziert mit ihrem jeweiligen Molekulargewicht und dividiert durch das Gesamtgewicht:

$$M_{mittl.} = \frac{G_1 \cdot M_1 + G_2 \ M_2 + \dots}{G_1 + G_2 + \dots}$$

Beispiel: Das mittlere Molekulargewicht von 85 kg Benzol mit $M_1 = 78{,}11$ und 15 kg Toluol mit $M_2 = 92{,}13$ ist:

$$M_{mittl.} = \frac{85 \cdot 78{,}11 + 15 \cdot 92{,}13}{85 + 15} = 80{,}213$$

Die Konzentration von Gemischen wird in Vol-%, Gew.-% und Mol-% des Leichtsiedenden im Gemisch bzw. Dampf angegeben. Die graphische Bestimmung der Rücklaufzahl und der Bodenanzahl erfordern die Angabe der Stoffmenge in Mol und der Konzentration in Mol-%.

Ein Mol eines Stoffes ist diejenige Gewichtsmenge, in g oder kg, welche durch den Zahlenwert seines Molekulargewichtes angezeigt wird (im folgenden wird mit kg-Mol gerechnet). Nach Zahlentafel 1 hat Benzol das Molekulargewicht 78,11 und Wasser 18,01; die entsprechenden K-Mole betragen 78,11 bzw. 18,01 kg.

Beispiel: Ein Gemisch besteht aus 100 kg Benzol und 100 kg Wasser. Es enthält in Gewichts-%: $\dfrac{100 \cdot 100}{100 + 100} = 50$ Gew.-% Leichtsiedendes

dagegen in Mol-%: $\dfrac{\dfrac{100}{78{,}11} \cdot 100}{\dfrac{100}{78{,}11} + \dfrac{100}{18{,}01}} = 18{,}72$ Mol-% Leichtsiedendes

Errechnung von Gew.-%, Mol-%, Vol-%:

$$\text{Gew-\%} = \frac{V l \cdot \gamma l \cdot 100}{V l \cdot \gamma l + V_s \cdot \gamma_s} = \frac{Mol l \cdot M l \cdot 100}{Mol l \cdot M l + Mol_s \cdot M_s}$$

$$\text{Mol-\%} = \frac{\dfrac{G l}{M l} \ 100}{\dfrac{G l}{M l} + \dfrac{G_s}{M_s}}; \ \text{Vol-\%} = \frac{\dfrac{G l}{\gamma l} \ 100}{\dfrac{G l}{\gamma l} + \dfrac{G_s}{\gamma_s}}$$

Hierin bedeuten:

$V l$ = Liter Leichtsiedendes im Gemisch oder Dampf
$G l$ = kg ,, ,, ,, ,, ,,
$Mol l$ = Mol ,, ,, ,, ,, ,,
γl = spez. Gew. des Leichtsiedenden
$M l$ = Molekulargewicht des Leichtsiedenden

Der Index s bedeutet dementsprechend das Schwersiedende.

14

2. Das Volumen von Gasen und Dämpfen

Zur Bestimmung der Durchmesser von Säulen und Rohrleitungen müssen die Volumina der durchströmenden Gase und Dämpfe bekannt sein. Die Berechnung erfolgt nach den Gasgesetzen von Boyle-Mariotte und Gay-Lussac.

Bei konstanter Temperatur ist das von einer bestimmten Gasmenge eingenommene Volumen V dem Druck P umgekehrt proportional

$$V_1 : V_2 = P_2 : P_1 \text{, oder}$$
$$V \cdot P = \text{const}$$

Bei Erwärmung eines Gases bei gleichbleibendem Druck ist die Volumenzunahme von Grad zu Grad ein gleichbleibender Bruchteil des Anfangs-Volumens Vo. Der kubische Ausdehnungskoeffizient α ist für alle Gase angenähert gleich; $\alpha = 1/273$. Bei der Temperatur t ist das Volumen:

$$V_t = Vo\,(1 + \alpha t) \quad = Vo\,[1 + (t/273)]$$
$$= Vo/273\,(t + 273) = Vo\,(T/273),$$

da $t + 273$ als absolute Temperatur T bezeichnet wird.

Durch Verbindung der beiden vorstehenden Gesetze erhält man die allgemeine Zustandsgleichung der Gase

$$P \cdot V = P_0 \cdot V_0 \ (T/273)$$

Die Gleichung vereinfacht sich, wenn man sie auf molare Mengen der Gase bezieht, auf

$$P \cdot V = R \cdot T , \quad V = \frac{R \cdot T}{P}$$

Hierbei ist R die für alle Gase gemeinsame Gaskonstante.

Sie ist der Ausdruck für die Ausdehnungsarbeit von 1 kg-Mol eines Gases bei Temperaturzunahme von 1 Grad; ihr Wert ist

$$R = \frac{10333 \cdot 22{,}412}{273} = 848 \ \text{mkg/Mol}$$

$$\text{oder:} \ R = 848/M \ \text{mkg/kg.}$$

Molvolumen

Die Berechnung wird durch Verwendung des Molvolumens sehr vereinfacht. Nach der Regel von Avogadro nehmen molare Gewichtsmengen aller Stoffe in Gasform den gleichen Raum ein. Er beträgt, gemessen z. B. aus M/γ des Sauerstoffs bei 0^0 C und 760 Torr, für ein kg-Mol: $V = \dfrac{32}{1{,}429234} = 22{,}412 \ \text{Nm}^3$ (Norm-m³) und ist unabhängig davon, welcher Stoff sich im gasförmigen Zustande befindet. Es bedeuten:
$M = $ Molekulargewicht des Gases,
$\gamma = $ spezif. Gewicht des Gases.

Werden G kg eines einheitlichen Stoffes verdampft, so berechnet man sein Volumen in m³ für beliebige Drucke und Temperaturen nach

$$V = \frac{G \cdot R \cdot T}{P}$$

Kennt man Druck und Temperatur eines bestimmten Gasvolumens eines einheitlichen Stoffes, so errechnet sich sein Gewicht in kg zu

$$G = \frac{P \cdot V}{R \cdot T}$$

Da der größte Teil der Destillier-Rektifizierapparate unter atmosphärischem Druck arbeitet, welcher $P = 10\,333$ kg/m² beträgt, so ergibt sich hierfür folgende Rechenformel, in welchem M das Molekulargewicht bedeutet:

$$\text{Für } G \text{ kg Dampf:} \quad V = \frac{G \cdot T \cdot 848}{M \cdot 10\,333} = \frac{G \cdot T}{M \cdot 12{,}185} \ \text{m}^3$$

Volumen von Gemischen

Das Volumen eines Gemischdampfes aus mehreren Komponenten wird so berechnet, als ob es sich um die Summe mehrerer verschiedener Dämpfe handelt. Beispiel: Es ist das Volumen eines Gemischdampfes bei atmosphärischem Druck und 76° C zu berechnen, welcher besteht aus 840 kg Benzol ($M = 78{,}11$). 130 kg Toluol ($M = 92{,}13$) und 30 kg Xylol ($M = 106{,}10$)

$$V = \frac{\left(\dfrac{840}{78{,}11} + \dfrac{130}{92{,}13} + \dfrac{30}{106{,}10} \right) \cdot (273 + 76) \cdot 848}{10\,333} = 359{,}9 \ \text{m}^3$$

Beispiel: Es ist zu berechnen, wieviel kg Benzol in 1 m³ Benzol-Luftgemisch bei atmosphärischem Druck und 30° C in gesättigtem Zustand enthalten sein kann. Der Dampfdruck des Benzols ist bei 30° C $= 118{,}4$ Torr $= 1610$ kg/m². Der Quotient R pro kg beträgt $848/78{,}11 = 10{,}85$.

$$G = \frac{P \cdot V}{R \cdot T} = \frac{1610 \cdot 1}{10{,}85 \, (273 + 30)} = 0{,}488 \ \text{kg Benzol}$$

3. Sieden und Verdampfen

Der Siedepunkt einer Flüssigkeit ist erreicht, wenn sie durch ein Heizmittel (Feuer, Dampf, Elektrizität) so hoch erhitzt wird, daß sie ins Kochen gerät. Wie aus der Zahlentafel 1 ersichtlich ist, beträgt z. B. der Siedepunkt von Wasser 100° C, von Benzol 80,1° C, von n-Pentan 36,1° C, jedoch von Toluol 110,7° C, von m-Xylol 139,2° C und von Terpentinöl 160° C. Diese Siedepunkte verstehen sich bei 760 Torr, also bei atmosphärischem Druck. Hochsiedende Flüssigkeiten können nicht immer unter atm. Druck erhitzt und verdampft werden, weil sie sich manchmal während dieses Prozesses chemisch verändern oder ihre helle Farbe verlieren. Der Siedepunkt einer solchen Flüssigkeit kann durch Anwendung eines entsprechend hohen Vakuums ganz erheblich herabgesetzt werden. Bei einem Druck von beispielsweise 60 Torr sinkt der Siedepunkt des Toluols von 110,7 auf 40,22⁰ C, des m-Xylols von 139,2 auf 65,8⁰ C und des Terpentinöls von 160 auf 80⁰ C. Mittels eines noch höheren Vakuum erzielt man einen noch niedrigeren Siedepunkt jeder hochsiedenden Flüssigkeit. Die Anwendung eines Vakuum hat außerdem den Vorteil, daß man mit Dampf niedrigerer Spannung und Temperatur auskommt.

Von dem Augenblicke des Siedens an beginnt die eigentliche Verdampfung. Welche Menge in einer bestimmten Zeiteinheit verdampft wird, hängt von der Art der Flüssigkeit, der Heizfläche, dem Werkstoff, dem Heizmittel und der Temperaturdifferenz zwischen Heizmittel und siedender Flüssigkeit ab.

Während des Verdampfens wird allmählich die im Apparat befindliche Luft verdrängt, so daß, wenn die Anschlußrohre genügend weit sind, der Dampf- druck innerhalb gleich dem Druck der Luft außerhalb des Apparates wird. Jetzt ist die Siedetemperatur gleich dem Siedepunkt geworden und der auf- steigende Dampf ist vollständig gesättigt. Die Temperatur der siedenden Flüssigkeit und die des daraus aufsteigenden Dampfes bleibt nunmehr während des Verdampfens vollkommen gleich.

Die vorstehenden Sätze beziehen sich nur auf einheitliche Stoffe, nicht aber auf Zweistoffgemische. Diese bestehen aus einem Teil Leicht- und einem Teil Schwersiedenden. Während des Verdampfens eines solchen Gemisches wird die Dampftemperatur niedriger liegen als die Gemischtemperatur; erst am Ende der Verdampfung, wenn alles Leichtsiedende entfernt wurde, ist die Dampftemperatur gleich dem des Restes Schwersiedenden.

Es ist selbstverständlich, daß während des Verdampfens des Leichtsieden- den auch ein gewisser Teil Schwersiedendes mit übergeht und zwar ent- sprechend den Einzeldampfdrucken jedes der beiden Stoffe, die zusammen 760 Torr ergeben müssen. Die prozentuale Zusammensetzung der aufsteigen- den Dämpfe ist aus den Siede-, Tau- und Gleichgewichtskurven zu ermitteln. Flüssigkeiten mit niedrigem Siedepunkt besitzen einen höheren Dampfdruck als solche mit hohem Siedepunkt, woraus sich die feststehende Regel ergibt, daß erstere leichter als letztere verdampfen. Zweistoffgemische, deren beide Siedepunkte nahe zusammenliegen, sind kaum voneinander zu trennen. Liegen dagegen die beiden Siedepunkte der Einzelstoffe weit auseinander, so sind sie leicht voneinander zu trennen. Daraus ergibt sich, daß, wenn ein Zweistoff- gemisch im Rektifizierapparat in seine beiden Komponenten zerlegt wird, das Leichtsiedende in größeren Mengen nach oben steigt, als das Schwersiedende. Letzteres wird durch den von der Spitze der Säule herabfließenden Rücklauf aus dem aufsteigenden Gemischdampf ausgewaschen und zum tiefsten Punkte der Säule befördert, wo es dieselbe verläßt. Der leichtsiedende Dampf aber wird verflüssigt, zum größten Teil als Rücklauf verwendet und zum geringsten Teil als Destillat gewonnen.

Die Wärmemenge, die erforderlich ist, um eine Stoffmenge bis zum Siedepunkt zu erwärmen, beträgt:

$$Q = G \cdot c \ (t_s - ta).$$

Handelt es sich um ein Stoffgemisch, das bis zum Siedepunkt erwärmt werden soll, so beträgt die erforderliche Wärmemenge:

$$Q = G' \cdot c' + G'' \cdot c'' + \ldots (t_s - ta).$$

Soll eine einheitliche Stoffmenge vom Siedepunkt ab vollständig verdampft werden, so beträgt die aufzuwendende Wärmemenge:

$$Q = G \cdot r.$$

Ist dagegen ein Stoffgemisch vom Siedepunkt ab vollständig zu verdampfen, dann beträgt die erforderliche Wärmemenge:

$$Q = G' \cdot r' + G'' \cdot r'' + \ldots .$$

Hierin bedeuten:

Q	= aufzuwendende Wärmemenge	kcal/h
$G\ G'\ G''$	= Stoffmenge bzw. Gemisch	kg/h
$c\ c''\ c''$	= spez. Wärme derselben	kcal/kg
$r\ r'\ r''$	= Verdampfungswärme derselben	kcal/kg
ta	= Anfangstemperatur derselben	⁰C
t_s	=′ Siedetemperatur derselben	⁰C.

4. Der Wasserdampf

Wasser ist in der Natur in 3 Formen zu beobachten und zwar in festem, flüssigem und dampfförmigem Zustande. In fester Form als Reif, Schnee oder Eis, in flüssiger Form als Wasser und in dampfförmigem Zustande als Schwaden, Brüden, Nebel oder Dampf. Die letzte Form als Dampf werden wir in diesem Abschnitt behandeln.

Der in den Destillier- und Rektifizieranlagen benötigte Heizdampf wird durch Verdampfen von Wasser in Dampfkesseln erzeugt. Es gibt solchen in gesättigtem und überhitztem Zustande von verschiedenen Drucken. Dampf, welcher aus einem Dampfkessel ohne Überhitzer stammt, ist stets gesättigt, wogegen überhitzter Dampf dadurch erzeugt wird, daß man gesättigten Dampf durch feuergasbeheizte Schlangen leitet.

Für die Beheizung von Heizschlangen und Heizkörpern in Destillier-Rektifizierapparaten wird ausschließlich gesättigter Dampf benutzt und dieser hat in den meisten Betrieben eine Spannung von 8 bis 12 atü, jedoch auch Drucke von 30 atü und mehr kommen vor. In die Dampfleitung eingebaute Druckminderventile sorgen für einen entsprechend ermäßigten Druck, wodurch eine geringe Überhitzung des Dampfes entsteht. Sofern die Überhitzungstemperatur etwa 5 bis 10⁰ höher als die Sättigungstemperatur nach Zahlentafel 2 liegt, kann sie keinen Schaden anrichten und kann unbedenklich genommen werden. Muß jedoch überhitzter Dampf zur Beheizung von Heizschlangen oder Heizkörpern verwendet werden, dann soll die Überhitzung des Dampfes durch

18

Einspritzen von heißem Kondensat beseitigt werden, wobei letzteres verdampft und vollständig gesättigter Dampf entsteht, wenn die in Abschnitt IV 7 angegebene Kondensatmenge aufgegeben wird. Die Sättigungstemperatur des Heizdampfes ist zweckmäßigerweise um 15 bis 20⁰ höher zu wählen als das siedende Gemisch.

Der überhitzte Wasserdampf wird durchweg verwendet zum Einblasen in Abtreibern, wobei er eine große Bedeutung erlangt hat. Beim Abtrieb der leichtsiedenden Stoffe aus einem Gemisch mittels überhitzten Dampfes wird der größte Teil des Dampf-Wärmeinhalts abgegeben und zwar bis zur Temperatur des Gemischdampfes, wodurch eine bedeutende Dampfersparnis erzielt wird. Selbstverständlich darf die Überhitzung des Dampfes nicht so hoch sein, daß eine sogenannte Verkrackung bzw. Verbrennung des flüssigen Gemisches eintritt.

Zahlentafeln 2 u. 3 für gesättigten, überhitzten und Vakuumdampf befinden sich im Anhang dieses Buches.

5. Die Wärmedurchgangszahl

Die Wärmedurchgangszahl gibt an, wieviel kcal in 1 h bei 1⁰ Temperaturdifferenz eine Heiz- oder Kühlfläche von 1 m² überträgt. Diese Zahl wird mit k bezeichnet. Die Fläche kann aus Stahl, Gußeisen, Kupfer, Aluminium, Blei oder anderem Werkstoff bestehen. Die Wärmedurchgangszahl k ist selbstverständlich vom verwendeten Werkstoff, seiner Wandstärke δ und seiner Wärmeleitzahl λ, sowie etwaigen Verunreinigungen abhängig, jedoch ist dies allein nicht entscheidend. Viel wichtiger ist die Kenntnis der Wärmeübergangszahlen α, die sich auf die beiden Seiten der Heiz- oder Kühlflächen verschieden auswirken.

Die Formel für die Berechnung der Wärmedurchgangszahl k lautet:

$$k = \frac{1}{\dfrac{1}{\alpha_1} + \dfrac{1}{\alpha_2} + \dfrac{\delta'}{\lambda'} + \dfrac{\delta''}{\lambda''}}$$

Die Wärmeübergangszahlen α berechnet man mit Hilfe der Formeln von Schack: („Der industrielle Wärmeübergang" [1940]). Die für die Destillier-Rektifizierapparate verwendeten Formeln sind am Schlusse dieses Abschnitts wiedergegeben.

α_1 ist die Wärmeübergangszahl vom Heiz- bzw. Kühlmittel an die Wand in kcal/m²/h/⁰, α_2 die Wärmeübergangszahl von der Wand an den beheizten oder gekühlten Stoff in kcal/m²/h/⁰, δ' die Stärke der Wand in m, δ'' die Stärke der etwa angenommenen Verunreinigung (Kesselstein, Schmutz oder ähnliches), ebenfalls in m, λ' die Wärmeleitzahl der Wand in kcal/m²/h/⁰, und λ'' die Wärmeleitzahl der Verunreinigung, ebenfalls in kcal/m²/h/⁰. Die Wärmeleitzahlen λ können der Zahlentafel 5 entnommen werden.

Die mittels obiger Formel errechnete Wärmedurchgangszahl k ist stets kleiner als die kleinste Wärmeübergangszahl α. Es muß deshalb danach gestrebt werden, letztere zu vergrößern durch entsprechende Erhöhung der Strömungsgeschwindigkeit des betreffenden Stoffes. Da die Wärmeübergangszahl α für kondensierenden Dampf zwischen 5000 und 15000 liegt, für die zu erwärmende Flüssigkeit aber zwischen 300 und 800, hat es gar keinen Zweck, etwa die Dampfgeschwindigkeit durch Einbau von Scheidewänden oder auf andere Weise erhöhen zu wollen. Man würde hierdurch keine Verbesserung des k-Wertes erreichen. Man muß vielmehr der zu erwärmenden Flüssigkeit die größtmöglichste Geschwindigkeit geben.

Eine Verbesserung des k-Wertes bei Rauchgasvorwärmern etwa durch Erhöhung der Wassergeschwindigkeit erreichen zu wollen, ist ebenfalls nicht möglich, weil α für Rauchgase an Wand zwischen 10 und 60 liegt, α für Wand an die zu erwärmende Flüssigkeit zwischen 300 und 800. Man muß deshalb danach streben, den Rauchgasen größere Geschwindigkeit zu geben.

Nützlich ist es z. B., bei Wärmeaustauschern für verschieden zähe Flüssigkeiten, daß man diejenige Flüssigkeit, die das kleinere α ergibt, also etwa die zähere, um die Rohre führt, während man diejenige Flüssigkeit, die das größere α erzielt, also etwa die weniger zähe, durch die Rohre leitet.

Bei Verdichtern und Heizkörpern sollen die Rohre möglichst waagerecht eingewalzt werden, Dampf um die Rohre, Flüssigkeit durch die Rohre strömend, weil hierdurch ein höherer k-Wert erzielt wird. Auch mittels Rohrschlangen, die in eine tropfbare Flüssigkeit bei freier Strömung eintauchen und im Innern durch gesättigten Dampf beheizt werden, wird ein hoher k-Wert erreicht. Man muß aber dafür Sorge tragen, daß das Kondensat gut abfließen kann und sich nicht in der Schlange anstaut.

Wärmeübergangszahlen α verschiedener Stoffe an Wand
(*Schack*)

Gesättigter Wasserdampf an senkrechter Wand:

$$\alpha_s = \frac{5800 + 23\,(td + tw)}{\sqrt[4]{h\,(td - tw)}}$$

Gesättigter Wasserdampf an waagerechter Wand:

$$\alpha_w = \frac{4460 + 17{,}7\,(td - tw)}{\sqrt[4]{d\,(td - tw)}}$$

Überhitzter Wasserdampf an Wand, turb. Strömung:

$$\alpha = 20{,}9 \cdot Cp^{0,77} \cdot \lambda^{0,23} \cdot \frac{w^{0,75}}{d^{0,25}}$$

Benzoldampf an senkrechter Wand:

$$\alpha_s = \frac{1790}{\sqrt[4]{h\,(td - tw)}}$$

Alkoholdampf an senkrechter Wand:

$$\alpha_s = \frac{2300}{\sqrt[4]{h\,(td - tw)}}$$

Das Verhältnis der Werte α_s und α_w ist:

$$\frac{\alpha_w}{\alpha_s} = 0{,}77 \sqrt[4]{\frac{h}{d}}$$

Wasser an Wand, turb. Strömung:

$$a = 2900 \cdot w^{0,85} \, (1 + 0,014 \, tm)$$

Wasser an Wand, freie Strömung:

$$a = 11 \, tm \qquad \text{(Fischer)}$$

Dünnflüssiges Öl an Wand, turb. Strömg.:

$$a = 300 \cdot w^{0,85} \, (1 + 0,014 \, tm)$$

Dickflüssiges Öl an Wand, turb. Strömg.:

$$a = 145 \cdot w^{0,85} \, (1 + 0,014 \, tm)$$

Öl an Wand, lam. Strömung, nicht beruhigt:

$$a = (62 - 0,23 \, tm) \, \frac{w^{0,25}}{d^{0,25} \sqrt{\dfrac{L}{2}}}$$

Flüssigkeit an Wand, vollkommen laminar:

$$a = \frac{5,15 \, \lambda}{d} , \text{ wenn Rohrlänge } L \text{ einen}$$

Mindestwert von $L = 720 \, \dfrac{c \cdot w \cdot r^2}{\lambda}$ in m aufweist.

Tropfbare Flüssigkeit an Wand, freie Strömung:

$$a = \sqrt[3]{\frac{\gamma^2 \cdot \lambda^2 \cdot c \cdot \beta \cdot \varDelta}{\eta}}$$

Temperatur der Wand:

$$tw = \frac{a' \cdot t' + a'' \cdot t''}{a' + a''}$$

In vorstehenden Formeln bedeuten:

a_s	= Wärmeübergangzahl an senkrechter Wand	kcal/m²h/⁰
a_w	= ,, ,, waagerechter ,, ...	kcal/m²h/⁰
td	= Temperatur des Dampfes	⁰C
tw	= ,, der Wand	⁰C
t	= ,, ,, Flüssigkeit	⁰C
tm	= mittlere Temperatur $= \dfrac{td + t}{2}$ oder $\dfrac{t' + t''}{2}$	⁰C
d	= Durchmesser des Rohres	m
r	= Radius ,, ,, ...	m
h	= Höhe ,, ,, ...	m
L	= Länge ,, ,, ...	m
w	= Geschwindigkeit des Stoffes	m/s
γ	= spez. Gewicht der Flüssigkeit	kg/m³
c	= ,, Wärme ,, ,, ...	kcal/kg/⁰
λ	= Wärmeleitzahl der Flüssigkeit	kcal/mh/⁰
β	= Raumausdehnung der Flüssigkeit	m³/m³/⁰
η	= dyn. Zähigkeit der Flüssigkeit	kg/s/m²
$\varDelta$	= Temperaturunterschied $tw - t$	⁰
cp	= spez. Wärme des Dampfes	kcal/kg/⁰

E. Hausbrand gibt in seinem Buche: ,,Verdampfen, Kondensieren und Kühlen'' (1912) verschiedene Faustformeln an, die nicht sehr genau sind, da sie die Zähigkeit der Flüssigkeit, sowie, ob laminare oder turbulente Strömung vorhanden, nicht berücksichtigen. Sie sind jedoch für die Praxis brauchbar.

Nachstehend werden einige dieser Formeln zum Vorwärmen, Verdampfen, Kondensieren und Kühlen aufgenommen:

Hausbrandsche Formeln:

Vorwärmen:

von	über	an	Formel
Rauchgasen	Gußeisenrohr	Wasser	$k = 2 + 5 \sqrt{vl}$
Dampf	Kupferrohr	Flüssigkeit	$k = 750 \sqrt{vd} \; \sqrt[3]{0,007 + vf}$
Flüssigkeit	Kupferrohr	Flüssigkeit	$k = \dfrac{200}{\dfrac{1}{1 + 6\sqrt{vf_1}} + \dfrac{1}{1 + 6\sqrt{vf_2}}}$

Verdampfen:

Feuergasen	Stahlwand	Wasser	$K = 8000 \div 12000$ kcal/m²/h
Dampf	Kupferschlange	Wasser	$k = \dfrac{1900}{\sqrt{d \cdot l}}$
Hochsiedender Flüssigkeit Öl u. ä.	Stahlschlange	Flüssigkeit	$k = 200 \sqrt{vf}$

Kondensieren:

Dampf	Kupferrohr	Wasser	$k = 750 \sqrt{vd} \; \sqrt[3]{0,007 + vf}$
Ruhendem Dampf	Kupferrohr	Wasser	$k = 750 \sqrt[3]{0,007 + vf}$
Bewegtem Dampf	Kupferrohr	Wasser fast ruhend	$k = 225 \sqrt{vd}$ bis $450 \sqrt{vd}$
Dampf	Tonschlange	Wasser	$k = 100$

Kühlen:

Flüssigkeit	Kupferrohr	Wasser	$k = \dfrac{200}{\dfrac{1}{1 + 6\sqrt{vf_1}} + \dfrac{1}{1 + 6\sqrt{vf_2}}}$
Flüssigkeit	Tonschlange	Wasser	$k = 50$

Wenn der k-Wert für Kupferrohr $= 1$ ist, dann ist einzusetzen für:
Stahlrohr $= 0,75$, Gußeisenrohr $= 0,6$, Bleirohr $= 0,5$.

Es bedeuten:

k = Wärmedurchgangszahl . . . . kcal/m²h/⁰
vl = Geschwindigkeit der Rauchgase . . . . m/s
vd = ,, des Dampfes . . . . m/s
vf = ,, der Flüssigkeit . . . . m/s
d = lichter Durchmesser des Rohres . . . . m
l = Länge des Rohres . . . . m

Das Verhältnis $\dfrac{l}{d}$ kann für Schlangen gewählt werden bei Beheizung mittels Dampf von:

	1,25	1,5	2	3	4	5 ata
$\dfrac{l}{d} =$	150	175	200	225	250	275

	$k =$
Vorwärmen von Waschöl von 28 auf 66⁰ C mittels Benzol-Wasser-Dampf 92⁰ C	80
Vorwärmen von Waschöl von 65 auf 95⁰ C mittels Waschöl, welches sich von 140 auf 110⁰ C abkühlte	70
Vorwärmen von Waschöl von 94 auf 140⁰ C mittels gesättigten Wasserdampf 6 ata = 158⁰ C	200
Kühlen von Waschöl von 50 auf 20⁰ C mittels Kühlwasser	45÷50
Kondensieren von Benzol-Wasser-Dampf von 92⁰ C mittels Kühlwasser . .	250
Kühlen von Benzol-Wasser-Kondensat von 92 auf 20⁰ C mittels Kühlwasser	150
Vorwärmen von Kresol-Äthanol-Wasser-Gemisch von 16 auf 63⁰ C mittels Äthanol-Wasser-Dampf von 78⁰ C	150
Verdampfen von Kresol-Wasser-Gemisch bei 102⁰ C mittels gesättigten Wasserdampf von 2,6 ata = 128⁰ C	250
Kondensieren von Äthanol-Wasser-Dampf 78⁰ C mittels Kühlwasser, welches sich von 27 auf 67⁰ C erwärmte	300
Kühlen von Äthanol-Wasser-Kondensat von 78—19⁰ C mittels Kühlwasser, welches sich von 11 auf 27⁰ C erwärmte	100

Die zu verwenden sind die oben angegebenen Werte.

6. Die mittlere Temperaturdifferenz

Man kann im allgemeinen annehmen, daß die Wärmeübertragung zwischen dem Heizmittel und dem zu erhitzenden oder zu verdampfenden Stoff proportional der Temperaturdifferenz zwischen diesen Stoffen ist, die sich auf beiden Seiten der Heizfläche befinden. Die Temperaturdifferenz ist im Anfang größer als am Ende, so daß man überschlägig das arithmetische Mittel zwischen der größten und der kleinsten Temperaturdifferenz annehmen könnte.

Diese Auffassung ist jedoch keineswegs als richtig anzuerkennen, weil die Zu- und Abnahme der Temperaturdifferenzen nicht als gerade Linien anzusehen sind. Sie sind vielmehr Kurven, so daß die mittlere Temperaturdifferenz in Wirklichkeit kleiner wird als das arithmetische Mittel. Die Folge davon ist, daß Flächen, die mit Hilfe der arithmetischen Temperaturdifferenz errechnet wurden, zu klein werden.

Es können nun vier verschiedene Fälle eintreten, nämlich:

1. Das wärmere Heizmittel hat konstante Temperatur und der kältere Stoff ändert die seine,

2. das kältere Kühlmittel hat konstante Temperatur und der wärmere Stoff ändert die seine,

3. beide Stoffe ändern ihre Temperaturen, wobei sie auf beiden Seiten der Fläche im Gleichstrom zueinander fließen,

4. beide Stoffe ändern ihre Temperaturen, wobei sie auf beiden Seiten der Fläche im Gegenstrom zueinander fließen.

Für die vorgenannten vier Fälle werden nachstehende Grashof'sche Skizzen und Formeln wiedergegeben, die das vorhin Gesagte verdeutlichen:

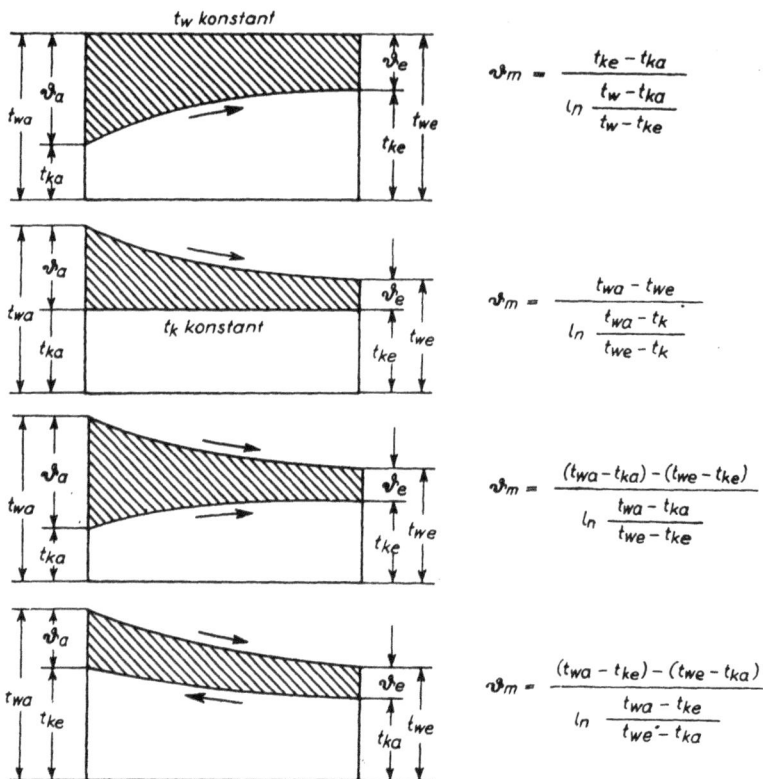

$$\vartheta_m = \frac{t_{ke} - t_{ka}}{\ln \dfrac{t_w - t_{ka}}{t_w - t_{ke}}}$$

$$\vartheta_m = \frac{t_{wa} - t_{we}}{\ln \dfrac{t_{wa} - t_k}{t_{we} - t_k}}$$

$$\vartheta_m = \frac{(t_{wa} - t_{ka}) - (t_{we} - t_{ke})}{\ln \dfrac{t_{wa} - t_{ka}}{t_{we} - t_{ke}}}$$

$$\vartheta_m = \frac{(t_{wa} - t_{ke}) - (t_{we} - t_{ka})}{\ln \dfrac{t_{wa} - t_{ke}}{t_{we} - t_{ka}}}$$

Bilder 1—4.

Hierin bedeuten:

t_{wa} = Temperatur des warmen Stoffes im Anfang °C
t_{we} = Temperatur des warmen Stoffes am Ende °C
t_{ka} = Temperatur des kalten Stoffes im Anfang °C
t_{ke} = Temperatur des kalten Stoffes am Ende °C
t_w = Konstante Temperatur des warmen Stoffes °C
t_k = Konstante Temperatur des kalten Stoffes °C
ϑ_a = Temperaturdifferenz im Anfang °
ϑ_e = Temperaturdifferenz am Ende °
ϑ_m = mittlere Temperaturdifferenz °

Die vier Formeln für die vorgenannten vier Fälle sind insofern untereinander gleich, als man hierfür die nachstehende Einheitsformel schreiben kann:

$$\vartheta_m = \frac{\vartheta_a - \vartheta_e}{\ln \dfrac{\vartheta_a}{\vartheta_e}} \quad \text{oder} \quad \frac{\vartheta_a - \vartheta_e}{2,3 \log \dfrac{\vartheta_a}{\vartheta_e}}$$

Die nach vorstehender Formel errechnete mittlere Temperatur-Differenz wird in die Formel für Heiz- und Kühlflächenberechnung eingesetzt oder sie kann dem Bild 5 als logarithmisches Mittel entnommen werden.

24

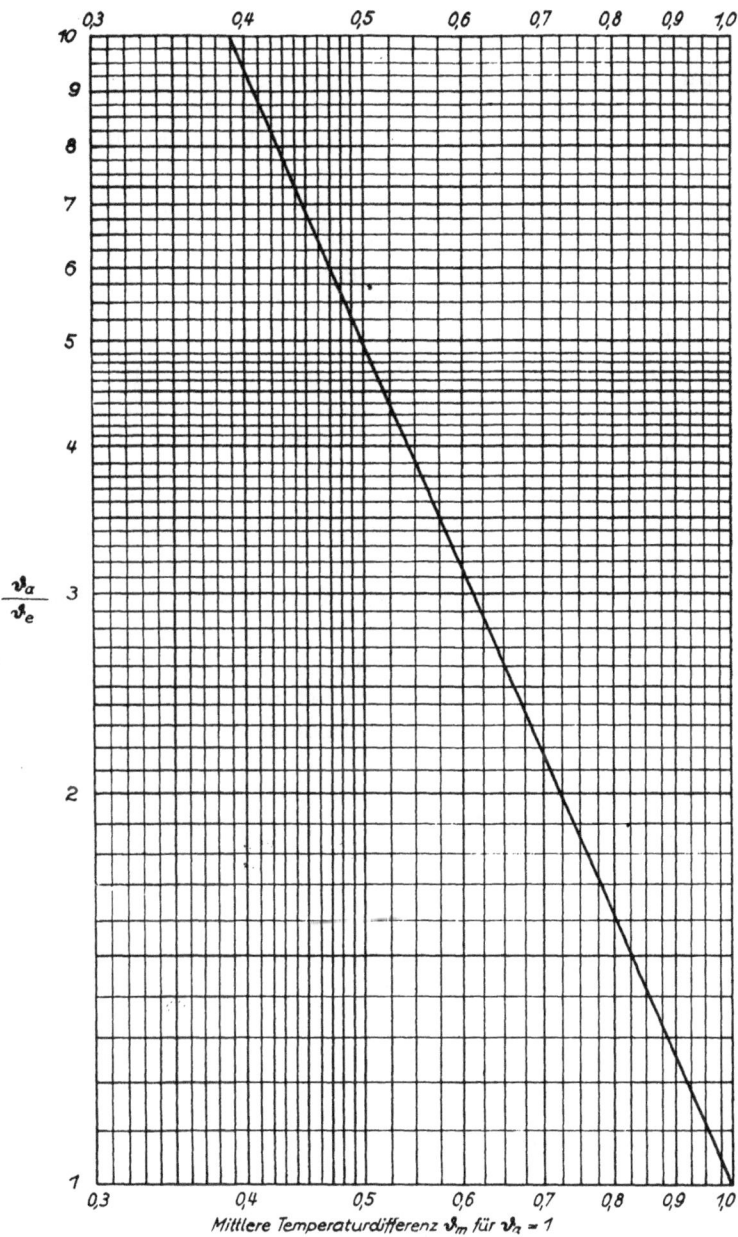

Bild 5. Rechentafel für das logarithmische Mittel.

Ist z. B. $\vartheta a = 10^0$ und $\vartheta e = 5^0$, dann ist: $\dfrac{\vartheta a}{\vartheta e} = \dfrac{10}{5} = 2$ und es wird lt. Tafel: $\vartheta m = 0{,}721 \cdot 10 = 7{,}21^0$.

Wenn man das arithmetische mit dem logarithmischen Mittel vergleicht, findet man, daß ersteres größer als letzteres ist. Es ist daher einleuchtend, daß eine Heiz- oder Kühlfläche zu klein wird, wenn die arithmetische Temperaturdifferenz in die Heiz- oder Kühlflächenformel eingesetzt wird.

7. Die Wärmeübertragung

Um die in den Destillier- und Rektifizierapparaten zur Verarbeitung kommenden Gemische zu erwärmen, zu verdampfen und hierdurch eine Trennung in ihre einzelnen Komponenten zu ermöglichen, ist Wärme erforderlich. Diese kann übertragen werden mittels direkter Feuerung, Einblasen von Dampf, Dampfbeheizung mittels Heizschlangen oder Heizkörpern, elektrischer Widerstandsheizung, mit Heißwasser- oder Ölheizung.

Trotzdem die genannten Wärmeübertragungsarten sich sehr stark voneinander unterscheiden, dienen sie nur dem einen Zwecke, der jeweiligen Flüssigkeit die geeignetste Wärmezufuhr zu geben.

Die direkte Feuerung, elektrische Widerstandsheizung und Heizung mittels heißer Flüssigkeiten wird hauptsächlich angewendet, wenn es sich um die Verarbeitung hochsiedender Stoffe handelt. Das Sieden erfolgt meistens unter atmosphärischem Druck. Stoffe, welche eine sehr hohe Siedetemperatur haben, können vorteilhaft unter verringertem Druck bzw. unter Luftleere oder Vakuum verdampft werden, wobei die Siedetemperatur ganz erheblich sinkt, wie bereits im Abschnitt II, 3 erläutert worden ist. Dabei kann eine verhältnismäßig niedrige Dampfspannung und Dampftemperatur angewendet werden.

Das Einblasen von Dampf wird nur dann angewendet, wenn es sich darum handelt, aus einem Mehrstoffgemisch einen Teil oder den größten Teil abzutreiben, so daß nur noch das Schwerstsiedende als Rest übrig bleibt. Eine Trennung des Abtriebs in seine einzelnen Komponenten führt mittels dieser Beheizungsart nicht zum Ziel. Vielmehr muß jede Komponente in einen besonderen Destillier-Rektifizier-Apparat abgetrennt werden. Einen Vorteil bietet das Einblasen von Dampf, nämlich den, daß eine gewisse Temperaturerniedrigung des übergehenden Dampfgemisches erzielt wird. Z. B. wird Benzol, welches bei 80,1° C siedet, nach Einblasen von Wasserdampf 100° C mit einer Gemisch-Temperatur von 69,25° C übergehen. Aus Abschnitt II, 8, Bild 6 ist ersichtlich, daß alle in Wasser schwach löslichen Stoffe ein derartiges Verhalten zeigen.

Die mittelbare Beheizung mittels gesättigten Wasserdampfes in Heizschlangen oder Heizkörpern für Destillier-Rektifizierapparate wird am meisten angewendet. Mit Apparaten, die eine Abtriebs- und Verstärkungssäule, sowie einen Rücklauferzeuger (Dephlegmator) besitzen, wird stets das beste Resultat erzielt. Wenn jedoch der Verdichter und Kühler so groß gewählt wird, daß ein Teil des gewonnenen Destillats als Rücklauf (Phlegma) auf die Spitze der Verstärkungssäule zurückgegeben werden kann, soll der Rücklauferzeuger oberhalb derselben fortfallen.

Selbstverständlich ist, daß man die mittelbare Beheizung nur dann anwendet, wenn Wasserzusatz zum Rückstand vermieden werden soll. Besteht jedoch der Rückstand ausschließlich aus Wasser, wie z. B. beim Zweistoffgemisch Äthanol-Wasser, Methanol-Wasser, Aceton-Wasser u. a., dann kann überhitzter Wasserdampf unterhalb der Abtriebssäule direkt eingeblasen werden. Der vorgesehene Rücklauferzeuger erfüllt dann auch seinen Zweck als Verstärker des zu gewinnenden leichtsiedenden Destillats.

Bekanntlich ist eine Wärmeeinheit (WE) oder Kilogrammkalorie (kcal) diejenige Wärmemenge, die erforderlich ist, um unter atm. Druck 1 kg Wasser um 1^0 zu erwärmen. Man kann daher auch sagen, das Wasser habe eine spezifische Wärme $= 1$ und bezeichnet diese Zahl mit $c = 1$. Die in Destillier-Rektifizierapparaten zu verarbeitenden Flüssigkeiten haben eine geringere spez. Wärme als $c = 1$, wie aus Zahlentafel 6 ersichtlich. Da die spez. Wärme mit steigender Temperatur des Stoffes ebenfalls ansteigt, ist zweckmäßig die mittlere spez. Wärme in die Berechnung einzusetzen. Diese gilt alsdann als die wahre spez. Wärme c_m.

Die Verdampfungswärme r ist diejenige Wärme in kcal, die erforderlich ist, um 1 kg eines Stoffes, vom Siedepunkt an beginnend, vollständig in Dampf zu verwandeln oder den Dampf zu verdichten. Z. B. ist die Verdampfungswärme von Wasser $= 539,1$, von Benzol $= 94,5$, von Toluol $= 85$ und von m-Xylol $= 82$ kcal/kg, atm. Druck vorausgesetzt. Weitere Zahlen können der Zahlentafel 1 entnommen werden.

Die Gesamtwärme oder der Wärmeinhalt i'' eines gesättigten Wasserdampfes besteht aus der Flüssigkeitswärme i' und der Verdampfungswärme r. Wird von i'' r durch Verdichtung beseitigt, dann verbleibt immer noch i'.

Die Gesamtwärme oder der Wärmeinhalt i des überhitzten Wasserdampfes besteht aus der Flüssigkeitswärme i', der Verdampfungswärme r und der Überhitzungswärme $\ddot{u}$. Soll aus siedendem Wasser mit der Wärme i' überhitzter Dampf erzeugt werden, so sind diesem die Wärmemengen r und $\ddot{u}$ zuzufügen. Auf umgekehrtem Wege wird überhitzter Dampf verflüssigt. Aus der Zahlentafel 3 ist der Wärmeinhalt und aus 4 ist die spez. Wärme des überhitzten Wasserdampfes ersichtlich.

Die Wärmeübertragung erfolgt, wie schon gesagt, meistens mittels Heizschlangen oder Heizkörpern aus Stahl, Kupfer, Messing, Aluminium, Gußeisen, Blei oder anderem Werkstoff. Das Heizmittel sowohl wie der zu erwärmende oder zu verdampfende Stoff kann sich innerhalb oder außerhalb der Rohre befinden. Gewöhnlich wird bei Schlangen das Heizmittel, Dampf oder heiße Flüssigkeit, sich innerhalb, bei Heizkörpern der Dampf sich außerhalb der Rohre befinden.

Die zu übertragende Wärmemenge beträgt bei Einzelstoffen:

zum Vorwärmen: $\qquad\qquad\qquad Q = G \cdot c \, (te - ta)$
zum Verdampfen oder Verdichten: $Q = G \cdot r$
zum Kühlen: $\qquad\qquad\qquad\quad Q = G \cdot c \, (ta - te)$.

Die zu übertragende Wärmemenge beträgt bei Zweistoffgemischen:

zum Vorwärmen: $\qquad\qquad\qquad Q = (G' \cdot c' + G'' \cdot c'') \, (te - ta)$
zum Verdampfen oder Verdichten: $Q = G' \cdot r' + G'' \cdot r''$
zum Erzeugen von Rücklauf: $\qquad Q = (G' \cdot r' + G'' \cdot r'') \, v$
zum Kühlen: $\qquad\qquad\qquad\quad Q = (G' \cdot c' + G'' \cdot c'') \, (ta - te)$.

Mitunter ist es notwendig, zu wissen, welche Wandtemperaturen auf der Dampf- und Flüssigkeitsseite entstehen. Hierfür gilt folgende Formel:

$$tw = \frac{ad \cdot td + af \cdot tf}{ad + af}$$

In diesen Formeln bedeuten:

Q	= die zu übertragende Wärmemenge	kcalh
$G\ G'\ G''$	= Gewichte der Einzelstoffe	kgh
$c\ c'\ c''$	= sp. Wärme der Einzelstoffe	kcal/kg/^{0}
$r\ r'\ r''$	= Verd.-Wärme der Einzelstoffe	kcal/kg
ta	= Temperatur am Anfang	^{0} C
te	= Temperatur am Ende	^{0} C
v	= Rücklaufzahl	kg/kg
td	= Dampftemperatur	^{0} C
tf	= mittl. Flüssigkeitstemperatur	^{0} C
tw	= Wandtemperatur	^{0} C
ad	= Wärmeübergangszahl des Dampfes an Wand	kcal/m² h/^{0}
af	= Wärmeübergangszahl der Wand an Flüssigkeit	kcal/m² h/^{0}

Wenn die zu übertragende Wärmemenge Q in kcal/h, die mittlere Temperaturdifferenz ϑm in ^{0} und die Wärmedurchgangszahl k in kcal/m² h/^{0} ermittelt worden ist, dann errechnet sich die Größe F der Heiz- oder Kühlfläche in m² aus:

$$F = \frac{Q}{\vartheta m \cdot k}.$$

8. Dampfdrucke von Gemischen

Die nachstehenden in Bild 6 dargestellten Kurven geben die Dampfdrucke einiger Stoffe bei verschiedenen Temperaturen an. Es sind vornehmlich die bei der Benzol- und Benzingewinnung vorkommenden Stoffe aufgenommen. Außerdem ist eine Wasserdampf-Druckkurve eingezeichnet, die die übrigen Kurven schneidet, indem vom Normalarbeitsdruck = 760 Torr der Wasserdampfdruck abgezogen und alsdann aufgetragen wurde. Die Schnittpunkte dieser Kurve mit den Stoffkurven geben diejenigen Gemischdampf-Temperaturen an, die entstehen, wenn nur soviel Wasserdampf in den Stoff eingeblasen wird, bis eine gegenseitige Sättigung eingetreten ist. Bei den Schnittpunkten liegen ferner die Grenzen der Partialdrucke für die einzelnen Stoffe.

Wie ersichtlich, sinkt die Temperatur des Benzoldampfes unter Hinzuziehung von Wasserdampf von 100^0 C von 80,1 auf 69,25^0 C, die des Rohbenzols von 84,5 auf 72^0 C und die des Waschöls 2,85^0 E von 240 auf 98^0 C. Voraussetzung aber ist, daß nur so viel Wasserdampf eingeblasen wird, als zur gegenseitigen Sättigung notwendig ist. Wird dagegen mehr Wasserdampf als notwendig eingeblasen, so kann die Gemischdampftemperatur bis zu 100^0 C steigen.

28

1	n - Pentan	5	Rohbenzol	9	o - Xylol	13	Wasser
2	Schwefelkohlenst	6	n - Heptan	10	n - Nonan		
3	n - Hexan	7	Toluol	11	n - Dekan		
4	Benzol	8	n - Octan	12	Waschöl 285 °E.		

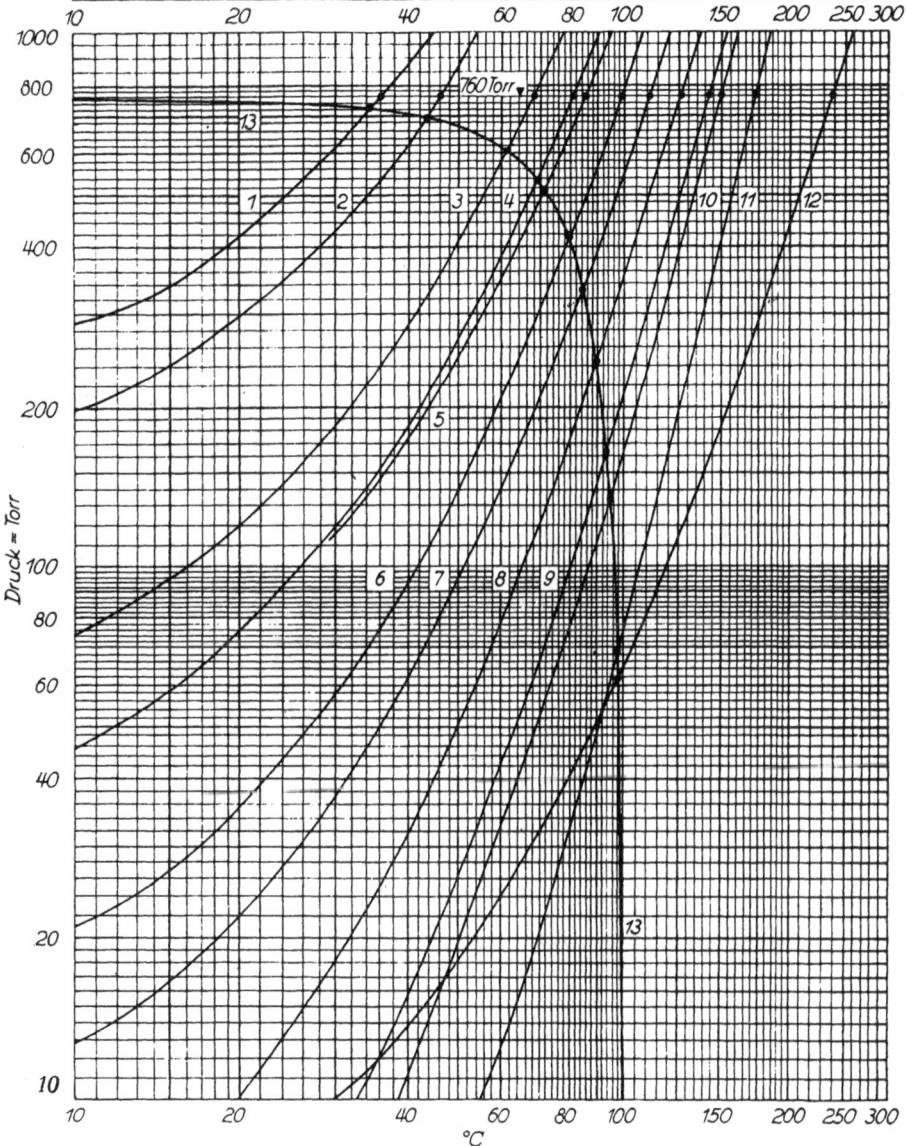

Bild 6. Dampfdrucke bei verschiedenen Temperaturen.

Die Zusammensetzung dieser Gemischdämpfe kann rechnerisch bestimmt werden, da jede Phase für sich einen bestimmten Partialdruck ausübt. Die Partialdrucke sind aus den Dampfdruckkurven ersichtlich und entsprechen der gleichen Anzahl Mole der beiden Dämpfe im Gemischdampf.

Beispiel: Der Partialdruck des Rohbenzoldampfes ist lt. Kurve 510 Torr, der des Wasserdampfes 760—510 = 250 Torr. Das molare Verhältnis der beiden Komponenten Rohbenzol und Wasser ist nach Vorgesagtem 510 Mol Rohbenzol zu 250 Mol Wasser. Bei den Mol.-Gewichten Mb = 80 für Rohbenzol und Mw = 18 für Wasser ergibt sich ein Gewichtsverhältnis von:

$$\frac{Gb}{Gw} = \frac{Pb \cdot Mb}{Pw \cdot Mw} = \frac{510 \cdot 80}{250 \cdot 18} = 9{,}05 : 1.$$

Das bedeutet, daß 1 kg Wasserdampf genügt, um einem Gewicht von 9,05 kg Rohbenzoldampf als Trägerdampf zu dienen.

Selbstverständlich stellt dieser errechnete Wert den theoretischen Höchstwert dar, welcher wünschenswert, aber nicht immer ganz erreicht wird. Es ist anzustreben, den errechneten Wert durch Einbau von selbsttätigen Dampfreguliervorrichtungen zu erreichen.

Eine scharfe Trennung des Rohbenzols in seine einzelnen Komponenten: Benzol, Toluol, Xylol usw. lediglich durch Einblasen von Wasserdampf ist unmöglich. Dies muß durch mittelbare Beheizung (Heizschlangen, Heizkörper) und Berieseln des oberen Kolonnenteils mittels hochprozentigen Rücklaufs erfolgen. Nachstehend eine Tabelle der Stoffe mit zugehörigen Werten:

Stoff	Chem. Formel	Mol. Gew.		Partialdrucke		Temp. senk.		$\dfrac{Gb}{Gw}$	$\dfrac{Gw}{Gb}$	Mol. %	Gew. %
		Mb	Mw	Pb	Pw	von t_1	auf t_2				
n-Pentan	C_5H_{12}	72	18	720	40	36,1	34	72	0,0139	94,8	98,7
Schwefelkohlenstoff ..	CS_2	76	18	695	65	46,3	44,5	45,15	0,0221	91,6	97,8
n-Hexan	C_6H_{14}	86	18	600	160	68,73	62	18	0,0556	79	94,8
Benzol	C_6H_6	78	18	532	228	80,1	69,25	10,1	0,099	70	91
Rohbenzol	—	80	18	510	250	84,5	72	9,05	0,1	67,2	90,05
n-Heptan	C_7H_{16}	100	18	415	345	98,4	79	6,7	0,149	54,6	87
Toluol	C_7H_8	92	18	338	422	110,7	84	4,1	0,244	44,5	80,4
n-Octan	C_8H_{18}	114	18	245	515	125,7	89	3,02	0,331	32,25	75,2
o-Xylol	C_8H_{10}	106	18	160	600	144	93	1,57	0,637	21,05	61,1
n-Nonan	C_9H_{20}	128	18	135	625	150	95	1,54	0,65	17,77	60,6
n-Dekan	$C_{10}H_{22}$	142	18	70	690	173	97	0,8	1,25	9,21	44,45
Waschöl 2,85⁰ E.	—	150	18	62	698	240	98	0,74	1,35	8,15	42,5

Da die oben aufgeführten Stoffe mit Wasser vermischt zwei Schichten bilden, so ist der Stoff vom Wasser mittels Scheideflasche zu trennen.

9. Das Siede- und Taudiagramm

Dasselbe besteht aus der Siede- und Taukurve zweier Stoffe von verschiedenen Siedepunkten. In Bild 7 sind solche beispielsweise dargestellt. Der leichtsiedende reine Stoff siedet bei der Temperatur A, der schwersiedende reine Stoff bei der Temperatur B. Bei den beiden Punkten A und B fallen die Siede- und Taupunkte zusammen, weil jeder Stoff für sich rein, also 100 %ig angenommen ist. Aus einem Zweistoffgemisch beliebiger Zusammensetzung steigt meist ein Dampf auf, welcher hochprozentiger an Leichtsiedendem ist als das Gemisch.

Um nun eine Siede- und Taukurve zweckentsprechend entwerfen zu können, müssen im Laboratorium eine Anzahl Siedeversuche gemacht werden, sofern diese Werte nicht der Literatur entnommen werden können. Es muß also experimentell ermittelt werden, wieviel Mol-% Leichtsiedendes ein Dampf besitzt, welcher aus einem Zweistoffgemisch von verschiedenen Mol-%en und Temperaturen aufsteigt. Um eine genügende Genauigkeit der Kurven zu erzielen, sind mindestens 4 bis 6 Wertpaare zu ermitteln.

Diese festgelegten Daten sind in ein Rechteck einzuzeichnen, dessen Waagerechten die Temperaturen, dessen Senkrechten jedoch die Mol-% Leichtsiedendes im siedenden Gemisch und dem daraus aufsteigenden Dampf bedeuten.

Die Werte x_1, x_2, x_3, x_4 bezeichnen die Mol-%-Gehalte an Leichtsiedendem im Gemisch, die Werte y_1, y_2, y_3, y_4 die Mol-%-Gehalte an Leichtsiedendem im aufsteigenden Dampf.

Die ermittelten x- und y-Werte können auch direkt in ein hundertteiliges Quadrat eingezeichnet werden, so daß ein Gleichgewichtsdiagramm nach Bild 8 entsteht, mit dessen Hilfe die Anzahl der erforderlichen Böden graphisch festgestellt werden kann (s. u.).

Sofern es sich um ein Gemisch handelt, wie z. B. Benzol-Toluol oder

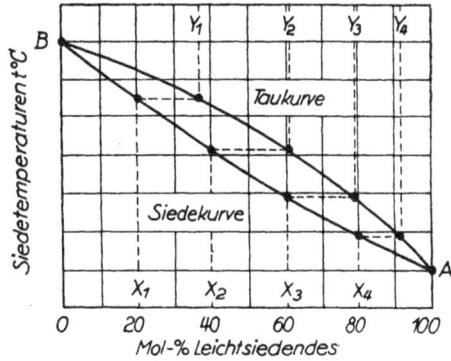

Bild 7. Siede-Taudiagramm (schematisch).

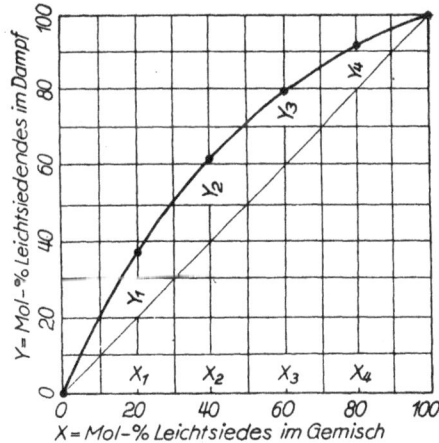

Bild 8. Gleichgewichts-Diagramm (schematisch).

andere, dessen beiden Komponenten vollständig ineinander löslich sind, keinen Minimum- oder Maximum-Siedepunkt besitzen und keine zwei Schichten bilden, das also eine sogenannte ideale Lösung darstellt und, sofern keine Doppel-, sondern nur Einzelmoleküle vorhanden sind, kann das Gesetz von Raoult und Dolezalek zur Anwendung kommen. Danach liegt der Gesamtdruck, d. h. die Summe der Einzeldrucke eines flüssigen Gemisches, zwischen den Einzeldrucken der beiden reinen Stoffe; und die Teildrucke der beiden Lösungsteile verhalten sich zu den Einzeldrucken wie ihre Molenbrüche zur Anzahl aller Mole der Lösung bei derselben Temperatur. Der Teildruck einer Komponente über dem Gemisch, also im Dampf, ist gleich dem Sättigungsdruck der reinen flüssigen Komponente, multipliziert mit ihrem Molenbruch.

Wenn von den beiden reinen Stoffen des Gemisches die Dampfdrucke bei gleicher Temperatur bekannt sind, dann geben die nachstehenden 4 Gleichungen den Mol-%-Gehalt y eines Dampfes an Leichtsiedendem an, der aus einem Gemisch von x Mol-% Leichtsiedendem aufsteigt:

$$x = \frac{(P - P_2)\,100}{P_1 - P_2} \qquad\qquad y = \frac{P_1 \cdot x}{P}$$

$$P_3 = \frac{y \cdot P}{100} \qquad\qquad P_4 = \frac{(100 - y)\,P}{100}$$

worin bedeuten:

P = Arbeitsdruck des Apparats = 760 Torr,
P_1 = Dampfdruck des leichtsiedenden Stoffes, in Torr bei t^0 C,
P_2 = Dampfdruck des schwersiedenden Stoffes, in Torr bei t^0 C,
P_3 = Teildruck des Leichtsiedenden im aufsteigenden Dampf bei t^0 C,
P_4 = Teildruck des Schwersiedenden im aufsteigenden Dampf bei t^0 C,
x = Mol-% Leichtsiedendes im Gemisch,
y = Mol-% Leichtsiedendes im Dampf.

Beispiel: Für das ideale Gemisch Benzol-Toluol errechnet man mittels der vorstehenden 4 Gleichungen die folgenden Werte:

Tempe- ratur	Dampfdrucke von		Arbeits- druck	Benzol i. Gemisch	Benzol i. Dampf	Teildrucke des	
	Benzol	Toluol				Benzols i. Dampf	Toluols i. Dampf
$t = {}^0$C	$P_1 =$ Torr	$P_2 =$ Torr	$P =$ Torr	$x =$ Mol%	$y =$ Mol%	$P_3 =$ Torr	$P_4 =$ Torr
80,1	760	300	760	100	100	760	0
85	875	348	760	78,17	90,01	684	76
90	1013	408	760	58,18	77,55	589	171
95	1170	476	760	40,92	63,00	479	281
100	1335	555	760	26,28	46,17	351	409
105	1525	645	760	13,06	26,22	199	561
110	1739	747	760	1,31	3,00	22,8	737,2
110,7	1770	760	760	0	0	0	760

Beim Vergleich der experimentell ermittelten mit den nach vorstehenden Gleichungen errechneten Werten findet man, daß beide auffallend genau übereinstimmen.

Man kann daher mittels der genannten Berechnungsweise die Flüssigkeits- und Dampfzusammensetzung aller idealen Gemische bestimmen.

Die Bilder 9 bis 12 stellen Siede-, Tau- und Gleichgewichtsdiagramme bei 760 Torr dar.

Bild 9 stellt das ideale Gemisch Benzol-Toluol ohne ausgezeichneten Punkt dar.

In Bild 10 ist das wenig lösliche Gemisch Wasser-n-Butanol dargestellt, mit ausgezeichnetem Punkt und Minimum-Siedepunkt.

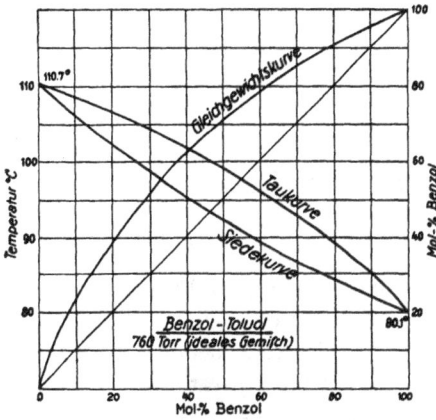

Bild 9.

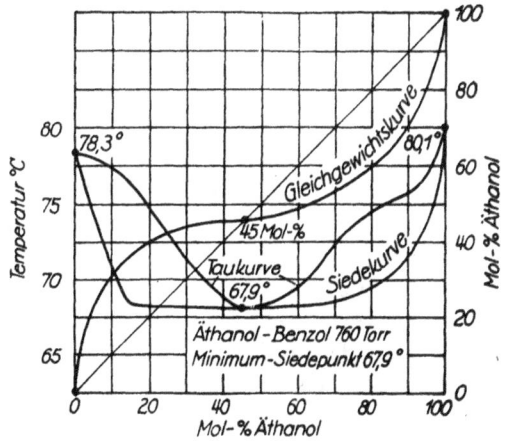

Bild 11.

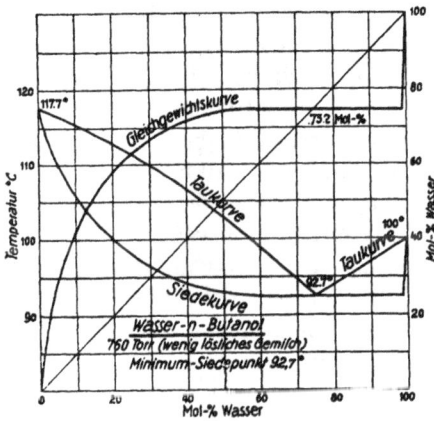

Bild 10.

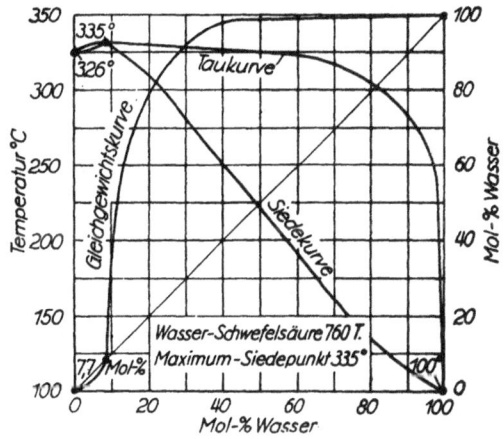

Bild 12.

Bild 11 stellt das leichtlösliche Gemisch Äthanol-Benzol mit ausgezeichnetem Punkt und Minimum-Siedepunkt dar.

In Bild 12 ist das leichtlösliche Gemisch Wasser-Schwefelsäure mit ausgezeichnetem Punkt und Maximum-Siedepunkt dargestellt.

III. Molares Gleichgewicht von Gemischen

1. Ideale Gemische

Die zu zerlegenden Zweistoffgemische bestehen aus Leicht- und Schwersiedendem von verschiedenen Teilmengen. Beim Siedepunkt des Leichtsiedenden ist dessen Dampfdruck $= P_1$, beim Siedepunkt des Schwersiedenden ist dessen Dampfdruck $= P_2$, bezogen auf eine gewisse Gemischtemperatur.

Wie bereits gesagt, liegt der Gesamtdruck Pg (Summe der Teildrucke P_3 und P_4) eines Gemischdampfes zwischen den Dampfdrucken P_1 und P_2 der beiden reinen Stoffdämpfe.

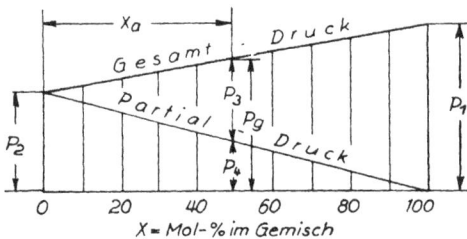

Bild 13.

Ein Diagramm, welches vorstehenden Satz verdeutlicht, ist in Bild 13 dargestellt und gilt für eine ganz bestimmte Temperatur. Die Strecke P_1 bis P_2 ist in 10 gleiche Teile $= 0$ bis 100 Mol-% eingeteilt. Bei der Gemischzusammensetzung von z. B. xa beträgt der Teildampfdruck des Leichtsiedenden $= P_3$, der Teildampfdruck des Schwersiedenden $= P_4$ und der Gesamtdruck $= Pg$. Da die Teildampfdrucke, in Torr ausgedrückt, sich wie ihre Molanteile verhalten, so enthält der aus dem Gemisch xa aufsteigende Dampf:

$$\frac{P_3 \cdot 100}{Pg} \text{ Mol-% Leichtsiedendes und } \frac{P_4 \cdot 100}{Pg} \text{ Mol-% Schwersiedendes.}$$

Sofern man eine gewisse Anzahl solcher Temperatur-Druck-Diagramme, beispielsweise von 5 zu 5°, hintereinander aufzeichnet, erhält man die molare Gleichgewichtskurve des idealen Stoffgemisches. Diese Entwicklung wird im nachfolgenden dargestellt und erklärt.

Wie aus Bild 14 ersichtlich, sind links die in Frage kommenden Temperaturen und Dampfdrucke der beiden reinen Stoffe aufgetragen. Rechts steht ein 100-teiliges Quadrat, dessen unterste Ordinate auf 760 Torr und dessen oberste Ordinate auf 0 Torr fallen soll. Die Dampfdrucke des Schwersiedenden werden auf die linke Seite des Quadrates, also auf Abszisse 0, die Dampfdrucke des Leichtsiedenden auf die rechte, nach unten verlängerte Seite des Quadrates, also auf Abszisse 100, hinübergelotet. Die übertragenen Dampfdruckpunkte bei den Abszissen 0 und 100 sind miteinander durch Gerade zu verbinden. Wo dieselben die 760 Torr-Linie, also die unterste Ordinate des Quadrates, auch Arbeits-Linie genannt, schneiden, sind Senkrechte nach oben zu führen. Sodann

34

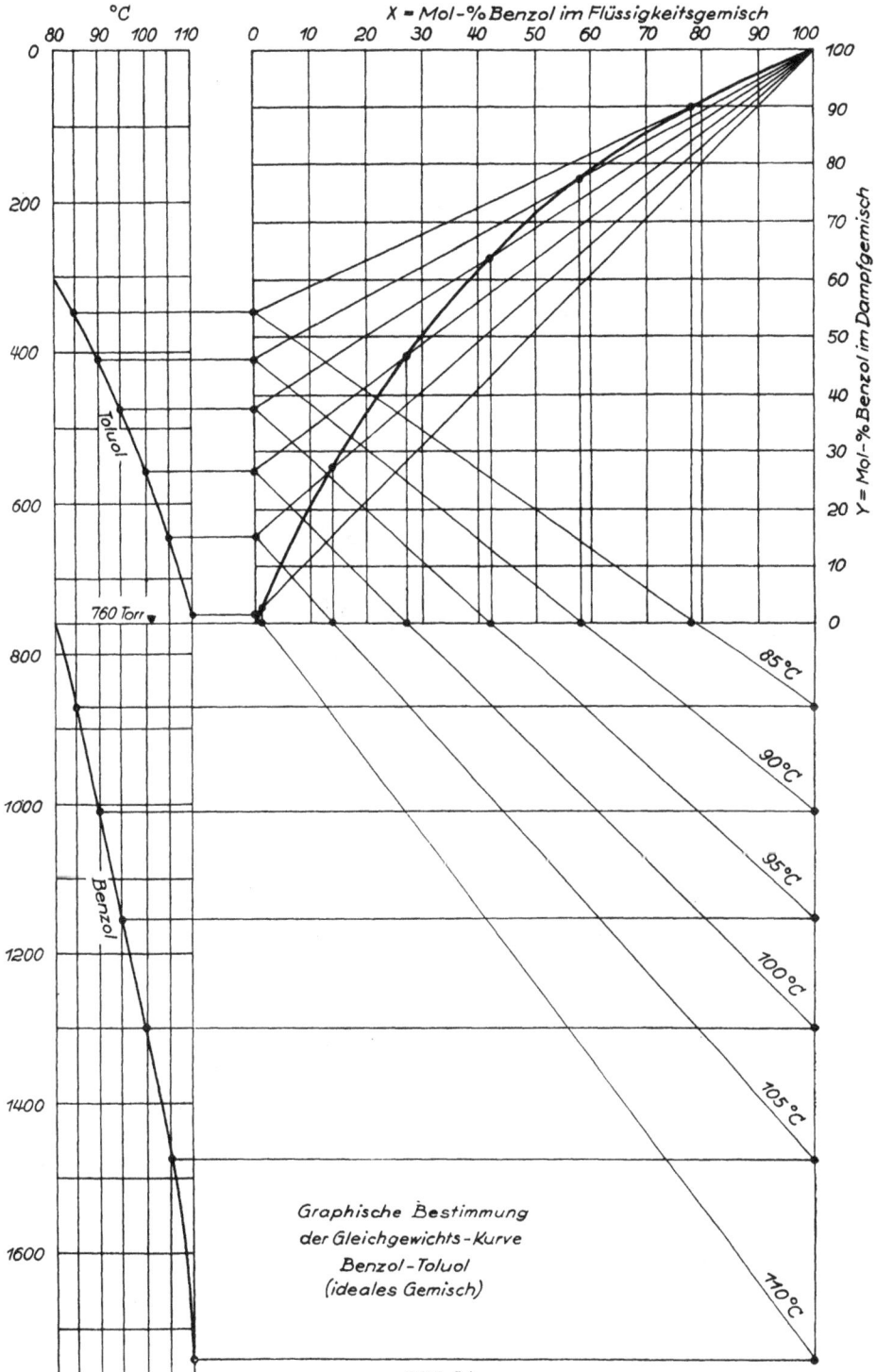

°C

X = Mol-% Benzol im Flüssigkeitsgemisch

Y = Mol-% Benzol im Dampfgemisch

Toluol

Benzol

760 Torr

85°C
90°C
95°C
100°C
105°C
110°C

Graphische Bestimmung
der Gleichgewichts-Kurve
Benzol-Toluol
(ideales Gemisch)

Bild 14.

3*

35

sind von den Dampfdruckpunkten des Schwersiedenden aus Strahlen zur rechten oberen Spitze des Quadrates zu ziehen. Wo diese Strahlen die vorgenannten Senkrechten der gleichen Temperatur schneiden, befinden sich die gesuchten Werte, die, durch eine gekrümmte Linie miteinander verbunden, die gesuchte molare Gleichgewichtskurve ergeben.

Die als Beispiel graphisch entwickelte Gleichgewichtskurve für das Zweistoffgemisch Benzol-Toluol gibt den Mol-%-Gehalt des Dampfes an, der aus einem Gemisch mit einem gewissen Mol-%-Gehalt an Benzol aufsteigt. Da der Arbeitsdruck der Destillier- und Rektifizierapparate meist 760 Torr beträgt, so ist aus der Kurve auch zu ersehen, welche Teildrucke an Benzol und Toluol die aufsteigenden Dämpfe haben.

Beispiel: Bei 90⁰ C ist der Teildruck des Benzolanteils = 589 Torr, der Teildruck des Toluolanteils = 171 Torr, zusammen 760 Torr. In Mol-% ausgedrückt

$$= \frac{589 \cdot 100}{760} = 77,55 \text{ Mol-% Benzol und } \frac{171 \cdot 100}{760} = 22,45 \text{ Mol-% Toluol im}$$

Dampf. Wenn man die rechnerisch und graphisch ermittelten Werte miteinander vergleicht, findet man eine auffallende Übereinstimmung.

Von Mehrstoffgemischen, wovon das Leichtestsiedende zuerst abgetrennt werden soll, können ähnliche Zahlentafeln und Kurven entworfen werden, wobei für verschiedene Temperaturen der Dampfdruck des Leichtsiedenden, sodann die Summe der Dampfdrucke der schwersiedenden Einzelstoffe ermittelt werden muß. Diese Methode ist selbstverständlich nur als Ersatz zu verwenden, wenn experimentell ermittelte Zahlenwerte nicht vorliegen.

2. Nichtideale Gemische

Alle nichtidealen Gemische müssen experimentell daraufhin untersucht werden, wieviel Mol-% Leichtsiedendes = y der Dampf besitzt, welcher aus einem Zweistoffgemisch mit x Mol-% Leichtsiedendem bei verschiedenen Temperaturen aufsteigt. Es ist daher ein Siede- und Taudiagramm nach Abschnitt 9, Bild 7 und daraus ein Gleichgewichtsdiagramm nach Bild 8 aus den ermittelten Zahlen zu entwerfen. Diese Zahlen müssen jedoch unbedingt in Mol-% umgerechnet werden, wie dies in Abschnitt II, 1 angegeben ist. Gleichgewichtskurven in Vol.-% oder Gew.-% sind hierzu keinesfalls geeignet. Der Zweck der molaren Gleichgewichtskurven ist der, mit ihrer Hilfe die erforderlichen Rücklaufzahlen, die Richtung der Arbeitslinien und die theoretische bzw. praktische Anzahl der notwendigen Böden oder Füllkörper-Schichthöhen nach McCabe-Thiele zu bestimmen.

Die Zweistoffgemische lassen sich in 5 Gruppen einteilen und zwar:

1. Gemische ohne jede Löslichkeit, oder Spuren von Löslichkeit vorhanden, mit ausgezeichnetem Punkt und Minimumsiedepunkt, wie z. B. Benzol-Wasser,

2. Gemische mit teilweiser Löslichkeit, mit ausgezeichnetem Punkt und Minimumsiedepunkt, wie z. B. Wasser-n-Butanol,

3. Gemische mit vollständiger Löslichkeit, mit ausgezeichnetem Punkt und Minimumsiedepunkt, wie z. B.: Äthanol-Wasser,

4. Gemische mit vollständiger Löslichkeit, mit ausgezeichnetem Punkt und Maximumsiedepunkt, wie z. B.: Salpetersäure-Wasser,

5. Gemische mit vollständiger Löslichkeit, ohne ausgezeichnetem Punkt, sogenannte ideale Gemische, wie z. B.: Benzol-Toluol.

Namhafte Forscher haben eine große Anzahl von Zweistoffgemischen experimentell untersucht, und die Ergebnisse sind in der einschlägigen Literatur auffindbar. Im Anhang dieses Buches sind auszugsweise 50 interessante molare Gleichgewichtskurven von Zweistoffgemischen aufgenommen. Wie ersichtlich, gleicht kaum eine Kurve der anderen, es empfiehlt sich, dieselben nach Bedarf zu vergrößern etwa in der Größe des Quadrates 500 mal 500 mm.

Aus der Form der dargestellten Gleichgewichtskurven lassen sich etwa 6 verschiedene Gruppen bilden und zwar:

1. Sehr flache, nach oben etwas gewölbte Kurven, die die Diagonale fast berühren, Kurve 39,

2. nach oben stärker gewölbte Kurven, die eine gewisse Strecke von der Diagonale entfernt liegen, Kurve 14,

3. nach oben stark gewölbte Kurven, die links und oben fast die Seitenlinien des Quadrates berühren, Kurve 49,

4. Kurven, welche die Diagonale von links oben nach rechts unten schräg schneiden, Kurve 11,

5. Kurven, welche die Diagonale von links unten nach rechts oben schräg schneiden, Kurve 34,

6. Kurven, welche die Diagonale waagerecht schneiden, Kurve 48.

Die unter 1 angeführten Kurven stammen von Zweistoffgemischen, deren beide Komponenten fast den gleichen Siedepunkt haben, weshalb sie sich kaum trennen lassen. Der Grund ist darin zu suchen, daß der aufsteigende Dampf fast die gleiche Zusammensetzung wie das siedende Gemisch hat. Eine Trennung der beiden Komponenten wäre daher nur unter Aufwendung einer außergewöhnlich hohen Rücklaufzahl und einer sehr hohen Trennsäule zu erreichen. Die mit 2 bezeichneten Kurven gehören zu Gemischen, deren Stoffsiedepunkte bedeutend weiter auseinander liegen, weshalb die beiden Komponente sich verhältnismäßig leicht trennen lassen unter Anwendung einer kleinen Rücklaufzahl und einer niedrigen Trennsäule.

Gruppe 3 umfaßt diejenigen Kurven, deren Stoffsiedepunkte sehr weit auseinanderliegen, weshalb eine sehr kleine Rücklaufzahl und nur wenige Böden benötigt werden.

Zu Gruppe 4 gehörige Kurven umfassen Gemische mit Minimumsiedepunkt und ausgezeichnetem Punkt. Die beiden Komponenten sind theoretisch zu trennen beim Schnittpunkt der Kurve mit der Diagonale und bilden an dieser

Stelle ein azeotropisches Gemisch. Eine weitere Trennung ist nur unter Bildung eines Dreistoffgemisches möglich.

Zu Gruppe 5 gehörige Kurven betreffen Gemische mit Maximumssiedepunkt und ausgezeichnetem Punkt. Liegt die Zusammensetzung des Gemisches links vom Schnittpunkt der Kurve mit der Diagonale, so kann das Leichtsiedende theoretisch mit dem Prozentgehalt des ausgezeichneten Punktes gewonnen werden. Liegen aber die Gemischprozente rechts vom ausgezeichneten Punkt, dann ist das Leichtsiedende 100prozentig zu gewinnen. Der Rückstand, in vielen Fällen die zu gewinnende Komponente, hat dann die Zusammensetzung des Schnittpunktes.

Gruppe 6 umfaßt alle diejenigen Kurven, welche vom 0%-Punkt bis zu einer gewissen Höhe ansteigen, dann waagerecht verlaufen und zuletzt im 100%-Punkt enden. Der aufsteigende Dampf hat auf der waagerechten Strecke ständig die gleiche Zusammensetzung, obgleich das flüssige Gemisch niedrig- oder hochprozentig ist. Die beiden Komponenten sind ineinander unlöslich, bilden daher 2 Schichten, können aber rein gewonnen werden, wenn das Verfahren angewendet wird, wie es beispielsweise für das Zweistoffgemisch Wasser-n-Butanol im Abschnitt IV, 8 beschrieben ist.

3. Die Rücklaufzahl

Die Rücklaufzahl v gibt an, welches Vielfache des Destillats D der Rücklauferzeuger verflüssigen muß. Der Rücklauferzeuger hat demnach eine Dampfmenge zu verflüssigen, die $v \cdot D$ beträgt. Je nach Form der Gleichgewichtskurve wird v klein oder groß sein. Die Rücklaufzahl wird bei Verarbeitung eines niedrigprozentigen Gemisches stets größer sein als bei hochprozentigem Gemisch, weil die Arbeitslinie sich im ersten Falle der Horizontalen, im zweiten Falle der Diagonale nähert. Der verflüssigten Dampfmenge, welche auf die Spitze der Verstärkungssäule zurückfließt und abwärts rieselt, strömt aufwärtssteigender Dampf in einer Menge von $(v+1)D$ im Gegenstrom entgegen. Bei diesem Prozeß wird das Schwersiedende aus dem aufsteigenden Dampf ausgewaschen, welches sich mit dem herabrieselnden Rücklauf vereinigt. Der Rücklauferzeuger entläßt den hochprozentigen Destillatdampf D, welcher gesondert verflüssigt, gekühlt und sodann in Behälter aufgefangen wird.

Zur Bestimmung der Rücklaufzahl v bedient man sich der in den Abschnitten II, 9 und III, 1 erklärten molaren Gleichgewichtskurve. Ferner sind erforderlich die Gemischkonzentration xG, die Dampfkonzentration yG und die Destillatkonzentration xD, alles in Mol-%.

Die 3 genannten Konzentrationen sind in das Gleichgewichtsdiagramm einzutragen. Die Punkte yG und xD sind zunächst miteinander durch eine gestrichelte Linie zu verbinden, woraus die theoretische Rücklauflinie entsteht.

Beispiele: a) In Bild 15 ist die molare Gleichgewichtskurve ohne ausgezeichneten Punkt des Zweistoffgemisches Aceton-Wasser dargestellt. Die Kurve zeigt nach der rechten oberen Ecke hin eine schwache nach unten gerichtete

Wölbung. Nimmt man z. B. an, daß $xG = 10$, $yG = 75$ und $xD = 100$ Mol-% Aceton sei, dann würde, wie die strichpunktierte Linie zeigt, die theoretische Rücklauflinie die Kurve schneiden. Dies darf sie aber nicht, sondern sie nur tangieren. Mithin muß die theoretische Rücklauflinie von $xD = 100$ nach $yth = 50$ verlaufen.

Die theoretische Rücklaufzahl ist: $vth = \dfrac{xD}{yth} - 1$ oder $\dfrac{100}{50} - 1 = 1$.

Die wirkliche Rücklaufzahl v muß jedoch größer als 1 sein, weil sonst eine unendliche Bodenanzahl erforderlich wäre. Um eine endliche Bodenanzahl zu erhalten, muß v durchschnittlich um 50% größer als vth gewählt werden, daher wird $v = 1{,}5\, vth = 1{,}5 \cdot 1 = \mathbf{1{,}5}$.

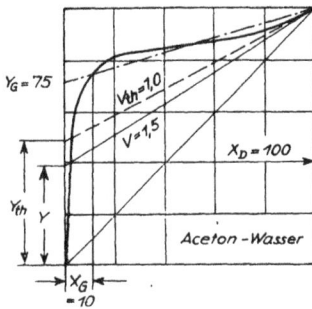

Bild 15.

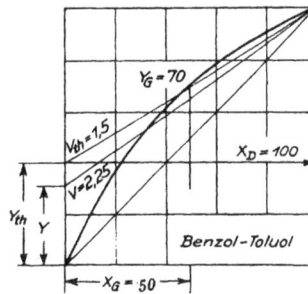

Bild 16.

Der Punkt y liegt bei $\dfrac{xD}{v+1} = \dfrac{100}{1{,}5+1} = 40$ Mol-%. Wenn die Punkte y und xD durch eine ausgezogene Linie verbunden werden, entsteht die praktische Rücklauflinie oder Arbeitslinie.

b) Bild 16 stellt die Gleichgewichtskurve des idealen Zweistoffgemisches Benzol-Toluol dar. Die Kurve verläuft ständig gleichmäßig ansteigend. Wenn man z. B. annimmt, $xG = 50$, $yG = 70$ und $xD = 100$ Mol-% Benzol, dann errechnet sich:

$$vth = \frac{xD - yG}{yG - xG} = \frac{100-70}{70-50} = 1{,}5. \quad yth = \frac{xD}{vth+1} = \frac{100}{1{,}5+1} = 40 \text{ Mol-\%.}$$

v wird $1{,}5 \cdot vth = 1{,}5 \cdot 1{,}5 = \mathbf{2{,}25}$. $\quad y = \dfrac{100}{2{,}25+1} = 30{,}76$ Mol-%.

c) In Bild 17 ist die Gleichgewichtskurve des Zweistoffgemisches Äthanol-Wasser mit Minimumsiedepunkt dargestellt. Theoretisch liegt der ausgezeichnete Punkt dieses Gemisches, also der Schnittpunkt zwischen Kurve und Diagonale, bei 95,57 Gew.-% = 89,41 Mol-% Äthanol. Aus der Praxis ist bekannt, daß dieser Prozentgehalt selbst mit den besten Rektifiziersäulen nicht zu erreichen ist. Die höchste, praktisch erreichbare Destillatkonzentration liegt bei 94,61 Gew.-% = 87,31 Mol-% Äthanol. Wenn z. B. das normale Gemisch mit $xG = 10$ Vol.-% = 8,05 Gew.-% = 3 Mol-% einläuft, der daraus aufsteigende Dampf $yG = 51$ Vol.-% = 43,2 Gew.-% = 23 Mol-% und ein Destillat $xD = 96{,}5$

Vol.-% = 94,61 Gew.-% = 87,31 Mol-% Äthanol erzeugt werden soll, dann ist eine theoretische Rücklaufzahl erforderlich:

$$vth = \frac{xD - yG}{yG - xG} = \frac{87,31 - 23}{23 - 3} = 3,2, \quad yth = \frac{xD}{vth + 1} = \frac{87,31}{3,2 + 1} = 20,8 \text{ Mol-%}.$$

Die praktisch anzuwendende Rücklaufzahl beträgt:

$$v = 1,5\,vth = 1,5 \cdot 3,2 = \mathbf{4,8}, \quad y = \frac{xD}{v + 1} = \frac{87,31}{4,8 + 1} = 15,05 \text{ Mol-%}.$$

d) Bild 18 stellt die Gleichgewichtskurve des Zweistoffgemisches Wasser-Schwefelsäure mit Maximumsiedepunkt dar. Der ausgezeichnete Punkt dieses Gemisches liegt bei 1,5 Gew.-% = 7,7 Mol-% Wasser.

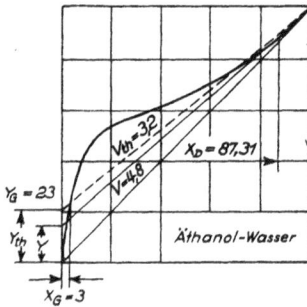

Bild 17.

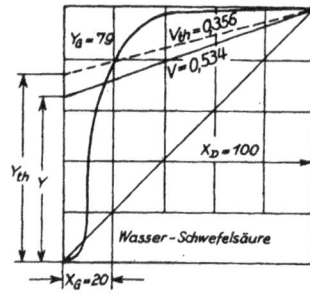

Bild 18.

Wenn $xG = 20$, $yG = 79$ und $xD = 100$ Mol-% ist, dann wird:

$$vth = \frac{xD - yG}{yG - xG} = \frac{100 - 79}{79 - 20} = 0,356, \quad yth = \frac{xD}{vth + 1} = \frac{100}{0,356 + 1} = 73,74 \text{ Mol-%},$$

$$v = 1,5\,vth = 1,5 \cdot 0,356 = \mathbf{0,534}, \quad y = \frac{xD}{v + 1} = \frac{100}{0,534 + 1} = 65,19 \text{ Mol-%}.$$

e) Bild 19 stellt die Gleichgewichtskurve des Gemisches Wasser-Glycerin dar ohne ausgezeichneten Punkt. Wenn z. B. angenommen wird: $xG = 8$, $yG = 97$ und $xD = 100$ Mol-% Wasser, dann wird:

$$vth = \frac{100 - 97}{97 - 8} = 0,0337, \qquad yth = \frac{100}{0,0337 + 1} = 96,74 \text{ Mol-%},$$

$$v = 1,5 \cdot 0,0337 = \mathbf{0,05055}, \qquad y = \frac{100}{0,05055 + 1} = 95,19 \text{ Mol-%}.$$

f) Mit Bild 20 ist die Gleichgewichtskurve des Gemisches Wasser-Furfurol mit ausgezeichnetem Punkt, der bei 90,8 Mol-% Wasser liegt, dargestellt. Bemerkenswert bei diesem Gemisch ist, daß der aufsteigende Dampf stets eine Konzentration von 90,8 Mol-% Wasser haben wird, obwohl das Gemisch

40

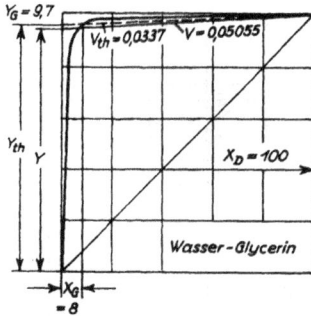

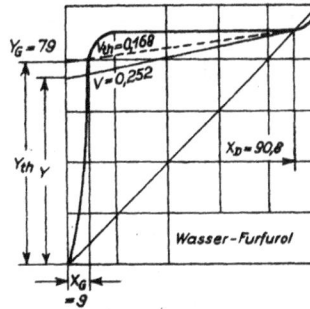

Bild 19.   Bild 20.

zwischen 25 und 94 Mol-% Wasser besitzt. Wenn $xG = 9$, $yG = 79$ und $xD = 90,8$ Mol-% hat, dann wird:

$$vth = \frac{90,8 - 79}{79 - 9} = 0,168, \qquad yth = \frac{90,8}{0,168 + 1} = 77,73 \text{ Mol-\%},$$

$$v = 1,5 \cdot 0,168 = \mathbf{0,252}, \qquad y = \frac{90,8}{0,252 + 1} = 72,52 \text{ Mol-\%}.$$

In Bild 21 sind die theoretisch kleinsten Rücklaufverhältnisse einiger Zweistoffgemische im logarithmischen Maßstab dargestellt.

4. Die theoretische und praktische Bodenanzahl

Die theoretische und praktische Bodenanzahl ist abhängig von der Anfangskonzentration xG des Gemisches, von der Endkonzentration xD des Destillats, von der Endkonzentration xR des Rückstandes, von der Rücklaufzahl v und nicht zuletzt von der Form der Gleichgewichtskurve. Je größer v, xG und xR und je kleiner xD, desto kleiner wird die Bodenanzahl. Je kleiner aber v, xG und xR und je größer xD, desto größer wird die Bodenanzahl.

In Bild 22 ist das Gleichgewichtsdiagramm Methanol-Wasser dargestellt, worin die Arbeitslinie v nach Angabe des vorigen Abschnitts eingetragen ist. Die theoretische Bodenanzahl wird in der Weise ermittelt, indem vom Punkt xG eine Senkrechte bis zur Kurve gezogen wird, alsdann eine Waagerechte bis zur Arbeitslinie v, sodann eine Stufenleiter, bis der Punkt xD erreicht ist. Dies ergibt die theoretische Bodenanzahl für die Verstärkungssäule. Das gleiche Verfahren ist linksseitig anzuwenden, bis Punkt xR erreicht und die theoretische Bodenanzahl für die Abtriebssäule festliegt. Die praktische Bodenanzahl erhält man, indem die theoretische Bodenanzahl durch den Wirkungsgrad η des Bodens dividiert wird.

Eine wesentliche Vereinfachung der Bodenanzahl-Bestimmung stellt Bild 23 dar. Nach diesem Verfahren ist nicht notwendig, zuerst die theoretische Bodenanzahl zu ermitteln, vielmehr wird die wirkliche, oder besser gesagt, die praktische Bodenanzahl direkt ohne Umweg bestimmt. Es geschieht dies in fol-

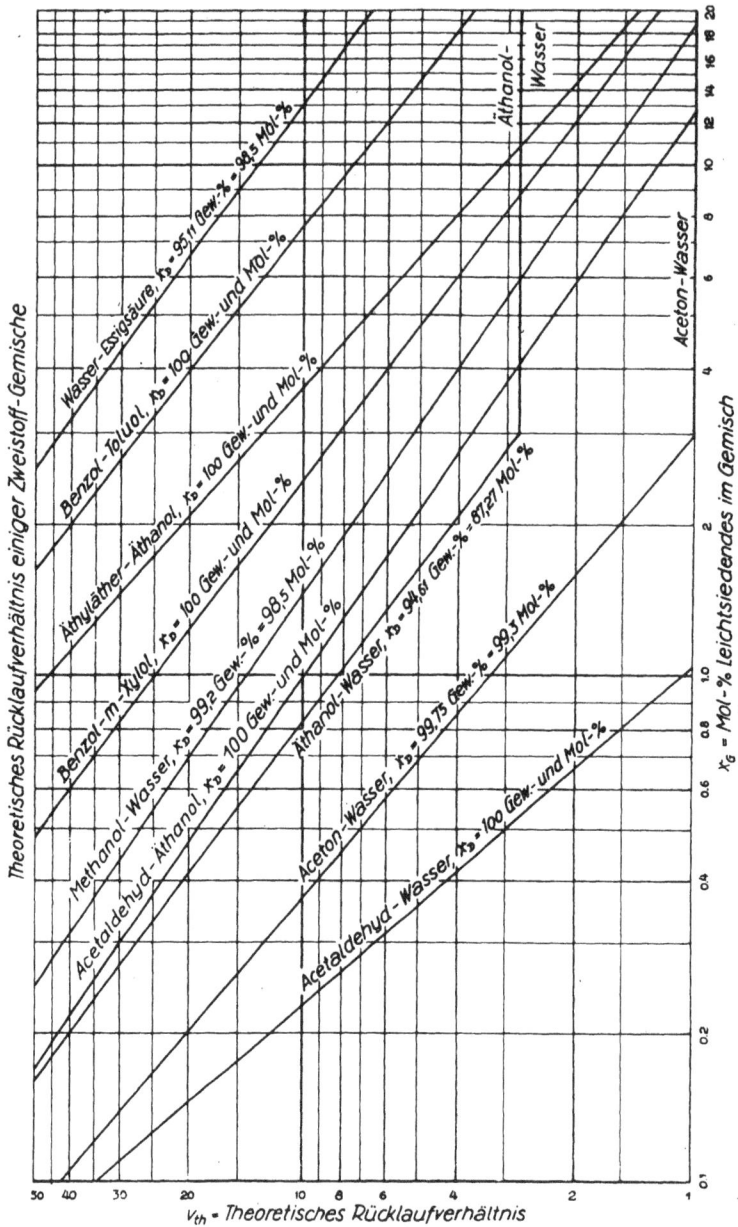

Bild 21.

gender Weise: Vom Punkt xG bis zur Kurve wird eine Senkrechte gezogen. Hat z. B. die vorgesehene Glockenbodenkonstruktion einen Wirkungsgrad von 75%, was vielfach der Fall sein wird, dann ist für die Verstärkungssäule in $^3/_4$ der Höhe zwischen der v- oder Arbeitslinie und der Gleichgewichtskurve eine Waagerechte bis zur ersteren zu ziehen. Alsdann folgt wieder eine Senkrechte

42

und eine Waagerechte wie vorhin beschrieben, bis der Punkt xD auf der Diagonale erreicht ist. Für die Abtriebssäule beginnt man bei Punkt xR, zieht Senk- und Waagerechte, wie vorhin gesagt, bis der Schnittpunkt zwischen der Senkrechten xG und v-Linie erreicht ist. Nach diesem Verfahren wird die praktische Glockenbodenanzahl der Verstärkungs- und Abtriebssäule ermittelt.

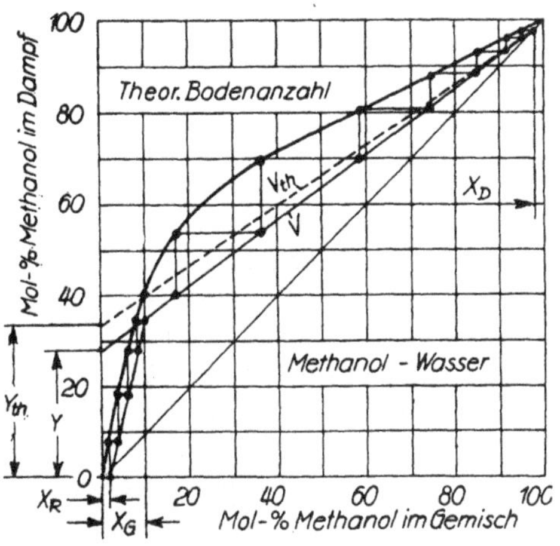

Bild 22.

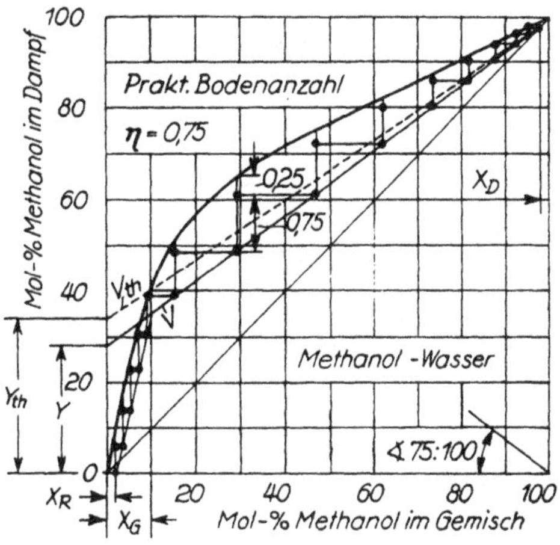

Bild 23.

Der Vorteil des letzteren Verfahrens besteht darin, daß man zunächst die erforderliche Bodenanzahl direkt erhält, ferner, daß man für jeden einzelnen Boden sowohl den Mol-%-Gehalt des aufsteigenden Dampfes als auch des herabrieselnden Rücklaufs genau ersehen kann.

Für Füllkörpersäulen ist das Verfahren nach Bild 23 nicht anwendbar, vielmehr muß bei diesen nach Bild 22 die theoretische Bodenanzahl mit der Bodenhöhe für 1 theor. Boden multipliziert werden, um die erforderliche Füllkörperschichthöhe zu erhalten. Praktisch anwendbare Zahlen hierfür sind aus folgendem Abschnitt ersichtlich.

IV. Die Bauelemente und deren Berechnung

1. Die Abtriebs- und Verstärkungssäule

Die Abtriebssäule dient zum Abtrieb des Leichtsiedenden aus dem zugeführten Gemisch und die Verstärkungssäule zum Verstärken des aus der Abtriebssäule aufsteigenden niedrigprozentigen Gemischdampfes auf hochprozentigen Dampf. Letzterer besteht fast nur aus Leichtsiedendem. Das bei diesem Vorgang abgetrennte Schwersiedende wird, nach unten fließend, vom Leichtsiedenden befreit und sammelt sich im Unterteil der Abtriebssäule. Das Gemisch wird oberhalb der Abtriebssäule und der Heizdampf am tiefsten Punkte derselben zugeführt. Am höchsten Punkte der Verstärkungssäule wird der Rücklauf ein- und der hochprozentige Dampf abgeführt. Dagegen wird am tiefsten Punkte der Verstärkungssäule der aus der Abtriebssäule aufsteigende Gemischdampf eingeführt. Innerhalb der beiden Säulen findet eine vollständige Trennung des eingeführten Gemisches in Leicht- und Schwersiedendes statt, mithin ist der Trennungsvorgang ein regelrechter Waschprozeß.

Das zu zerlegende Gemisch kann der Abtriebssäule unterhalb der Siedetemperatur, mit Siedetemperatur oder vollständig dampfförmig zugeführt werden. Wird das zu zerlegende Gemisch der Abtriebssäule mit einer Temperatur unterhalb seines Siedepunktes zugeführt, dann hat die Abtriebssäule das Gemisch vorzuwärmen, wofür eine gewisse Menge Heizdampf erforderlich ist. Entsprechend der in beiden Säulen verschieden großen Dampfmengen muß der Durchmesser der Abtriebssäule größer als der der Verstärkungssäule werden. Siehe Bild 24.

Wird dagegen das zu zerlegende Gemisch der Abtriebssäule mit Siedetemperatur zugeführt, dann braucht dies in der Säule nicht besonders vorgewärmt zu werden. Die Dampfmenge ist daher in der Abtriebs- und Verstärkungssäule vollkommen gleich, weshalb die beiden Säulen den gleichen Durchmesser erhalten. Siehe Bild 25.

Tritt jedoch das zu zerlegende Gemisch dampfförmig in die Säule ein, dann muß diese Dampfmenge zwangsweise durch die Verstärkungssäule zum Rücklauferzeuger strömen, weshalb die Verstärkungssäule wesentlich größeren Durchmesser als die Abtriebssäule erhalten muß. Letztere dagegen erhält den gleichen Durchmesser wie in Bild 25. Siehe Bild 26.

Die beiden Säulen werden entweder mit Glockenböden versehen oder werden mit Füllkörpern gefüllt. Als Füllkörper werden Ilgeskugeln aus Steingut, Raschig-Ringe aus Steingut, Porzellan, Stahl oder anderem Werkstoff sowie

44

Sattel-Füllkörper aus Porzellan nach Berl verwendet. Der Durchmesser der Füllkörper soll nicht unter $^1/_{20}$ des Säulendurchmessers, jedoch nicht größer als 50/50 mm sein. Die Abmessungen der Steingutfüllkörper, die am meisten verwendet werden, sind: 8/8, 10/10, 12/12, 15/15, 20/20, 25/25, 30/30, 35/35, 40/40 und 50/50 mm. Außer der Billigkeit der Steingutfüllkörper ist deren geringer Reibungswiderstand zu erwähnen.

Die wesentlich teurere Säulenart wird mit geschlitzten Glocken kreisrunder oder ovaler Form versehen, die auf waagerechten Böden befestigt sind und auf

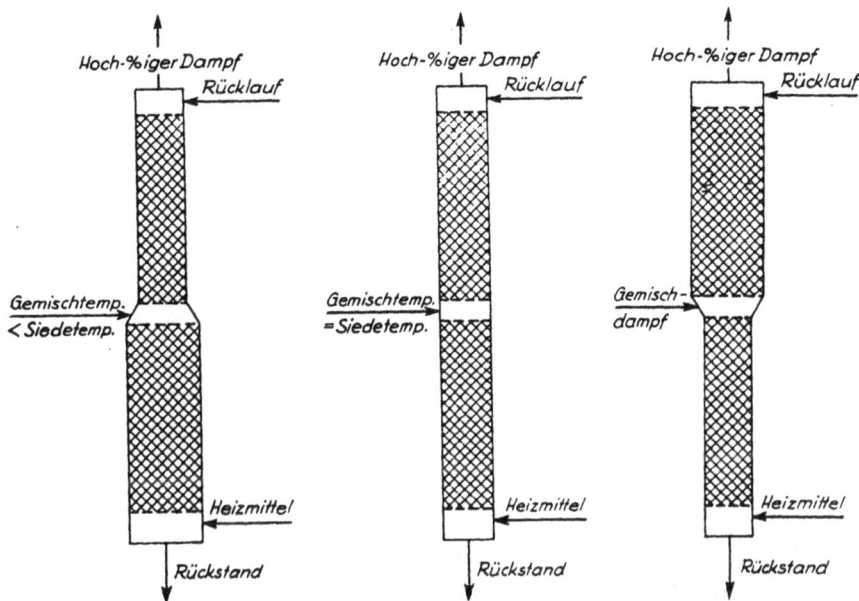

Bild 24.   Bild 25.   Bild 26.
Größenverhältnis von Abtriebs- und Verstärkungssäule

einer Seite Zulauf, auf der anderen Seite Ablauf des Rücklaufs besitzen. Der aufsteigende Dampf durchströmt die Füllkörperschichten bzw. die Glockenböden von unten nach oben, wogegen der Rücklauf dem Dampf von oben nach unten entgegenrieselt und hierbei das Schwersiedende auswäscht. Je nach Art des zur Verarbeitung kommenden Gemisches, werden die Böden eng zusammengesetzt oder sie sind weit voneinander entfernt. Eine Norm läßt sich nicht aufstellen, denn es muß auf leichte Reinigung Rücksicht genommen werden, weshalb am Umfange Reinigungsöffnungen vorzusehen sind. Die gebräuchlichsten Bodenabstände sind: 135, 150, 200, 300, 400 und 500 mm. Auch Zwischenstufen werden vielfach angewendet.

Die Wahl der Geschwindigkeit des aufsteigenden Dampfes innerhalb der Säulen ist von größter Bedeutung. Wird die Geschwindigkeit zu groß gewählt, kann es vorkommen, daß der Wirkungsgrad der Säulen rapide absinkt und selbst eine wesentliche Erhöhung der Bodenzahl keine Verbesserung bringt.

45

Die zulässige Dampfgeschwindigkeit in Füllkörpersäulen darf betragen:

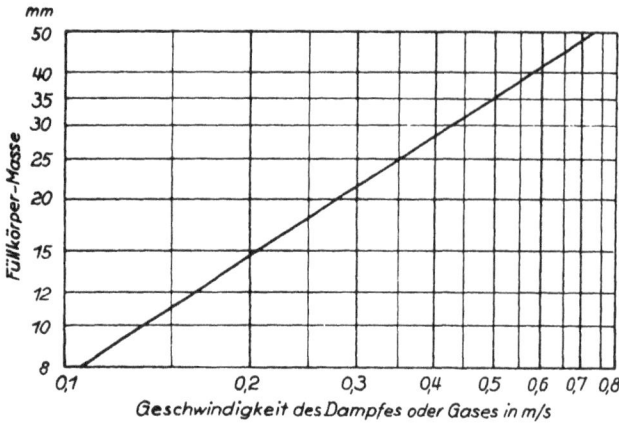

Bild 27.

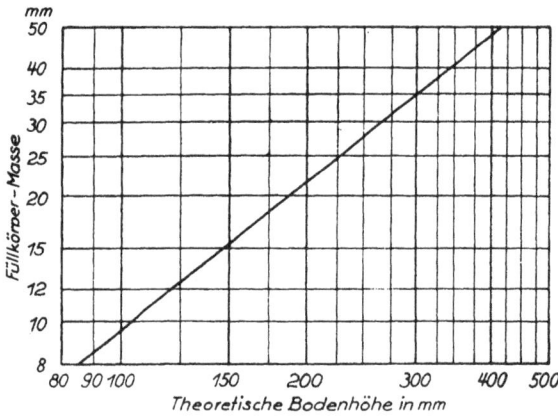

Bild 28.

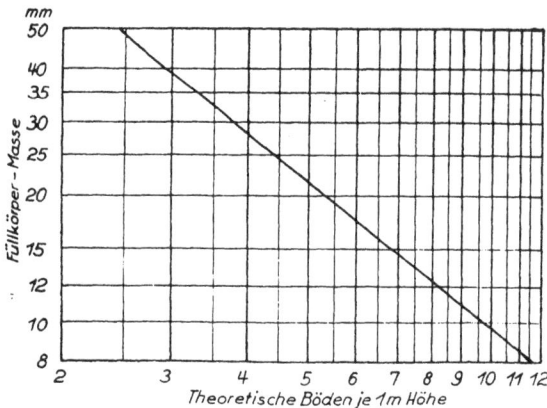

Bild 29.

Füll-   8/8 $w = 0,107$ m/s
körper 10/10 $w = 0,135$ m/s
,,   12/12 $w = 0,163$ m/s
,,   15/15 $w = 0,205$ m/s
,,   20/20 $w = 0,277$ m/s
,,   25/25 $w = 0,35$ m/s
,,   30/30 $w = 0,42$ m/s
,,   35/35 $w = 0,50$ m/s
,,   40/40 $w = 0,67$ m/s
,,   50/50 $w = 0,72$ m/s

Im Abschnitt III, 4 ist die Bestimmung der Bodenanzahl durch graphische Darstellungen ausführlich erklärt worden. Bei Füllkörpersäulen kann man annehmen, daß ein theoretischer Boden folgende Höhen haben muß:

Füll-   8/8 $H = 85$ mm
körper 10/10 $H = 105$ mm
,,   12/12 $H = 120$ mm
,,   15/15 $H = 145$ mm
,,   20/20 $H = 185$ mm
,,   25/25 $H = 225$ mm
,,   30/30 $H = 265$ mm
,,   35/35 $H = 300$ mm
,,   40/40 $H = 340$ mm
,,   50/50 $H = 410$ mm
        haben muß.

In den Abbildungen 27, 28 und 29 sind die Füllkörperzahlen graphisch dargestellt.

Bei Glockenböden ist die Wahl der Dampfgeschwindigkeit vom Bodenabstand und vom spez. Gewicht des Dampfes abhängig. Je größer der Bodenabstand und je kleiner das spez. Gewicht des Dampfes ist, desto größer darf die Dampfgeschwindigkeit sein. Wenn ein hoher Wirkungsgrad der Glockenböden erreicht werden soll, darf die zulässige Dampfgeschwindigkeit nach Kirschbaum[1]) betragen:

$$H = 135 \text{ mm}^2) \; w = 0,54 \cdot \gamma^{-0,125}$$
$$H = 150 \text{ mm}^2) \; w = 0,62 \cdot \gamma^{-0,49}$$
$$H = 200 \text{ mm} \quad w = 0,82 \cdot \gamma^{-0,545}$$
$$H = 300 \text{ mm} \quad w = 1,02 \cdot \gamma^{-0,49}$$
$$H = 400 \text{ mm} \quad w = 1,10 \cdot \gamma^{-0,47}$$
$$H = 500 \text{ mm} \quad w = 1,14 \cdot \gamma^{-0,465}$$

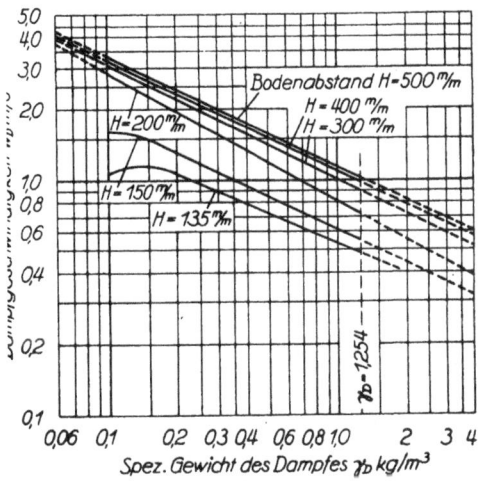

Bild 30.

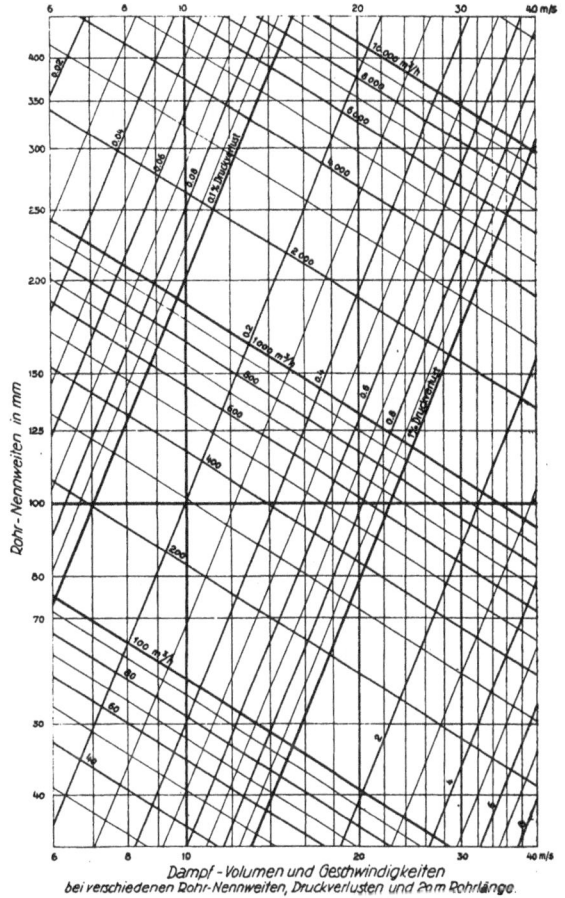

Dampf - Volumen und Geschwindigkeiten
bei verschiedenen Rohr-Nennweiten, Druckverlusten und 20 m Rohrlänge.

Bild 30a.

Eine genanntem Buche entnommene graphische Darstellung der zulässigen Dampfgeschwindigkeiten, Bild 30, erlaubt, diese ohne Rechnung zu ermitteln. In Dampfrohrleitungen zwischen Apparatesäule, Rücklauferzeuger und Verdichter sollen sich die Dampfgeschwindigkeiten möglichst in den Grenzen des Bildes 30a zwischen 0,2 bis 0,4% Druckverlust bewegen.

Wasserdampf-Rohrleitungen dagegen können mit einem Druckverlust von 0,6 bis 1% bestimmt werden.

Damit die Säulen die gewünschte Abtriebs- und Verstärkungswirkung erreichen können, muß am tiefsten Punkte der Abtriebssäule Wärme zugeführt werden. Bei Gemischen, die vorwiegend aus Wasser bestehen, wie z. B. Äthanol-Wasser-, Aceton-Wasser- oder Methanol-Wasser-Lösungen, geschieht dies durch Einblasen von gesättigtem oder überhitztem Wasserdampf durch ein gelochtes Rohr.

---

[1]) Kirschbaum, ,,Destillier- und Rektifiziertechnik'' (1940) S. 175.
[2]) bei $\gamma < 0,2$ kg/m^3.

Besteht dagegen das zu trennende Gemisch aus Stoffen, die in Wasser wenig oder nicht löslich sind, wie z. B. bei Kohlenwasserstoffen, dann darf der Einblasedampf nicht in die Verstärkungssäule gelangen, weil eine Verstärkung des zu gewinnenden Produktes unmöglich würde. In solchen Fällen dürfen nur mit gesättigtem Wasserdampf beschickte geschlossene Heizschlangen oder Heizkörper Verwendung finden. Der Heizdampf soll aber eine Sättigungstemperatur haben, die mindestens 15 bis 20⁰ über der Siedetemperatur des Ablaufs bzw. Rückstands liegt.

Eine Ausnahme machen nur diejenigen Abtriebssäulen, welche ohne Verstärkungssäule arbeiten, d. h. worin lediglich ein Abtrieb der im Gemisch befindlichen leichten Kohlenwasserstoffe erfolgen soll. In einem solchen Falle kann gesättigter oder überhitzter Wasserdampf direkt eingeblasen werden. Der Gemischdampf wird nach erfolgter Verflüssigung und Kühlung in sog. Scheideflaschen vom Wasser getrennt. Das vom Wasser befreite Destillat wird alsdann in besonderen Abtriebs- und Verstärkungssäulen zerlegt.

Hausbrand[1]) bezweifelt, ob Füllkörpersäulen so gut und mit so geringen Druckverlusten arbeiten werden, wie Glockenbodensäulen. Diese Zweifel sind beseitigt worden durch hundertfache Ausführungen in der chemischen Industrie, wobei sich herausstellte, daß Füllkörpersäulen nicht nur mindestens ebensogut arbeiteten als Glockensäulen, sondern auch bedeutend niedrigere Druckverluste aufwiesen bei erheblich geringeren Herstellungskosten.

2. Der Rücklauferzeuger

Der Rücklauferzeuger, auch Rückflußkühler oder Dephlegmator genannt, dient dazu, den größten Teil der aus der Verstärkungssäule aufsteigenden Dämpfe zu verdichten, um ihn als Rücklauf auf die Spitze der Verstärkungssäule zurückzugeben, während der Destillatdampf unverflüssigt weiterströmt, erst im Verdichter niedergeschlagen und nach erfolgter Kühlung als fertiges Destillat gewonnen wird.

Der Rücklauferzeuger hat noch eine zweite Aufgabe zu erfüllen, nämlich die, den Destillatdampf zu verstärken. Wenn ein Dampfgemisch zum Teil verflüssigt wird, dann wird der noch verbliebene Dampf stets hochprozentiger sein, also mehr Leichtsiedendes enthalten als der Ursprungsdampf, weil das Leichtsiedende des Dampfes schwerer zu verflüssigen ist als das Schwersiedende. Der Rücklauf wird daher prozentual mehr Schwersiedendes als das Destillat enthalten. Es ist daher unrichtig, wenn das Destillat dem Rücklauf entnommen wird, wie dies manchmal vorgesehen wird, anstatt das Destillat hinter dem Rücklauferzeuger zu entnehmen.

Das beste Resultat wird stets erzielt, wenn der Rücklauf- und Destillatdampf zusammen von unten nach oben durch den Rücklauferzeuger strömen, während der Rücklauf von oben nach unten in die Verstärkungssäule zurückfließt. Durch den hierbei erzielten Gegenstrom von Rücklauf und Dampf wird das

---

[1]) E. Hausbrand, Die Wirkungsweise der Destillier- und Rektifizierapparate (1921) S. 19—20.

Schwersiedende größtenteils ausgewaschen, und es ist die Gewähr gegeben, daß möglichst nur leichtsiedender Dampf den Rücklauferzeuger verläßt.

Es sind mitunter Versuche gemacht worden, das Kühlwasser oben im Mantel des Rücklauferzeugers eintreten und unten austreten zu lassen, jedoch eine Wirkungsverbesserung ist niemals eingetreten. Der natürliche Weg ist stets der richtige, denn das warme Wasser folgt den Gesetzen der Physik. Bekanntlich ist warmes Wasser leichter als kaltes und hat daher das Bestreben, nach oben zu steigen, wogegen kaltes nach unten sinkt. Wir wählen deshalb den Kühlwassereintritt unten und den Austritt oben.

Der Rücklauferzeuger wird mitunter mit der schwachen Lösung gekühlt, und diese Kühlung genügt vielfach zur Erzeugung des notwendigen Rücklaufs. Wo diese Kühlung nicht ausreicht, muß noch ein besonderer, mit Wasser gekühlter Zusatz-Rücklauferzeuger vorgesehen werden. Zweckmäßig ist es, die Kühlflächengrößen so zu berechnen, daß die Temperatur des abfließenden Kühlwassers 50⁰ C nicht übersteigt. In sehr vielen Fabriken hat das Kühlwasser eine verhältnismäßig hohe Härte, wodurch bei höherer Abflußtemperatur als 50⁰ C Kesselsteinansätze an den Rohren entstehen. Es ist zu warnen vor zu großen Rücklauferzeuger-Flächen, besonders bei Verarbeitung von hochsiedenden Stoffen, wie Toluol, Xylol u. a., wodurch das Kühlwasser ins Kochen gerät. In derartigen Fällen setzen sich die Kühlrohre schnell mit Kesselstein zu und müssen ausgebohrt werden.

Es ist sehr zu empfehlen, das Kühlwasser zuerst durch den Destillatkühler, dann durch den Destillatverdichter und zuletzt durch den Rücklauferzeuger zu leiten. Es empfiehlt sich dies zunächst der Kühlwasserersparnis, dann der intensiveren Kühlung des Destillats, aber nicht zuletzt der einfacheren Berechnung der Rücklaufzahl v wegen.

Beispiel: Nehmen wir an, das Kühlwasser trete mit 10⁰ C in den Destillatkühler ein, mit 11⁰ C in den Verdichter, mit 16⁰ C in den Rücklauferzeuger und mit 46⁰ C fließe es zum Kanal, dann sind 3 Temperaturdifferenzen des Kühlwassers zu beobachten. Im Destillatkühler 11—10 = 1⁰, im Verdichter 16—11 = 5⁰ und im Rücklauferzeuger 46—16 = 30⁰. Die erste Temperaturdifferenz ist für uns ohne Bedeutung, weil es sich hier ausschließlich um Kühlung handelt. Bei der zweiten und dritten dagegen handelt es sich um Verdichtungsvorgänge. Da die Temperaturdifferenz im Rücklauferzeuger 30⁰ und im Verdichter 5⁰ beträgt, die Kühlwassermenge aber gleich bleibt, so wird im Rücklauferzeuger 30 : 5 = 6mal soviel Dampf verflüssigt als im Verdichter und die Rücklaufzahl beträgt $v = 6$.

Der Rücklauferzeuger kann mit senkrecht oder waagerecht eingewalzten Rohren konstruiert werden. Bei der senkrechten Konstruktion strömt das Kühlwasser um oder durch die Rohre, der Dampf durch oder um die Rohre. Bei der waagerechten Konstruktion dagegen fließt das Kühlwasser nur durch die Rohre, der Dampf aber um die Rohre. Beide Bauarten haben sich in der Praxis gut bewährt, jedoch ist die waagerechte Bauart vorzuziehen, weil die Reinigung und Auswechselung der Rohre einfacher ist. Ein weiterer Vorteil der waagerechten Rohre ist deren günstigere Wärmeübergangszahl.

Seit einigen Jahren wird in der Petroleum- und Benzolindustrie vielfach ohne eigentlichen Rücklauferzeuger gearbeitet. Es wird vielmehr der gesamte, aus der Säule austretende Dampf in einem einzigen Verdichter verflüssigt und alsdann gekühlt. Der erforderliche Rücklauf wird sodann mittels elektrisch betriebener Kreiselpumpe aus dem Sammelbehälter auf die Spitze der Verstärkungssäule zurückgeführt. Dieses Verfahren eignet sich wohl für die obengenannten Industrien, nicht aber für Produkte, die besonders rein gewonnen werden sollen.

Bei Young-Prahl[1]) wird eine Säule System Coffey dargestellt und erklärt. Das zur Verarbeitung gelangende Gemisch wird darin durch eine Schlange, die sich innerhalb der Verstärkungssäule befindet, von oben nach unten geführt und hierbei erwärmt.

Diese Erwärmungsanwendung beruht auf einem vollständig falschen Prinzip. Durch das Erwärmen des Gemisches wird ein großer Teil der Wärme, die sich im Dampf befindet und eigentlich von unten nach oben durch die Verstärkungssäule strömen soll, abgeführt, wobei eine teilweise Verflüssigung desselben stattfindet. Dieser Vorgang hat die gleiche Wirkung, als ob in der Verstärkungssäule eine große Anzahl Verdichter eingebaut wären.

Wenn eine Säule einwandfrei arbeiten soll, dann muß die unten eingeführte Molanzahl Dampf möglichst vollzählig oben ankommen. Es verändern sich die Mole also nicht, sondern nur die Konzentrationen. Wird dieser Grundsatz außer acht gelassen, dann wird der Trennungseffekt einer solchen Säule bedeutend geringer sein als einer solchen, die nur e i n e n Rücklauferzeuger hat, der seinen Rücklauf auf die Spitze der Säule zurückgibt. Hausbrand[2]) warnte bereits 1893 vor der Anwendung derartiger Einrichtungen und sagte: ,,Eine Säule mit vielen Verdichtern muß also für gleichen Wärmeverbrauch mehr Böden haben, oder sie muß bei gleicher Bodenzahl mehr Wärme verbrauchen. So zeigt es sich, daß die Verteilung des Rücklaufs auf die ganze Säule nur einen ungünstigen Einfluß auf den Fortschritt der Verstärkung der Dämpfe ausübt.''

3. Verdichter und Kühler

Der Verdichter und Kühler, vielfach kurz Kühler genannt, dient dazu, den Destillatdampf zu verflüssigen und sodann das erhaltene Destillat zu kühlen. Die Verflüssigung und Kühlung erfolgt in der Regel mittels Kühlwasser von etwa 10 bis 15°C, damit das Destillat kalt gewonnen wird, und möglichst keine Verdunstungsverluste entstehen. In manchen Fällen wird es möglich sein, das Gemisch selbst zur Verflüssigung heranzuziehen, wogegen die nachträgliche Kühlung des Destillates durch Kühlwasser erfolgt. Das im Verdichter vorgewärmte Gemisch kann alsdann in den Rücklauferzeuger und das wenig erwärmte Wasser des Kühlers in den Zusatz-Rücklauferzeuger geleitet werden. Hierdurch wird an Kühlwasser erheblich gespart.

---

[1]) Young-Prahl, Theorie und Praxis der Destillation (1932) S. 344—346.
[2]) Hausbrand, Die Wirkungsweise der Destillier- und Rektifizierapparate.

Die erforderliche Kühlfläche für den Verdichter wird in der Regel mittels stehender Röhren gebildet, durch welche das Kühlmittel fließt. Für kleine Kühlflächen werden meistens Schlangen verwendet; dabei fließt das Kühlmittel um die Rohre. Der Destillatkühler besteht durchweg aus einer von Kühlwasser umflossenen Schlange. Bevor das gekühlte Destillat in die Glasvorlage einläuft, ist es gut zu entlüften. Das Entlüftungsrohr ist ins Freie zu führen, damit der Arbeitsraum frei von austretenden Gasen bleibt.

Beispiel: Angenommen, daß das Kühlwasser von 10^0 nacheinander den Kühler, Verdichter und Rücklauferzeuger durchfließt und 160 kgh Aceton + 0,8 kgh Wasser als 99,5 gew.-%iges Destillat von 15^0 C gewonnen werden soll bei einer Rücklaufzahl $v = 1,8$, dann hat das Kühlwasser die folgenden Wärmemengen aufzunehmen:

Kühler: $\quad\quad\quad Q_1 = (160 \cdot 0,54 + 0,8)\,(56,1\text{—}15) = \quad 3584$ kcalh

Verdichter: $\quad\quad Q_2 = 160 \cdot 125 + 0,8 \cdot 539 \quad\quad = 20431$,,

Rücklauferzeuger: $Q_3 = (160 \cdot 125 + 0,8 \cdot 539)\,1,8 = 36775$,,

$$\text{zus.} \quad\quad 60790 \text{ kcalh}$$

Wenn sich das Kühlwasser von 10 auf 48^0 C erwärmen soll, dann sind einzuführen:

$$G = \frac{60790}{48\text{—}10} = 1600 \text{ kgh Kühlwasser.}$$

Eingangstemperatur vor dem Kühler: . . . . = $\quad 10^0$ C,

Austrittstemperatur hinter dem Kühler: $\dfrac{3584}{1600} + 10$ . . . . . . = $12,24^0$ C,

Austrittstemperatur hinter dem Verdichter: $\dfrac{20431}{1600} + 12,24$ = $\quad 25^0$ C,

Austrittstemperatur hinter dem Rücklauferzeuger: $\dfrac{36675}{1600} + 25$ = $\quad 48^0$ C.

Temperaturschema:

$$56,1 \rightarrow 56,1 \rightarrow 56,1 \rightarrow 15^0$$
$$\overline{48 \leftarrow 25 \leftarrow 12,24 \leftarrow 10^0}$$
$$R \quad\quad V \quad\quad K$$

Die log. mittleren Temperaturdifferenzen sind lt. Abschnitt II, 6:

Kühler: $\quad\quad\quad\quad \vartheta m_1 = \dfrac{43,86 - 5}{ln\,\dfrac{43,86}{5}} = 17,9^0$

Verdichter: $\quad\quad\quad \vartheta m_2 = \dfrac{43,86 - 31,10}{ln\,\dfrac{43,86}{31,10}} = 37,2^0$

Rücklauferzeuger: $\quad \vartheta m_3 = \dfrac{31,10 - 8,10}{ln\,\dfrac{31,10}{8,10}} = 17,1^0$

4*

Es kann beim Kühler etwa $k = 100$, beim Verdichter und Rücklauferzeuger $k = 300$ angenommen werden.

Kühler......... $F = \dfrac{3584}{17,9 \cdot 100} = 2$ m², gewählt 2 m² Kühlfläche,

Verdichter...... $F = \dfrac{20431}{37,2 \cdot 300} = 1,834$ m², gewählt 2 m² Kühlfläche,

Rücklauferzeuger $F = \dfrac{36775}{17,1 \cdot 300} = 7,18$ m², gewählt 7 m² Kühlfläche.

4. Die Gaswaschersäule

Die Gaswaschersäule dient dazu, aus den Gasen der Gasanstalten, Hoch-, Koks- oder Schwelöfen, Benzol- bzw. Benzin-Kohlenwasserstoffe auszuwaschen. Es treten auch Fälle auf, wo aus Schwefelgasen Schwefelkohlenstoff oder aus Gasluftgemischen leichtsiedende Stoffe, wie Äthanol, Aceton, Äther u. ä. ausgewaschen werden müssen.

Für die Auswaschung von Benzol- bzw. Benzin-Kohlenwasserstoffen wird durchweg arteigenes Waschöl von 2 bis 3° E verwendet. Die Auswaschung von Schwefelkohlenstoff erfolgt zumeist mittels Anthracenöl, für Äthanol usw. wird jedoch Kresol verwendet. Die Temperaturen des Gases und Waschmittels sollen zwischen 20 und 25° C liegen.

Das Gas wird der Säule unten zugeführt, welches diese von unten nach oben durchströmt. Das Waschmittel wird am höchsten Punkte der Säule aufgegeben und rieselt dem Gas im Gegenstrom entgegen. Bei diesem Vorgang werden alle Stoffe, die sich im Gas befinden, ausgewaschen, bis auf kleine Stoffreste, die im Gas belassen werden.

Als Waschoberflächen werden Glockenböden oder Füllkörperschichten verwendet. Die letzteren haben sich im Betrieb gut bewährt.

Die Berechnung einer Gaswaschersäule gestaltet sich wie folgt: Annahmen: 50000 Nm³/h-Gas mit 17 g/Nm³ Benzol-Kohlenwasserstoffen sollen ausgewaschen werden bis auf 1 g/Nm³. Es sind im Gas enthalten:

$$\frac{50000 \cdot 17}{1000} = 850 \text{ kg/h} = \frac{850}{80} = 10,625 \text{ Mol/h Rohbenzol.}$$

Es verbleiben im Gas: $\dfrac{50000 \cdot 1}{1000} = 50 \text{ kgh} = \dfrac{50}{80} = 0,625$ Mol/h Rohbenzol.

Auf das Waschmittel, in diesem Falle Waschöl, werden übertragen:

$\dfrac{50000 \, (17-1)}{1000} = 800 \text{ kg/h} = \dfrac{800}{80} = 10$ Mol/h Rohbenzol. Das Waschöl enthält noch 0,1 Gew.-% Rohbenzol und soll bis auf 2,3 Gew.-% Rohbenzol angereichert werden. Infolgedessen muß umlaufen:

$\dfrac{(800 \cdot 100)}{(2,3-0,1)} - 800 = 35\,563,6$ kg/h Waschöl, worin noch 36,4 kg/h Rohbenzol enthalten ist, so daß $35\,563,6 - 36,4 = 35\,527,2$ kg/h benzolfreies Waschöl umläuft.

Es tritt in den Wascher unten ein:

$$\frac{50\,000}{22,412} = 2230,858 \text{ Mol/h Gas.}$$

Es tritt aus dem Wascher oben aus:

$$2230,858 - 10 = 2220,858 \text{ Mol/h Gas,}$$

Es tritt in den Wascher oben ein:

$$\frac{35\,527,2}{150} = 236,848 \text{ Mol/h Waschöl} + \frac{36,4}{80} = 0,455 \text{ Mol/h Rohbenzol.}$$

Es tritt aus dem Wascher unten aus:

$$236,848 \text{ Mol/h Waschöl} + \frac{(800 + 36,4)}{80} = 10,455 \text{ Mol/h Rohbenzol.}$$

Die Differenz beträgt in beiden Fällen 10 Mol/h = 800 kg/h Rohbenzol. Die Arbeitstemperatur = 20° C. Der entsprechende Rohbenzoldampfdruck $Pd = 73$ Torr, der Arbeitsdruck der Gaswäschersäule $Pa = 760$ Torr.

$$x = \frac{\text{Mol Rohbenzol}}{\text{Mol Waschöl}} \qquad\qquad y = \frac{\text{Mol Rohbenzol}}{\text{Mol Gas}}$$

$$xa = \frac{0,455}{236,848} = 0,001925 \qquad\qquad ya = \frac{10,625}{2230,858} = 0,004765$$

$$xe = \frac{10,455}{236,848} = 0,0442 \qquad\qquad ye = \frac{0,625}{2220,858} = 0,000282.$$

$$\text{Mittels der Formel:} \qquad y = \frac{Pd\,\dfrac{x}{x+1}}{Pa - Pd\,\dfrac{x}{x+1}}$$

Eine errechnete molare Gleichgewichtskurve ergibt folgende Werte:

$x = \dfrac{\text{Mol Rohbenzol}}{\text{Mol Waschöl}}$	$y = \dfrac{\text{Mol Rohbenzol}}{\text{Mol Gas}}$
0,0015	0,0001425
0,0050	0,00048-
0,0100	0,00096
0,0200	0,00189
0,0300	0,00280
0,0400	0,00371
0,0500	0,00460

Die vorstehenden x- und y-Zahlen sind in Bild 31 aufgetragen worden. Die oben errechneten Zahlen: *xa*, *xe*, *ya* und *ye* sind alsdann in das Diagramm einzutragen und die Schnittpunkte durch eine Gerade, die Arbeitslinie, zu verbinden. Letztere darf jedoch keinesfalls die Gleichgewichtskurve berühren oder schneiden, sondern muß oberhalb derselben in einem gewissen Abstand bleiben. Sofern die Schnittpunkte *xa* und *ye* oder *xe* und *ya* unterhalb der Gleichgewichtskurve zu liegen kommen, ist dies ein Zeichen, daß der Anfangs- oder Endgasgehalt zu niedrig angenommen worden ist. Wie aus dem Diagramm ersichtlich, ist es z. B. nicht möglich, das Gas bis auf 0,5 g/Nm³

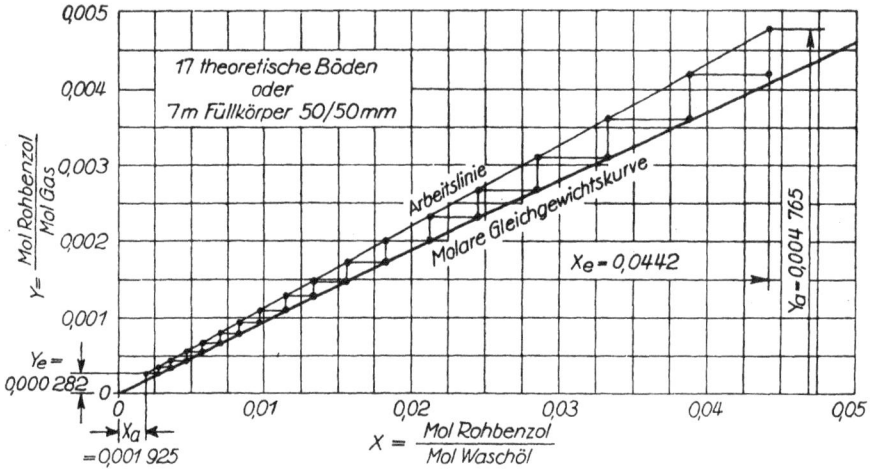

Bild 31.

Rohbenzol auszuwaschen. Möglich ist die Auswaschung nur bis auf 1 g/Nm³. Nunmehr werden vom Schnittpunkt *xa—ye* Treppenstufen eingezeichnet, bis Punkt *xe—ya* erreicht ist. Es ergeben sich unter den gegebenen Verhältnissen 17 Stufen = 17 theor. Böden oder bei einem Wirkungsgrad $\eta = 0,75$ = 26 praktische Glockenböden. Bei Anwendung von Füllkörpern 50/50 mm ist nach Abschnitt III, 4 = 17 · 410 = 6970 mm oder ∼ 7,0 m Höhe erforderlich. Aus Abschnitt III, 4 ist ersichtlich, daß bei der angegebenen Füllkörpergröße eine Gasgeschwindigkeit von 0,72 m/s gestattet werden kann. Mithin muß die Gaswaschersäule einen Querschnitt haben von:

$$\frac{50\,000\,(273 + 20)}{3600 \cdot 273 \cdot 0,72} = 20,70\ \text{m}^2.$$ Es ergibt sich daraus:

$$1\ \text{Säule}\ D = \sqrt{\frac{20,70 \cdot 4}{\pi}} = 5,13\ \text{m}\ \varnothing$$

$$\text{oder}\ 2\ \text{Säulen}\ D = \sqrt{\frac{20,70 \cdot 4}{2 \cdot \pi}} = 3,63\ \text{m}\varnothing$$

parallel arbeitend. Gewählt wird: 1 Säule 5,2 ⌀ oder 2 Säulen 3,7 m ⌀.

54

Wenn das verwendete Waschöl = 35563,6 kg/h ein spez. Gewicht $\gamma = 1,07$ besitzt und der Wascher eine Grundfläche von 20,70 m² hat, dann wird dieser mit $\dfrac{35,5636}{1,07 \cdot 20,70} = 1,6 \text{ m}^3/\text{m}^2$ Waschöl beschickt, was zulässig ist, denn die Beschickung darf zwischen 1 und 12 m³/m² liegen.

5. Die reine Abtriebssäule

Sofern aus einem Flüssigkeitsgemisch das Leichtsiedende abgetrennt, jedoch nicht verstärkt werden soll, nennt man diesen Arbeitsvorgang Abtreiben.

Zu diesem Prozeß wird durchweg entspannter Wasserdampf, möglichst überhitzt, verwendet, der in das Unterteil der Abtriebssäule eingeblasen wird. Das Gemisch, beladen vom Gaswascher kommend, wird dem Oberteil der Abtriebssäule mit möglichst hoher Temperatur zugeführt und rieselt von Boden zu Boden oder über Füllkörperschichten abwärts. Der unten eingeführte Wasserdampf strömt dem Gemisch entgegen und nimmt bei diesem Vorgang das Leichtsiedende in sich auf. Der hierbei entstehende Gemischdampf wird nunmehr einem Verdichter zugeführt, der ihn verflüssigt und kühlt. Beim Abtreiben von beispielsweise Benzol- oder Benzin-Kohlenwasserstoffen aus Waschöl wird der gekühlte Abtrieb in einem Scheidegefäß von Wasser getrennt und alsdann das Leichtsiedende in besonderen Rektifizierapparaten zerlegt. Das aus dem Unterteil des Abtreibers abfließende heiße Waschöl wird in besonderen ölgekühlten Wärmeaustauschern und Wasserkühlern gekühlt und sodann der Gaswaschersäule wieder zugeführt.

Die Berechnung eines Rohbenzol-Abtreibers geschieht wie folgt: Annahmen: Das im Abschnitt IV, 3 errechnete Waschöl-Rohbenzol-Gemisch 36363,6 kg/h von 2,3 Gew.-% Rohbenzol sei mittels Wasserdampf abzutreiben auf 0,1 Gew.-%.

Im Abtreiber tritt oben ein: $\dfrac{36363,6 \cdot 97,7}{100} = 35527,2 \text{ kg/h} = \dfrac{35527,2}{150} =$ 230,848 Mol/h benzolfreies Waschöl.

Im Abtreiber tritt oben ein: $\dfrac{36363,6 \cdot 2,3}{100} = 836,4 \text{ kg/h} = \dfrac{836,4}{80} = 10,455$ Mol/h Rohbenzol.

Im Abtreiber wird abgetrieben: $\dfrac{36363,6\,(2,3-0,1)}{100} = 800 \text{ kg/h} = \dfrac{800}{80} =$ 10 Mol/h Rohbenzol.

Aus dem Abtreiber tritt unten aus: 35527,2 kg/h = 230,848 Mol/h benzolfreies Waschöl.

Aus dem Abtreiber tritt unten aus: $\dfrac{36363,6 \cdot 0,1}{100} = 36,4 \text{ kg/h} = \dfrac{36,4}{80} =$ 0,455 Mol/h Rohbenzol.

$$x = \frac{\text{Mol Rohbenzol}}{\text{Mol Waschöl}}, \quad xa = \frac{10{,}455}{230{,}848} = 0{,}0453, \quad xe = \frac{0{,}455}{230{,}848} = 0{,}00197.$$

Die Arbeitstemperatur $= \sim 180^0$ C. Der entsprechende Rohbenzol-Dampf-druck $Pd = \sim 7000$ Torr, der Arbeitsdruck der Abtriebssäule $Pa = 760$ Torr.

Mittels der Formel: $y = \dfrac{Pd\dfrac{x}{x+1}}{Pa-Pd\dfrac{x+1}{x}}$ wird eine molare Gleichgewichts-

kurve errechnet, die folgende Werte ergibt:

$x = \dfrac{\text{Mol Rohbenzol}}{\text{Mol Waschöl}}$	$y = \dfrac{\text{Mol Rohbenzol}}{\text{Mol Wasserdampf}}$
0,005	0,0483
0,010	0,100
0,015	0,1595
0,020	0,222
0,025	0,29
0,030	0,368
0,035	0,455
0,040	0,548
0,045	0,658
0,050	0.78

In Bild 32 sind die vorstehenden x- und y-Zahlen zu einer Gleichgewichtskurve aufgezeichnet und die beiden Senkrechten $xa = 0{,}0453$ und $xe = 0{,}00197$ eingetragen. Die Arbeitslinie wird nunmehr von xe aus als Gerade in einem beliebigen Winkel und entsprechenden Abstand von der Gleichgewichtskurve und unterhalb derselben so eingezeichnet, daß sie die Kurve keinesfalls berührt oder schneidet. Zwischen der Kurve und Arbeitslinie werden Treppenstufen, von xe anfangend, bis zum Schnittpunkt xa—ye eingezeichnet.

Die Anzahl der Treppenstufen ergibt die Anzahl theoretische Böden, im vorliegenden Falle 14,5. Wenn Glockenböden mit einem Wirkungsgrad $\eta = 0{,}75$ gewählt werden, muß die Abtriebssäule $14{,}5 : 0{,}75 = 19{,}3 \sim 20$ praktische Böden erhalten. Werden jedoch Füllkörper 50/50 mm eingebaut, dann muß die Füllkörperschicht, da ein theoretischer Boden lt. Abschnitt III, 4 = 410 mm Höhe erfordert, $14{,}5 \cdot 410 = 5945$ mm ~ 6000 mm hoch werden.

Wo die Arbeitslinie die Senkrechte $xa = 0{,}0453$ schneidet, liegt der Punkt $ye = 0{,}45$. Da 10 Mol/h Rohbenzol abgetrieben werden, beträgt die erforderliche Wasserdampfmenge $= 10 : 0{,}45 = 22{,}22$ Mol/h oder $22{,}22 \cdot 18 = 400$ kg/h.

Wenn angenommen wird, daß das Waschöl-Rohbenzol-Gemisch ein spez. Gewicht von 1,07 besitzt, dann wird aufgegeben $36363{,}6 : 1{,}07 = 34\,000$ l/h oder 34 m³/h. Bei einer Beschickungsmenge von 10 m³/m² würde die Grundfläche des Abtreibers betragen müssen $34 : 10 = 3{,}4$ m² oder 2,1 m $\varnothing$.

Ist ein Dreistoffgemisch, z. B. Benzol, Toluol und m-Xylol, welches sich zu gleichen Teilen in einem geschlossenen Gefäß befindet, mittels einzublasenden Wasserdampfes abzutreiben, dann wird das aufsteigende Dreistoffdampfgemisch soviel Moleinheiten einer jeden Komponente enthalten, als jeder Stoff bei der angenommenen Gemischdampftemperatur Dampfdruck entwickelt.

Beispiel: Nehmen wir an, die Gemischdampftemperatur sei 70⁰ C, dann betragen die Dampfdrucke der drei Komponenten nach Zahlentafel 10: Benzol 542, Toluol 205,4 und m-Xylol 72,2 Torr. Da die Dampfdrucke der einzelnen Komponenten sich wie die im Gemischdampf enthaltenen Mole verhalten, so

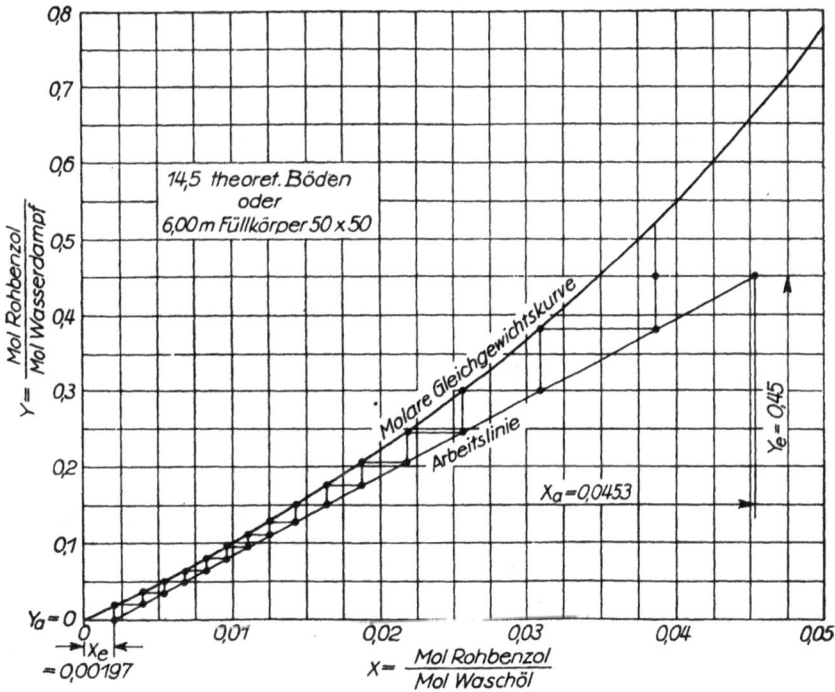

Bild 32.

kann man sagen, daß jedes Torr einer Moleinheit entspricht. Es kann also theoretisch im Gemischdampf enthalten sein: $5,42 \cdot 78,11 = 423,356$ kg Benzol, $2,054 \cdot 92,13 = 189,235$ kg Toluol und $0,722 \cdot 106,1 = 76,604$ kg m-Xylol oder etwa: 61,4 Gew.-% Benzol, 27,45 Gew.-% Toluol und 11,15 Gew.-% Xylol. Die Zahlen 78,11, 92,13 und 106,1 sind die Molekulargewichte der drei Komponenten lt. Zahlentafel 1.

Selbstverständlich sind dies theoretische Zahlen, jedoch ist aus dieser Betrachtung zu ersehen, daß mittels eines Abtreibers niemals Reinbenzol, Reintoluol oder reines m-Xylol erzeugt werden kann, sondern nur ein Gemisch aller vorhandenen Komponenten. Soll aber jede rein gewonnen werden, dann müssen hinter dem Abtreiber drei Rektifizierapparate aufgestellt werden, die unterhalb der Abtriebssäule entweder je eine Heizschlange oder einen Heizkörper erhalten und mittels gesättigtem Wasserdampf beheizt werden.

6. Die Wärmeisolierung

Mitunter wird die Auffassung vertreten, daß Destillier-Rektifiziersäulen, besonders aber kupferne, die gerne blank gehalten werden, nicht isoliert zu werden brauchten, da es sich nur um geringe Wärmeverluste handele. Diese Auffassung ist vollkommen irrig, denn es kommt auf die Erhaltung der Wärmeenergie innerhalb der Säule allein nicht an. Viel wichtiger ist es, daß die im unteren Teil der Abtriebssäule eingeführte Molanzahl Dämpfe geringster Konzentration möglichst vollzählig in Form höchster Konzentration im oberen Teil der Verstärkungssäule wiedererscheinen.

Wird die Säule nicht isoliert, dann mindert sich die unten eingeführte Molanzahl Dämpfe auf dem Wege zum oberen Teil der Säule durch teilweise Verdichtung derselben. Es kann selbst mit der höchsten Säule und mit der größten Bodenanzahl das gewünschte Destillat nicht vollkommen erreicht werden. Eine gewisse Verbesserung des Destillats kann wohl durch Vergrößerung der Rücklaufzahl erhalten werden, jedoch geschieht dies ausschließlich auf Kosten des Dampf- und Kühlwasserverbrauchs.

Werden dagegen die Destillier-Rektifizierapparate gut isoliert, dann kann damit gerechnet werden, daß die im unteren Teil der Abtriebssäule eingeführte Molanzahl Dämpfe auch größtenteil wirklich oben an der Spitze der Verstärkungssäule ankommen. Der hierdurch erzielte erhöhte Nutzeffekt der Säulen wirkt sich aus in: Hochprozentigerem Destillat, niedrigeren Säulen bzw. geringerer Bodenanzahl sowie Ersparnis an Dampf und Kühlwasser. Der Preis der Isolierung macht sich infolgedessen in Kürze bezahlt.

Aus vorgenannten Gründen werden wir zweckmäßig alle diejenigen Apparate und Rohrleitungen, die wärmer als die sie umgebende Luft sind, mit Kieselgur, Glaswatte, Schlackenwolle u. ä. umhüllen, selbst dann, wenn es sich um vollständig kupferne Apparate handelt.

Nach Versuchen von Péclet kann man annehmen, daß folgende Wärmemengen nichtisolierter vertikaler Säulen an die umgebende Luft je m²/h und Temperaturdifferenzen von 30 bis 160° ausgestrahlt werden:

Temp.-Diff.	Guß-eisen	Stahl	Kupfer	Temp.-Diff.	Guß-eisen	Stahl	Kupfer
30°	250	224	106	100°	1110	1000	466
40°	350	312	151	110°	1267	1125	527
50°	456	410	197	120°	1430	1275	587
60°	575	514	250	130°	1600	1430	657
70°	700	625	288	140°	1670	1595	730
80°	820	740	355	150°	1850	1770	810
90°	965	865	410	160°	2050	1960	900

Die Isolierung der Säulen muß zweckmäßig in solcher Stärke erfolgen, daß nur etwa 5% der in vorstehender Zahlentafel angegebenen Wärmemengen wirklich verloren gehen.

Der Wärmedurchgang einer isolierten Säule beträgt je m² Außenfläche/h:

$$Q = \frac{\vartheta \cdot \lambda}{\delta}$$

Die Stärke der Isolierung ergibt sich daher aus:

$$\delta = \frac{\vartheta \cdot \lambda}{Q}$$

worin bedeuten:

Q = Wärmedurchgang der Isolierung . . . . kcal/m² h
ϑ = Temperaturdifferenz zwischen Dampf und Luft . . . . ^{0}
λ = Wärmeleitzahl des Isoliermaterials . . . . kcal/m h/^{0}
δ = Stärke der Isolierung . . . . m.

Die Wärmeleitzahlen λ können der Zahlentafel 5c entnommen werden.

7. Dampfverbrauch und Wärmebilanz

Die Berechnung des Dampfverbrauchs eines Destillier-Rektifizier-Apparats ist verhältnismäßig einfach. Wie bereits im Abschnitt II, 3 und III, 4 erörtert, soll zur Wärmeübertragung in Heizschlangen und Heizkörpern möglichst gesättigter Wasserdampf verwendet werden; eine geringe Überhitzung von etwa 5 bis 10^0 ist nicht schädlich. Hochüberhitzter Wasserdampf ist als Gas anzusehen und würde außerordentlich große Heizflächen erfordern. Mithin muß die Überhitzung des Wasserdampfes durch Einspritzen heißen Kondensats auf ein erträgliches Maß gemildert werden.

Die einzuspritzende Kondensatmenge beträgt:

$$G = \frac{i - i''}{i'' - i'} \quad \text{worin bedeuten:}$$

G = Gewicht der einzuspritzenden Kondensatmenge . . . . . kg/kg
i' = Wärmeinhalt des Kondensats . . . . kcal/kg
i'' = Wärmeinhalt des gesättigten Wasserdampfes . . . . . . kcal/kg
i = Wärmeinhalt des überhitzten Wasserdampfes . . . . . kcal/kg.

Das eingespritzte heiße Kondensat verdampft bei der Berührung mit dem überhitzten Wasserdampf, die Überhitzung wird entfernt und es wird vollkommen gesättigter Wasserdampf gleicher Spannung erzeugt. Handelt es sich um Abtreiber, die Einblasedampf erhalten, dann kann überhitzter Wasserdampf beliebiger Spannung und Temperatur Verwendung finden. Selbstverständlich muß die Spannung bis auf den Arbeitsdruck des Abtreibers gemindert werden. Der gesamte Wärmeinhalt i des überhitzten Wasserdampfes wird in solchem Falle im Abtreiber gut ausgenutzt.

Wenn ein Teil des Wärmeverlustes des Rücklauferzeugers, des Verdichters oder Rückstandes durch das eintretende Gemisch aufgenommen wird, dann ist es selbstverständlich, daß diese Wärmemenge als Wärmegewinn betrachtet werden muß. Dies ist in der nachstehenden Wärmebilanz zu berücksichtigen. Man muß daher stets beachten, daß sich verhält:

$$\text{Wärmeverbrauch} = \text{Wärmeverluste} - \text{Wärmegewinn.}$$

Wärmebilanz eines Destillier-Rektifizierapparats

Wärmeverlust des Rücklauferzeugers (Dephlegmators, Rückflußkühlers):
$$Q_1 = (G'd \cdot r' + G''d \cdot r'')v$$

Wärmeverlust des Verdichters (Kondensators, Verflüssigers):
$$Q_2 = G'd \cdot r' + G''d \cdot r''$$

Wärmeverlust des Kühlers:
$$Q_3 = (G'd \cdot c' + G''d \cdot c'')\,(ta - te)$$

Wärmeverlust durch abfließendes Destillat:
$$Q_4 = (G'd \cdot c' + G''d \cdot c'')te$$

Wärmeverlust durch abfließenden Rückstand:
$$Q_5 = (G'r \cdot c' + G''r \cdot c'')tr$$

Wärmeverlust durch Ausstrahlung der Isolierung:
$$Q_6 = \frac{\vartheta \cdot F}{\dfrac{\delta_1}{\lambda_1} + \dfrac{\delta_2}{\lambda_2}}$$

Wärmegewinn durch eintretendes Gemisch oder eintretenden Gemischdampf:
$$Q_7 = (G'g \cdot c' + G''g \cdot c'')tg \ \text{ oder } \ (G'g \cdot c' + G''g \cdot c'')t_s + G'g \cdot r' + G''g \cdot r''$$

Wärmeverbrauch des Apparats:
$$Q = (Q_1 + Q_2 + Q_3 + Q_4 + Q_5 + Q_6) - Q_7$$

Verbrauch an gesättigtem Wasserdampf mit Heizflächen:
$$Dh = \frac{Q}{r}$$

Verbrauch an eingeblasenen gesättigten Wasserdampf:
$$Dg = \frac{Q}{i'' - 102}$$

Verbrauch an eingeblasenen überhitzten Wasserdampf:
$$D\ddot{u} = \frac{Q}{i - 102}$$

Kühlwasserverbrauch des Apparats:

$$W = \frac{Q_1 + Q_2 + Q_3}{te' - ta'}$$

worin bedeuten:

$G'd$ = Gewicht des Leichtsiedenden im Destillat . . . . . kgh
$G''d$ = ,, ,, Schwer- ,, ,, ,, ... kgh
$G'r$ = ,, ,, Leicht- ,, ,, Rückstand . . . . kgh
$G''r$ = ,, ,, Schwer- ,, ,, ,, ... kgh
$G'g$ = ,, ,, Leicht- ,, ,, Gemisch . . . . . kgh
$G''g$ = ,, ,, Schwer- ,, ,, ,, ... kgh
r' = Verdampfungswärme des Leichtsiedenden . . . . . kcal/kg
r'' = ,, ,, Schwer- ,, ... kcal/kg
r = ,, ,, gesättigten Wasserdampfes kcal/kg
i'' = Wärmeinhalt ,, ,, .. kcal/kg
i = ,, ,, überhitzten .. kcal/kg
c' = spezifische Wärme des Leichtsiedenden . . . . . . kcal/kg/°
c'' = ,, ,, ,, Schwer- ,, ... kcal/kg/°
v = Rücklaufzahl = Rücklauf: Destillat . . . . kg/kg
ta = Anfangstemperatur des Destillats . . . . °C
te = End- ,, ,, ,, ... °C
$t'a$ = Anfangs- ,, ,, Kühlwassers . . . . °C
$t'e$ = End- ,, ,, ,, ... °C
tr = Temperatur des Rückstandes . . . . °C
tg = ,, ,, Gemisches . . . . °C
t_s = Siedetemperatur des Gemisches . . . . °C
ϑ = Temperaturdifferenz zwischen Dampf und Raumluft °
F = äußere Fläche der Isolierung . . . . m²
δ_1 = Stärke der Isolierung . . . . m
δ_2 = ,, ,, Apparatewand . . . . m
λ_1 = Wärmeleitzahl der Isolierung . . . . kcal/m h °
λ_2 = ,, ,, Apparatewand . . . . kcal/m h °
Q_1 = Wärmeverlust des Rücklauferzeugers (Dephlegmators) kcalh
Q_2 = ,, ,, Verdichters (Kondensators) . . . kcalh
Q_3 = ,, ,, Kühlers . . . . kcalh
Q_4 = ,, durch abfließendes Destillat . . . . kcalh
Q_5 = ,, ,, abfließenden Rückstand . . . . kcalh
Q_6 = ,, ,, Ausstrahlung der Isolierung . . kcalh
Q_7 = Wärmegewinn durch eintretendes Gemisch oder Ge-
   mischdampf . . . . kcalh
Q = Wärmeverbrauch des Apparats . . . . kcalh
Dh = Verbrauch an gesättigtem Wasserdampf mit Heizflächen kgh
Dg = ,, ,, ,, eingeblasenem gesättigten Wasserdampf kgh
$Dü$ = ,, ,, ,, ,, überhitzten ,, . kgh
W = Kühlwasserverbrauch des Apparats . . . . kgh.

8. Berechnung einer Apparatur für Wasser-n-Butanol

Das obengenannte Gemisch bildet in einer Florentiner Flasche oder Scheidegefäß zwei Schichten. Bei 20⁰ C z. B. hat die unterste Schicht 98 Mol-% Wasser und 2 Mol-% n-Butanol, die oberste Schicht dagegen 51,5 Mol-% Wasser und 48,5 Mol-% n-Butanol. Das Auffangen der beiden Schichten geschieht normal bei etwa 20⁰ C; über 125⁰ C ist das Trennen in zwei Schichten nicht mehr möglich, weil eine Emulsion entsteht.

Werden diese beiden Schichten in zwei voneinander getrennten Destillierapparaten zum Sieden gebracht, dann steigt aus beiden Apparaten der gleiche Dampf auf und zwar von 75,2 Mol-% Wasser und 24,8 Mol-% n-Butanol. Dieser azeotropische Gemischdampf hat eine Temperatur von 92,7⁰ C.

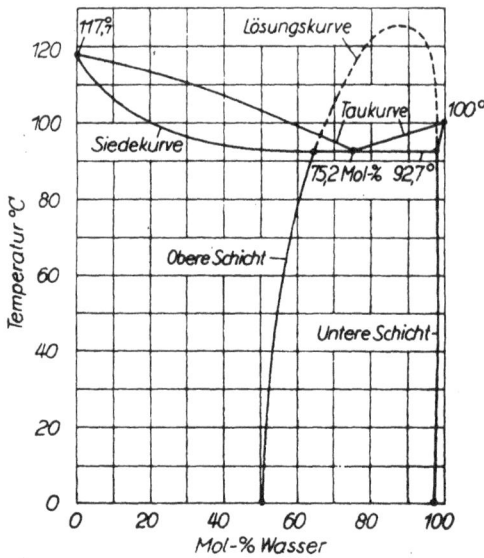

Bild 33.

Im vorstehenden Kurvenblatt Bild 33 sind die Lösungs-, Tau- und Siedekurven des Gemisches Wasser-n-Butanol aufgetragen, woraus das bereits Gesagte ersichtlich ist. Bekanntlich siedet reines Wasser bei 100⁰ C, reines n-Butanol bei 117,7⁰ C, ein Betriebsdruck von 760 Torr vorausgesetzt. Will man die beiden Komponenten scharf voneinander trennen, dann verflüssigt man den aus beiden Apparaten aufsteigenden Dampf von 75,2 Mol-% Wasser, 24,8 Mol-% n-Butanol und 92,7⁰ C in einem gemeinsamen Verdichter und läßt das Kondensat in das vorhin erwähnte Scheidegefäß fließen, von wo aus die unterste Schicht in den ersten, die oberste Schicht in den zweiten Apparat strömt. Wird dieses Verfahren in ununterbrochenem Betriebe fortgesetzt und der erste Apparat mittels Einblasedampfes von 1,1 ata, der zweite Apparat dagegen unter Zuhilfenahme von Heizschlangen oder Heizkörpern mittels gesättigten Dampfes von mindestens 3.2 ata beheizt, dann ist der Kreislauf geschlossen und aus dem ersten Apparat fließt unten reines Wasser, aus dem zweiten Apparat unten reines n-Butanol ab. Selbstverständlich ist es zweckmäßig, die überschüssige Wärme des Wassers und n-Butanols mittels Wärmeaustauschern an die beiden vom Scheidegefäß abfließenden Schichten zu übertragen.

Der aus den beiden Apparaten aufsteigende Dampf von 75,2 Mol-% Wasser und 24,8 Mol-% n-Butanol hat:

$$x = \frac{75,2 \cdot 18 \cdot 100}{75,2 \cdot 18 + 24,8 \cdot 74,1} = 42,44 \text{ Gew.-\% Wasser}$$

und $100 - 42,44 = 57,56$ Gew.-% n-Butanol.

Beispiel: Enthält der Gemischdampf z. B. 400 kg n-Butanol, dann ist darin Wasser enthalten:

$$G = \frac{400 \cdot 42,44}{57,56} = 295 \text{ kg Wasser,}$$

zusammen also: $400 + 295 = 695$ kg Gemischdampf.

Durchschnittlich enthalten die beiden Schichten im Scheidegefäß:

oberste   Schicht: 78 Gew.-% n-Butanol und 22 Gew.-% Wasser,
unterste   ,,   9   ,,   ,,   ,,   91   ,,   ,,

woraus nachstehende Formeln gebildet werden:

$$x_1 \cdot 695 \cdot 0,78 + (1 - x_1) \, 695 \cdot 0,09 = 400 \text{ kg n-Butanol oder}$$
$$x_1 \cdot 695 \cdot 0,22 + (1 - x_1) \, 695 \cdot 0,91 = 295 \text{ kg Wasser.}$$

Die Ausrechnung ergibt: $x_1 = 0,70368$.

Es wird daher vom Verdichter kondensiert und dem Scheidegefäß zuströmen:

$$x_2 = \frac{400 \cdot 0,4244}{0,70368(0,4244 - 0,22)} = 1180,264 \text{ kg Gemisch.}$$

Dieses besteht aus:

$$G_1 = 0,5756 \cdot 1180,264 = \quad 679,360 \text{ kg n-Butanol,}$$
$$G_2 = 0,4244 \cdot 1180,264 = \quad 500,904 \text{ kg Wasser,}$$
$$\text{zusammen} = \overline{1180,264 \text{ kg Gemisch.}}$$

Wenn $0,78 \cdot x_3 + 0,09 \cdot x_4 = 679,360$ kg und $x_3 + x_4 = 1180,264$ kg, dann ergibt: $0,78(1180,264 - x_4) + 0,09) \, x_4 =$

$$920,606 - 0,78 \, x_4 + 0,09 \, x_4 = 679,360$$

oder: $0,69 \cdot x_4 = 241,246$

$$\text{Auflösung:} \quad x_4 = \frac{241,246}{0,69} = 349,632 \text{ kg.}$$

Da die unterste Schicht 9 Gew.-% n-Butanol enthält, so sind:

$$G_3 = \frac{9 \cdot 349,632}{100} = 31,467 \text{ kg n-Butanol,}$$

$$G_4 = \frac{31,467 \cdot 42,44}{57,56} = 23,201 \text{ kg Wasser.}$$

Aus der obersten Schicht wird verdampft:

$$679,360 - 400 - 31,467 = 247,893 \text{ kg n-Butanol,}$$
$$500,904 - 295 - 23,201 = 182,703 \text{ kg Wasser.}$$

Die beiden Destillierapparate müssen daher verdampfen:

Körper	n-Butanol-dampf kg	Wasser-dampf kg	Gemisch-dampf kg	Bemerkungen
1. Apparat	400,000	295,000	695,000	Rohgemisch
1. Apparat	31,467	23,201	54,668	Unterste Schicht
2. Apparat	247,893	182,703	430,596	Oberste Schicht
zusammen	679,360	500,904	1180,264	

Die Bodenanzahl der Destilliersäulen kann nach Abschnitt III,3, der Durchmesser derselben nach Abschnitt IV,5, der Dampf- und Kühlwasserverbrauch nach Abschnitt IV,7 ermittelt werden.

Eine schematische Darstellung der Apparatur für das Gemisch Wasser-n-Butanol ist in Bild 34 angegeben. Dieses Schema läßt sich für alle wenig löslichen Zweistoffgemische verwerten.

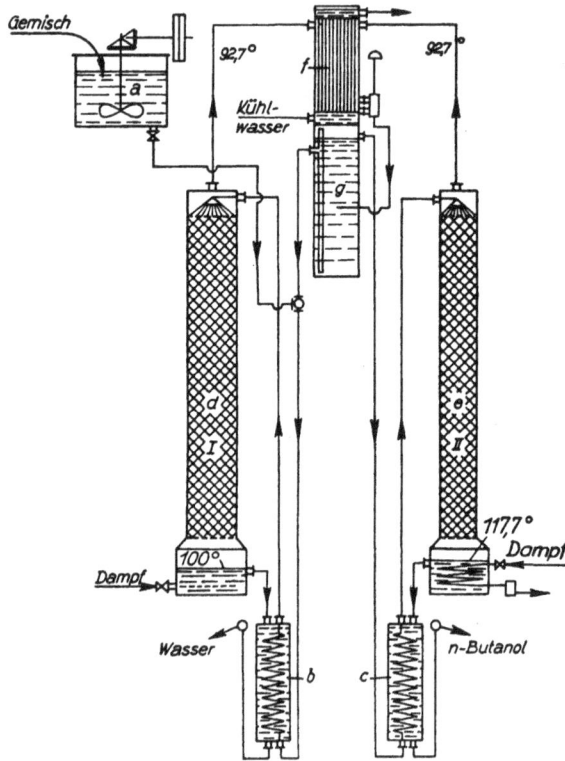

a	Gemischbehälter
b	Wärmeaustauscher I
c	„ „ II
d	Destillierapparat I
e	„ „ II
f	Verdichter und Kühler
g	Scheidegefäss

Bild 34. Anlage für Wasser-n-Butanol.

9. Destillier-Rektifizier-Apparate mit Wärmepumpe

In vielen Fällen läßt sich im Betrieb von Destillier-Rektifizier-Apparaten eine wesentliche Dampfersparnis durch Anwendung einer Wärmepumpe erzielen. Hierbei können Dampf- und Wärmemengen, welche unter gewöhnlichen Verhältnissen verloren gehen, mit Hilfe eines Turbokompressors für den Betrieb der Destillier-Rektifizier-Apparate nutzbar gemacht werden.

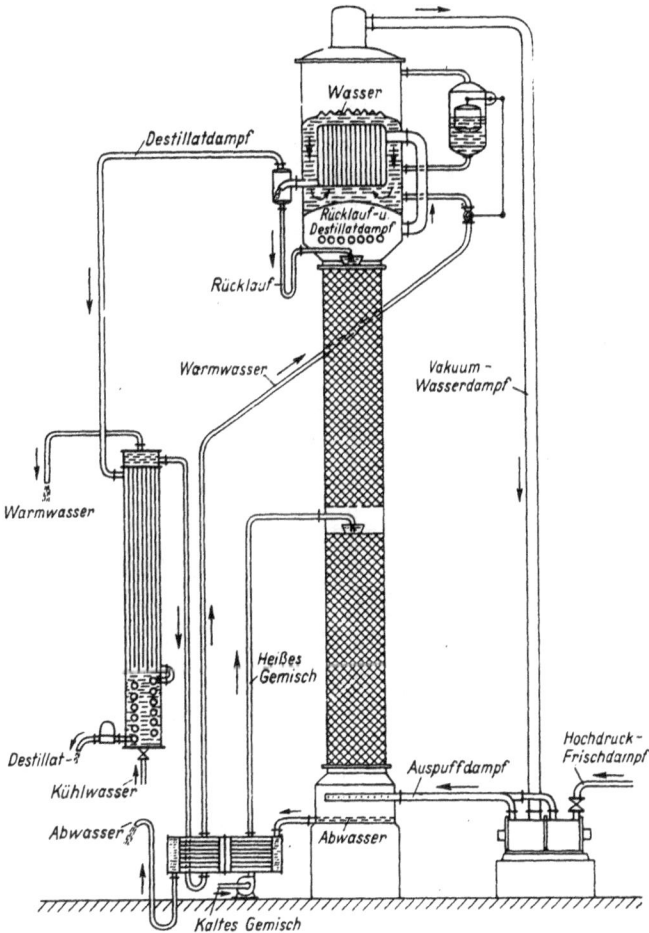

Bild 35. Anlage mit Wärmepumpe (bei wässerigem Rückstand).

Die schematischen Bilder 35 und 36 stellen zwei Ausführungsformen dar. Die Abtriebs- und Verstärkungssäulen weisen keinen Unterschied auf von den im allgemeinen üblichen Konstruktionen, d. h. es können Sieb- und Glockenböden oder Füllkörpersäulen gewählt werden. Auch die übrigen Einzelheiten, wie z. B. Destillatdampf-Verdichter und Kühler, sowie Wärmeaustauscher, weichen in keiner Weise von den üblichen Ausführungen ab.

Ist ein Zweistoffgemisch zu trennen, z. B.: Äthanol-Wasser, Methanol-Wasser oder Aceton-Wasser, dessen Rückstand ausschließlich aus Wasser besteht, so kann das Schema, Bild 35, gewählt werden. Bei diesem trägt die Verstärkungssäule an Stelle des bisherigen, mit Wasser gekühlten, Rücklauferzeugers oder Dephlegmators einen Wasserröhrenverdampfer, worin als Heizmittel auf der Außenseite der Heizfläche der aus der Verstärkungssäule aufsteigende hochprozentige Dampf 1 ata z. B. 78° verwendet wird, während der Innenseite der

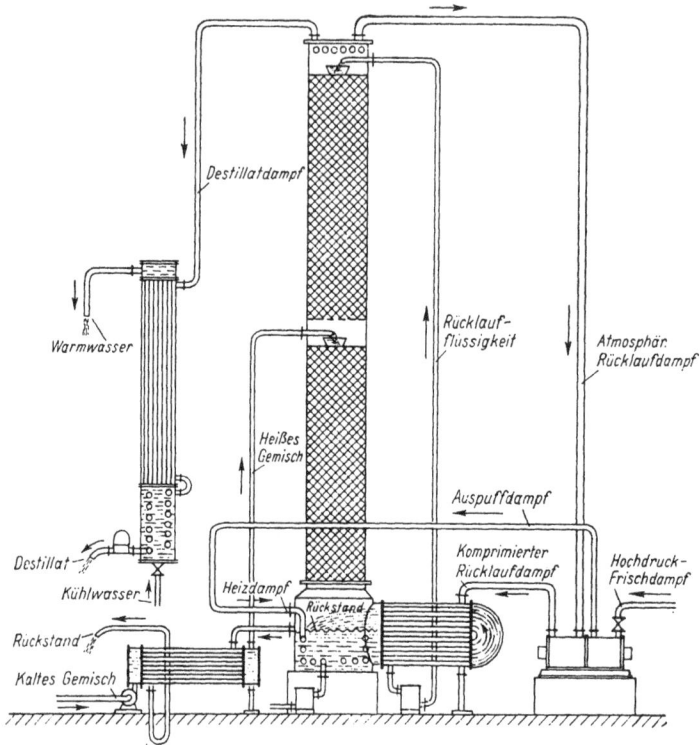

Bild 36. Anlage mit Wärmepumpe (bei nicht-wässerigem Rückstand).

Heizfläche nur soviel warmes Wasser zwecks Verdampfung zugeführt wird, daß es genügt, die erforderliche Rücklaufmenge zu erzeugen.

Ein Dampf-Turbokompressor saugt den vom Wasserröhrenverdampfer entwickelten Dampf an, erzeugt ein Vakuum von z. B. 0,32 ata ∼ 70° und komprimiert auf z. B. 1,1 ata ∼ 101,8°. Zwischen Heizmittel und kochendem Wasser besteht mithin eine Temperaturdifferenz von 78—70 = 8°. Der komprimierte Dampf 1,1 ata wird alsdann unterhalb der Abtriebssäule eingeblasen, von wo aus dessen Verdampfungswärme an das herabrieselnde Gemisch übergeht. Der Dampfauspuff des Turbokompressors vereinigt sich mit dem komprimierten Dampf 1,1 ata und dient zur Beheizung der Säule. Der beim geschilderten Vorgang entwickelte Rücklauf fließt auf die Spitze der Verstärkungssäule zurück.

Handelt es sich jedoch darum, ein Zweistoffgemisch z. B. Benzol-Toluol, zu trennen, woraus als Rückstand ein anderer Stoff, als Wasser, abfließt, dann ist das Schema, Bild 36, zu empfehlen. Wie aus dem Bilde ersichtlich, ist das Unterteil der Abtriebssäule mit einem Röhrenheizkörper verbunden, in dessen Rohrinnern der Rückstand zirkuliert. Von der Spitze der Verstärkungssäule saugt ein Dampf-Turbokompressor hochprozentigen Rücklaufdampf, z. B. 1 ata ∼ 80⁰ an und komprimiert ihn auf z. B. 3 ata ∼ 120⁰. Dieser komprimierte Rücklaufdampf wird auf die Röhrenaußenseite des Heizkörpers geleitet, kondensiert dort, fließt verflüssigt durch einen Kondenstopf und wird alsdann auf die Spitze der Verstärkungssäule zurückgedrückt. Die übertragene Verdampfungswärme des Rücklaufdampfes wird über den Heizkörper an den siedenden Rückstand von z. B. 1 ata = 110⁰ abgegeben, der seinerseits die erhaltene Wärme an das herabrieselnde Gemisch weitergibt. Zwischen Heizmittel und siedendem Rückstand besteht mithin eine Temperaturdifferenz von 120—110 = 10⁰. Der Dampfauspuff des Turbokompressors wird in eine, im Unterteil des Apparats eingebaute Heizschlange geleitet, wo er ebenfalls seine Verdampfungswärme an den Rückstand abgibt.

Es ist allgemein bekannt, daß Rücklauferzeuger große Wärmeverschwender sind und daß gerade an dieser Stelle erhebliche Wärmemengen eingespart werden können. In vorbeschriebener Weise wird die gesamte Verdampfungswärme des Rücklaufdampfes nutzbar gewonnen und im Apparat wiederverwendet, während früher diese Wärme mit dem Kühlwasser zum Kanal floß. Es empfiehlt sich daher, jede Destillier-Rektifizier-Anlage daraufhin kritisch zu untersuchen, ob nicht durch Einbau einer Wärmepumpe Dampf- und somit Kohlen- und Geldersparnisse gemacht werden können.

V. Aufbau und Wirkungsweise
technischer Destillier-Rektifizier-Anlagen

1. Anlage für Aceton, Butanol, Äthanol aus Maische

Die Anlage dient zur Erzeugung von Aceton aus einer 2,2 gewichtsprozentigen aus Maismehl gegorenen Maische. Sie besteht aus 4 Abteilungen und zwar:

1. einer Maische-Abtreibeanlage,
2. einer Aceton-Erzeugungsanlage,
3. einer Äthanol-Erzeugungsanlage,
4. einer Butanol-Erzeugungsanlage.

Während der Verarbeitung fallen als Nebenprodukte Äthanol, geringe Mengen Methyläthylketon und Isopropanol als azeotropisches Gemisch, Aldehyd, Amylalkohol und Schweröl an, die gesondert gesammelt werden.

Die Anlage arbeitet vollkommen ununterbrochen mit 8 Apparaten, hintereinander geschaltet, ohne Zwischenbehälter. Das Aceton und Butanol wird etwa 100%ig, das Äthanol etwa 94,6 Gew.-%ig gewonnen, die übrigen Stoffe möglichst rein.

1. Die Maische-Abtreibeanlage:

A = Maische-Förderpumpe,
B = Maische-Destilliersäule,
C = Schaumzerstörer,
D = NaOH-Behälter,
E = Verdichter,
F =   „
G = Absorber.

2. Die Aceton-Erzeugungsanlage:

H = Aceton-Rektifiziersäule I,
J =   „   „   II,
K =   „   „   III,
L = Rücklauferzeuger,
M =   „
N = Aceton-Kühler,
O =   „   „
P = Aldehyd-Kühler.

3. Die Äthanol-Erzeugungsanlage:

Q = Äthanol-Rektifiziersäule I,
R =   „   „   II,
S = Rücklauferzeuger,
T = Äthanol-Kühler,
U = Aldehyd-Kühler.

4. Die Butanol-Erzeugungsanlage:

V = NaOH-Behälter,
W = Butanol-Destilliersäule,
X =   „   -Rektifiziersäule,
Y =   „   -Verdichter und Kühler,
Z =   „   „   „
A_1 = Scheidegefäß,
B_1 = Butanol-Verdichter,
C_1 =   „   -Kühler.

Die Wirkungsweise der Anlage ist folgende:

1. Die Maische von 35°C wird aus einem nicht dargestellten Gärbehälter mittels Förderpumpe A in den Verdichter E gedrückt. Mittels eines Ventils a und Flüssigkeitsmessers b wird die Durchflußmenge geregelt, die im Schauglas c beobachtet werden kann. Im Verdichter E wird die Maische bis auf etwa

68

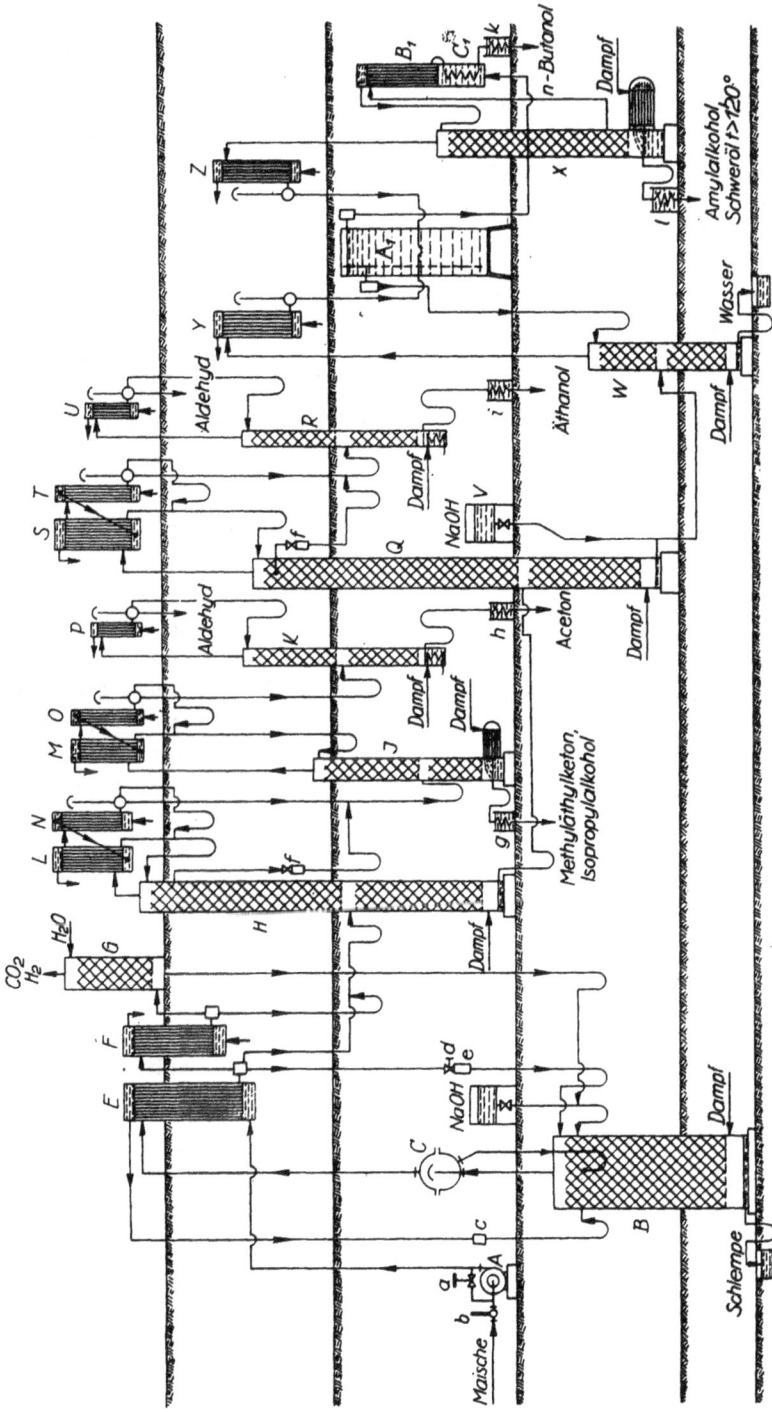

Bild 37. Anlage für Aceton, Butanol, Äthanol aus Maische.

78⁰ C mittels Maischebrüden erwärmt, die dabei verflüssigt werden. Im Unterteil der Destilliersäule wird möglichst überhitzter Wasserdampf von etwa 1,2 ata eingeblasen, der dabei seine Wärme abgibt, sich verflüssigt und mit der Schlempe in den Kanal abfließt. Die aus der abdestillierten Maische aufsteigenden Dämpfe enthalten sämtliche leicht- und schwersiedende Stoffe und haben eine Temperatur von etwa 95⁰ C. Die Dämpfe können Schaum enthalten, weshalb ein Schaumzerstörer C vorgesehen ist. Die geplatzten Dampfblasen fließen in Tropfenform zum Destillierapparat B zurück. Mittels des Ventils d kann eine gewisse Rücklaufmenge nach B geleitet werden, womit die austretenden Dämpfe verbessert werden bzw. eine beliebig höhere Konzentration erhalten. Das Schauglas e dient zur Durchflußbeobachtung. Die in E nicht kondensierten Dämpfe werden zum Verdichter F geführt, der mit Wasser gekühlt wird. Das alkoholische Gemisch wird als 25—30%ige Lösung gewonnen. Die nicht kondensierbaren Gase CO_2 und H_2 werden in den Absorber G geleitet, dort mit Wasser gewaschen und ins Freie geführt. Der Wasserabfluß fließt nach B. Während des Destillierens wird aus D eine genau regelbare Menge NaOH, 20—25%ig, dem Destillierapparat B zugeführt, um den Säuregehalt der Maische abzustumpfen.

2. Das von den beiden Verdichtern E und F abfließende, sämtliche Stoffe enthaltende Gemisch tritt in die Acetonsäule H, die ein Aceton-Vorprodukt erzeugt. Die Beheizung erfolgt durch Einblasen überhitzten Wasserdampfes etwa 1,2 ata im Unterteil der Säule. In L wird Rücklauf erzeugt, der auf den obersten Boden der Verstärkungssäule zurückfließt. Das Vorprodukt wird entweder dem Kühler N oder dem dritten Boden von oben entnommen und der Aceton-Säule J zugeführt. Durch das Schauglas f kann man den Durchfluß beobachten. Die Säule J wird im Unterteil mittels Heizkörpers und Sattdampfes von etwa 1,5—2 ata beheizt, da hier ein azeotropisches Gemisch von etwa 70 Gew.-% Methyläthylketon und 30 Gew.-% Isopropanol abgetrennt und in g gekühlt wird. In M wird Rücklauf erzeugt, der auf die Spitze von J zurückläuft. Aus dem Kühler O fließt ein Aceton ab, welches etwas Aldehyd enthält. Dieses wird zur Aceton-Säule K geleitet, in welchem dessen Trennung erfolgt. Die Säule K wird ebenfalls indirekt mittels Sattdampfes von etwa 1,5—2 ata beheizt. Das gereinigte Aceton fließt unten ab, wird in h gekühlt und gelangt durch Glasglocke in den Sammelbehälter. Das Aldehyd wird beim Kühler P abgezogen und gesondert gesammelt.

3. Das von der Acetonsäule H abfließende Gemisch, aus Butanol, Äthanol, Amylalkohol, Schweröl und Wasser bestehend, fließt zur Äthanol-Säule Q. Hier wird ein Äthanol erzeugt, welches aldehydhaltig ist. Die Beheizung erfolgt durch Einblasen überhitzten Dampfes von etwa 1,2 ata in das Unterteil der Säule. In S wird Rücklauf erzeugt, der auf die Spitze von Q zurückfließt. Aus dem Kühler T fließt das vorgereinigte Äthanol zur Äthanol-Säule R. Hier wird das Äthanol von Aldehyd befreit, genau wie in K. Das Aldehyd läuft beim Kühler U ab und wird gesondert gesammelt, während das Äthanol mit etwa 94,5—94,6 Gew.-% aus dem Unterteil von R abfließt, in i gekühlt wird und durch Glasglocke in einem Sammelbehälter gelangt.

4. Das aus der Äthanol-Säule Q abfließende Gemisch besteht nur noch aus Butanol, Amylalkohol, Schweröl und Wasser. Diesem wird aus dem Laugenbehälter V eine 20—25%ige NaOH-Lösung in regelbarer Menge zugesetzt und alsdann der Säule W zugeführt. Zuvor wird aber das Gemisch mittels heißen Abwassers in einen Wärmeaustauscher vorgewärmt. Im Unterteil der Säule W wird überhitzter Wasserdampf von etwa 1,1 ata eingeblasen, wodurch alle höher als 100° C siedenden Stoffe abgetrieben werden. Aus W fließt unten reines heißes Wasser ab, da alle sonstigen Stoffe entfernt sind. Aus der Säule W steigt oben ein Gemischdampf auf, der vorwiegend aus 57,56 Gew.-% Butanol und 42,44 Gew.-% Wasser besteht, ein azeotropischer Gemischdampf von 92,7° C. Nach erfolgter Verdichtung in Y fließt das gekühlte Kondensat zum Scheidegefäß A_1, wo sich zwei Schichten bilden. Die obere Schicht hat 78 Gew.-% Butanol und 22 Gew.-% Wasser, die untere Schicht dagegen hat 9 Gew.-% Butanol und 91 Gew.-% Wasser. Die obere Schicht wird im Verdichter B_1 vorgewärmt und dann in einen Wärmeaustauscher erhitzt, der nicht dargestellt ist. Alsdann fließt die obere Schicht auf die Spitze der Säule X und von dort langsam nach unten. Der am Unterteil befindliche Heizkörper wird indirekt mittels Sattdampf von mindestens 3,2 ata beheizt. Der aus X aufsteigende Gemischdampf hat genau die gleiche Zusammensetzung wie die der Säule W, nämlich 57,56 Gew.-% Butanol und 42,44 Gew.-% Wasser bei einer Temperatur von 92,7° C. Dieser Gemischdampf wird verdichtet und gekühlt im Verdichter Z; er fließt dem Scheidegefäß A_1 zu, worin die Trennung in vorwiegend butanolhaltige und wasserhaltige Schichten stattfindet. Jedes Teil Butanol muß das Scheidegefäß etwa 1,7mal durchlaufen, ehe eine endgültige Gewinnung des reinen Butanols erfolgt. In etwa 1 m oberhalb des Unterteils wird reiner Butanoldampf abgezogen und nach B_1 geführt, woselbst er verdichtet und in C_1 gekühlt wird. Dieses Butanol hat einen Siedepunkt von 117,7° C. Der sich am tiefsten Punkte der Säule X ansammelnde Stoff besteht aus Amylalkohol und Schweröl und siedet bei über 120° C.

2. Anlage für Aceton, Methanol usw. aus wässeriger Lösung

Die Anlage dient zum Abtrennen des Leichtsiedenden aus einem leichtlöslichen, stark verdünnten Zweistoffgemisch und zum Verstärken des Destillats bis auf Hochkonzentration.

Die Anlage besteht aus folgenden Teilen:

A = Gemisch-Behälter,
B = Gemisch-Förderpumpe,
C = Verdichter für hochkonzentrierten Dampf,
D = Rücklauferzeuger, gemischgekühlt,
E = Rücklauferzeuger, wassergekühlt,
F = Wärmeaustauscher,
G = Abtriebssäule,
H = Verstärkungssäule,
I = Destillatkühler,
J = Destillatbehälter.

Die Wirkungsweise der Anlage ist folgende:

Die Förderpumpe B saugt das Gemisch aus dem Behälter A an und drückt es durch den Verdichter C, den Rücklauferzeuger D und den Wärmeaustauscher F, von wo aus das Gemisch mit einer Temperatur von etwa 90—95° C auf die oberste Füllkörperschicht der Abtriebssäule G fließt und dort fein verteilt wird. Beim tiefsten Punkte von G wird möglichst überhitzter Wasserdampf von etwa 1,1—1,2 ata eingeblasen. Dieser Dampf steigt durch die Füllkörperschichten nach oben im Gegenstrom zum herabrieselnden Gemisch und nimmt

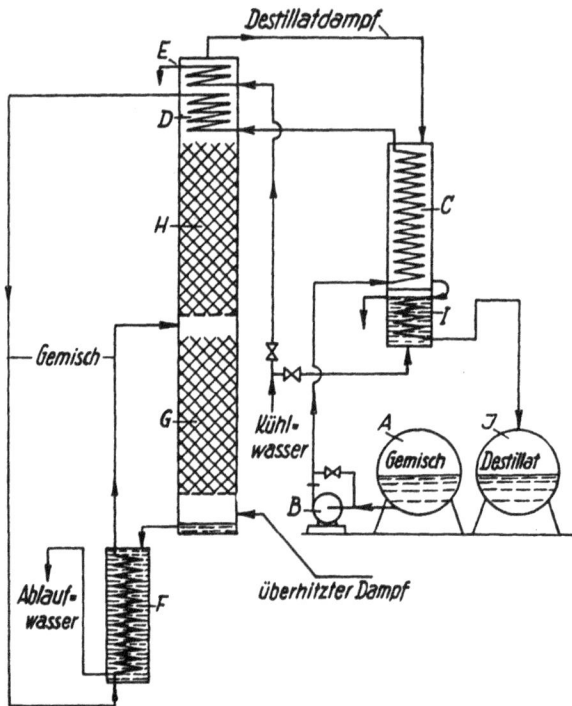

Bild 38. Anlage für Aceton, Methanol usw. aus wässeriger Lösung.

auf diesem Wege alle leichtsiedenden Stoffe in sich auf. Der oberhalb der Verstärkungssäule H eingebaute gemischgekühlte Rücklauferzeuger D verflüssigt den größten Teil der aufsteigenden Dämpfe. Der herabrieselnde Flüssigkeitsstrom verhindert, daß Schwersiedendes die Spitze der Verstärkungssäule verläßt. Sofern die durch D erzielte Kühlwirkung allein nicht genügt, wird der vorgesehene wassergekühlte Rücklauferzeuger E zusätzlich in Betrieb genommen. Der hochkonzentrierte Dampf strömt zum Verdichter C, wird hier mittels Gemisches verflüssigt und im Kühler I mittels Kaltwassers gekühlt. Das fertige Destillat fließt nunmehr zum Behälter J. Aus dem Unterteil der Säule G fließt das Ablaufwasser einschließlich des verflüssigten Dampfes durch den Wärmeaustauscher F, gibt seine Wärme an das Gemisch ab und fließt zum Schluß in den Kanal.

3. Anlage für Sprit und Nebenprodukte; absoluter Alkohol

Die Anlage dient zur Gewinnung hochprozentigen Sprits und der anfallenden Nebenprodukte, wie Fuselöl und Acetaldehyd.

Sie besteht aus:

A	= Gemischbehälter,	K	= Kühler für Ia-Sprit,
B	= Gemisch-Förderpumpe,	L	= ,, ,, IIa-Sprit,
C	= Rücklauferzeuger,	M	= ,, ,, Acetaldehyd,
D	= ,,	N	= Fuselölabscheider,
E	= Wärmeaustauscher,	O	= Fuselölflasche,
F	= ,,	P	= Behälter für Ia-Sprit,
G	= Destillier-Rektifizier-Säule,	Q	= ,, ,, IIa-Sprit,
H	= ,, ,, ,,	R	= ,, ,, Acetaldehyd.
I	= ,, ,, ,,		

Das Zweistoffgemisch Äthanol-Wasser ist in jedem Mischungsverhältnis vollkommen löslich. Die Trennung der beiden Komponenten voneinander ist in der Spiritusindustrie in vollkommener Weise gelöst worden.

Das Gemisch fällt in der Regel von den Gärbottichen an mit 8—10 Vol.-% = 6,42—8,05 Gew.-% = 2,58—3,32 Mol-% Äthanol.

Handelt es sich nun darum, einen Trinkbranntwein von etwa 50 Vol.-% = 42,54 Gew.-% = 22,5 Mol-% Äthanol herzustellen, der alle Geschmacksstoffe enthält, dann ist nichts weiter erforderlich, als ein Abtreiber ohne jede Verstärkungssäule oder Rücklauferzeuger. Der aus dem Abtreiber aufsteigende Gemischdampf ist lediglich zu verdichten und zu kühlen. Dieses Verfahren wird in kleinen Brennereien durchweg angewandt.

Sind jedoch größere Gemischmengen zu verarbeiten, dann ist es ökonomischer, sowohl eine Unterteilung in Ia- und IIa-Sprit vorzunehmen, als auch die anfallenden Nebenprodukte, wie Fuselöl und Acetaldehyd zu gewinnen. Die Arbeitsweise ist folgende: Die Förderpumpe B fördert das Gemisch aus dem Behälter A in den Rücklauferzeuger C, wo es bis auf etwa 70° C erwärmt wird. Von dort aus strömt es zum Wärmeaustauscher E, wo es bis auf etwa 90—95° C erwärmt wird. Mit dieser Temperatur tritt das Gemisch oberhalb des Abtriebsteiles der Destillier-Rektifizier-Säule G ein. Im Unterteil derselben wird möglichst überhitzter Wasserdampf von etwa 1,2 ata eingeblasen, der alle leicht- und schwersiedenden Stoffe abtreibt. Die an mindestens 5fachem Rücklauf fehlende Menge muß in D mittels Kühlwassers erzeugt werden. Bei geeigneter Apparateführung wird ein hochprozentiger Äthanoldampf von etwa 96,5 Vol.-% = 94,61 Gew.-% = 87,31 Mol-% die Apparatur verlassen.

In etwa 0,5 m unterhalb der obersten Füllkörperschicht wird eine gewisse Äthanolmenge abgezweigt und zur Säule H geleitet. Die Beheizung erfolgt im Unterteil mittels gesättigten Wasserdampfes in Heizschlangen. Der im Abzweig H noch befindliche Acetaldehyd wird nach C abgeführt. Der Ia-Sprit sammelt sich im Unterteil von H, wird in K gekühlt und fließt sodann zum Behälter P.

Die bei G oben austretende Dampfmenge wird zur Säule I geleitet. Die Beheizung der Säule erfolgt im Unterteil ebenfalls mittels gesättigten Wasserdampfes in Heizschlangen. Der IIa-Sprit sammelt sich im Unterteil von I, wird in L gekühlt und nach Q geleitet.

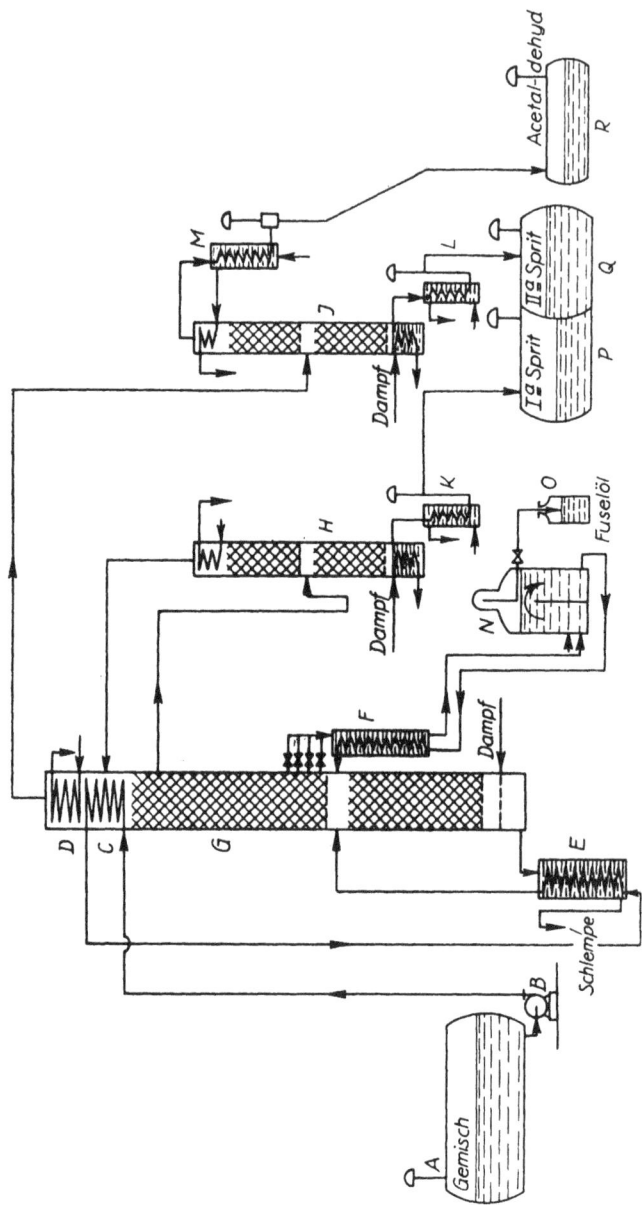

Bild 39. Anlage für Sprit und Nebenprodukte.

Der sich im Oberteil von *I* ansammelnde Acetaldehyddampf wird in *M* verflüssigt und gekühlt und sodann nach *R* geführt.

Das Fuselöl-Wasser-Gemisch wird bei *G* abgezogen und durch *F* nach *N* geführt. Das Fuselöl fließt nach *O*, das Wasser über *F* nach *G* zurück.

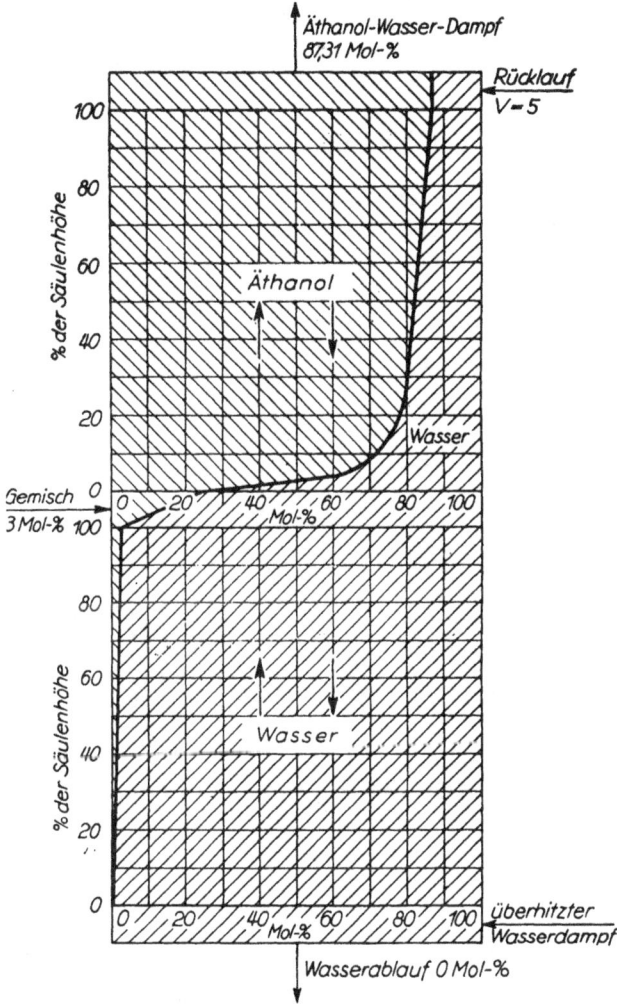

Bild 40. Darstellung des Betriebszustandes.

Durch Anwendung eines Dreistoffgemisches, z. B. durch Zufügen von Benzol auf die Spitze der Säule, kann man absoluten Alkohol bei 760 Torr erzeugen. Die im Äthanol befindliche geringe Menge Wasser verbindet sich mit dem Benzol und wird als Benzol-Wasser-Dampf von etwa 68,2°C kondensiert und alsdann in einer Scheideflasche das Wasser vom Benzol getrennt. Das Benzol wird ununterbrochen zur Säulenspitze zurückgeführt. Der absolute Alkohol fließt als schwersiedender Stoff bei 78,3°C am tiefsten Punkte der Säule ab.

75

Eine weitere Methode zur Gewinnung von absoluten Alkohol ist die Anwendung eines Arbeitsdruckes von etwa 50 Torr. Die ganze Apparatur muß dabei für Vakuumbetrieb eingerichtet werden. Der von Wasser vollständig befreite Alkoholdampf tritt an der Spitze der Säule aus, während das Wasser am tiefsten Punkte der Säule abfließt. Diese Methode hat jedoch den Nachteil eines großen Verdunstungsverlustes infolge der niedrigen Dampftemperatur, weshalb dem Kühler tiefgekühltes Wasser zugeführt werden muß.

4. Anlage für Benzol-Kohlenwasserstoffe aus Industriegasen

Die Anlage dient zur Gewinnung von Benzol-Kohlenwasserstoffen aus Leuchtgas, sowie aus Hochofen- und Kokereigasen. Sie besteht aus 4 Abteilungen und zwar:

1. einer Gaswaschanlage,
2. einer Abtreibeanlage,
3. einer Rohbenzol-Waschanlage,
4. einer Rektifizieranlage.

Die gewonnenen Benzol-Kohlenwasserstoffe bestehen größtenteils aus: Vorlauf, Benzol, Toluol, Xylol, Lösungsbenzol und Rückstand.

1. Die Gaswaschanlage besteht aus:
   A = Gas-Exhaustor,
   B = Gas-Wascher,
   C = Behälter für unbeladenes Waschöl.
   D = Behälter für beladenes Waschöl,
   E = Pumpe für unbeladenes Waschöl.

2. Die Abtreibeanlage besteht aus:
   F = Pumpe für beladenes Waschöl,
   G = Wärmeaustauscher,
   H = Röhrenofen,
   I = Abtreiber,
   J = Verdichter mit Scheidegefäß,
   K = Rohbenzol-Destillierapparat,
   L = Verdichter und Kühler mit Scheidegefäß,
   M = Behälter für ungereinigtes Rohbenzol,
   N = Pumpe für ungereinigtes Rohbenzol,
   O = Kühler für unbeladenes Waschöl.

3. Die Rohbenzol-Waschanlage besteht aus:
   P = Behälter für H_2SO_4,
   Q = Behälter für NaOH,
   $R\,R_1$ = 2 Meßbehälter,
   $S\,S_1$ = 2 Rührbehälter,

T = Behälter für gereinigtes Rohbenzol,
U = Pumpe für gereinigtes Rohbenzol.

4. Die Rektifizieranlage besteht aus:
   V = Rektifizierapparat für Vorlauf,
   W = Rektifizierapparat für Benzol,
   X = Rektifizierapparat für Toluol,
   Y = Rektifizierapparat für Xylol,
   Z = Verdichter, Kühler und Scheidegefäß für Vorlauf,
   A_1 = Verdichter, Kühler und Scheidegefäß für Benzol,
   B_1 = Verdichter, Kühler und Scheidegefäß für Toluol,
   C_1 = Verdichter, Kühler und Scheidegefäß für Xylol,
   D_1 = Kühler für Rückstand,
   E_1 = Behälter für Vorlauf,
   F_1 = Behälter für Benzol,
   G_1 = Behälter für Xylol,
   H_1 = Behälter für Xylol,
   I_1 = Behälter für Rückstand,
   J_1 = Rücklaufpumpe für Vorlauf,
   K_1 = Rücklaufpumpe für Benzol,
   L_1 = Rücklaufpumpe für Toluol,
   M_1 = Rücklaufpumpe für Xylol.

Die Wirkungsweise der Anlage ist folgende:

1. Das mit Benzol-Kohlenwasserstoffen beladene Gas wird vom Exhaustor A angesaugt und unten in den Gaswascher B gedrückt, der mit Füllkörpern angefüllt ist. Das Gas durchströmt die Füllkörperschichten von unten nach oben. Eine Pumpe E saugt aus dem Behälter C unbeladenes Waschöl mit einer Viskosität von etwa 2—3^0 E und einer Temperatur von 20—25^0 C

an und fördert es auf die oberste Füllkörperschicht, von wo aus es, fein verteilt, herunterrieselt. Gas und Waschöl strömen im Gegenstrom zueinander, wobei das Gas fast sämtliche Benzol-Kohlenwasserstoffe an das Waschöl abgibt. Das beladene Waschöl fließt zum Behälter D.

2. Die Pumpe F saugt das beladene Waschöl an und drückt es durch den ölbeheizten Wärmeaustauscher G und durch den gasbeheizten Röhrenofen H zum Abtreiber I. Auf diesem Wege wird das Waschöl bis auf etwa 180° C erhitzt. Beim Eintritt in den Abtreiber entspannen sich die Benzol-

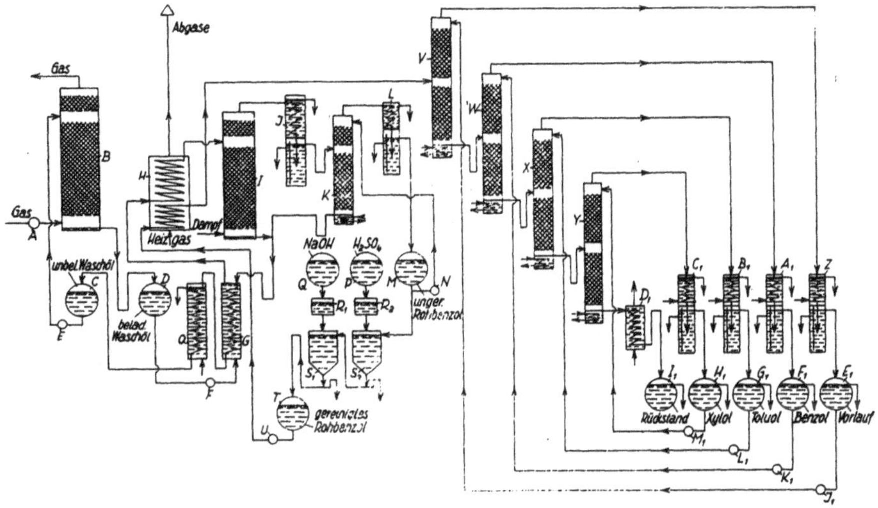

Bild 41. Wasch-, Abtreibe- und Destillier-Rektifizier-Anlage für Benzol-Kohlenwasserstoffe.

Kohlenwasserstoff-Dämpfe und trennen sich vom Waschöl. Dieser Vorgang wird unterstützt durch überhitzten Wasserdampf, welcher in das Unterteil des Abtreibers I eingeblasen wird. Das entwickelte Rohbenzol-Wasserdampf-Gemisch strömt nunmehr zum Verdichter J, wird dort verflüssigt und im untergebauten Scheidegefäß vom Wasser getrennt. Das flüssige Rohbenzol fließt jetzt zum Rohbenzol-Destillierapparat K, wo es von anhaftenden Waschölresten befreit wird. Der Heizdampf wird in eine geschlossene Schlange aufgegeben, wodurch Wasserzusatz verhindert wird. Der aus K austretende Rohbenzoldampf wird in L verflüssigt, gekühlt und von Restwasser befreit. Nunmehr fließt das Rohbenzol in den Behälter M. Die Pumpe N gibt Rücklauf auf den Destillierapparat K, um das Destillat möglichst rein zu erhalten. Aus dem Abtreiber I und dem Destillierapparat K fließt das heiße Waschöl durch den Wärmeaustauscher G und Kühler O zum Behälter C, wo es gekühlt bereit steht, in den Gaswascher eingeführt zu werden. Es durchläuft somit die Apparatur im Kreislauf.

3. Das ungereinigte Rohbenzol fließt aus dem Behälter M in den Rührbehälter S und von da in den Rührbehälter S_1. Aus dem Behälter P wird H_2SO_4 durch das Meßgefäß R in S abgelassen; aus dem Behälter Q wird NaOH durch R_1 und S_1 abgelassen, um eine Reinigung des Rohbenzols vorzunehmen. Das gereinigte Rohbenzol fließt zum Behälter T. Der Rückstand aus S und S_1 wird abgelassen.

4. Die Pumpe U saugt das gereinigte Rohbenzol aus den Behälter T an und drückt es durch die unterste Schlange des Röhrenofens H. Hierbei wird es hoch erhitzt und verwandelt sich bei seiner Entspannung vollständig in Dampf. In diesem Zustande tritt der Dampf in den Rektifizierapparat V, wo eine Abtrennung des leichtsiedenden Vorlaufs stattfindet. Mittels der Rücklaufpumpe J_1 wird ein Teil des gewonnenen Vorlaufs auf die oberste Füllkörperschicht von V aufgegeben, um zu vermeiden, daß Schwersiedendes in die Vorlaufdämpfe übergeht. Die Rektifizierapparate V, W, X und Y werden unten mittels gesättigten Dampfes in geschlossenen Schlangen beheizt. Die oben austretenden Vorlaufdämpfe werden in Z verflüssigt, gekühlt und von Wasser befreit, worauf der reine Vorlauf in den Behälter E_1 fließt.

Der unten aus V abfließende Rest, aus Benzol, Toluol, Xylol und Rückstand bestehend, fließt nunmehr zum Rektifizierapparat W, wo eine Abtrennung des Benzols stattfindet. Mittels K_1 wird ein Teil des gewonnenen Benzols auf die Spitze von W aufgegeben, um zu vermeiden, daß Schwersiedendes mit übergeht. Die oben austretenden Dämpfe werden in A_1 verflüssigt, gekühlt und von Wasser befreit, worauf das reine Benzol in F_1 fließt.

Der unten aus W abfließende Rest, aus Toluol, Xylol und Rückstand bestehend, fließt zum Rektifizierapparat X, wo eine Abtrennung des Toluols stattfindet. Mittels L_1 wird ein Teil des gewonnenen Toluols auf die oberste Füllkörperschicht von X aufgegeben, um zu verhindern, daß Schwersiedendes mit übergeht. Die oben austretenden Dämpfe werden in B_1 verflüssigt, gekühlt und von Wasser befreit, worauf das reine Toluol nach G_1 fließt.

Der unten aus X abfließende Rest, aus Xylol und Rückstand bestehend, fließt zum Rektifizierapparat Y, wo eine Abtrennung des Xylols stattfindet. Mittels M_1 wird ein Teil des gewonnenen Xylols auf die Spitze von Y aufgegeben, um zu vermeiden, daß Rückstand mit übergeht. Die oben aus Y austretenden Dämpfe werden in C_1 verflüssigt, gekühlt und von Wasser befreit, worauf das reine Xylol nach H_1 fließt.

Der unten aus Y austretende Rest, aus Rückstand bestehend, wird in D_1 gekühlt, worauf er nach I_1 fließt.

Das Schema 41 kann mit einigen kleinen Abänderungen auch für Benzin-Kohlenwasserstoffe Verwendung finden.

5. Erdöl-Destillieranlage

Das Erdöl wird mittels Kreiselpumpe 1 durch die öldampfbeheizten Verdichter 2, 3, 4 und 5 und durch den flüssigkeitsbeheizten Wärmeaustauscher 6, sowie durch den ölbeheizten Röhrenofen 7 gedrückt, wonach es hoch erhitzt ist. Das Erdöl wird in letzterem verdampft und gelangt als überhitzter Dampf in die Destilliersäule 8, wo eine Trennung desselben in Benzin, Leuchtöl, Gasöl, Schmieröl und Heizöl erfolgt. Der Trennungsvorgang wird unterstützt durch überhitzten Wasserdampf, der in das Unterteil der Säule eingeblasen wird.

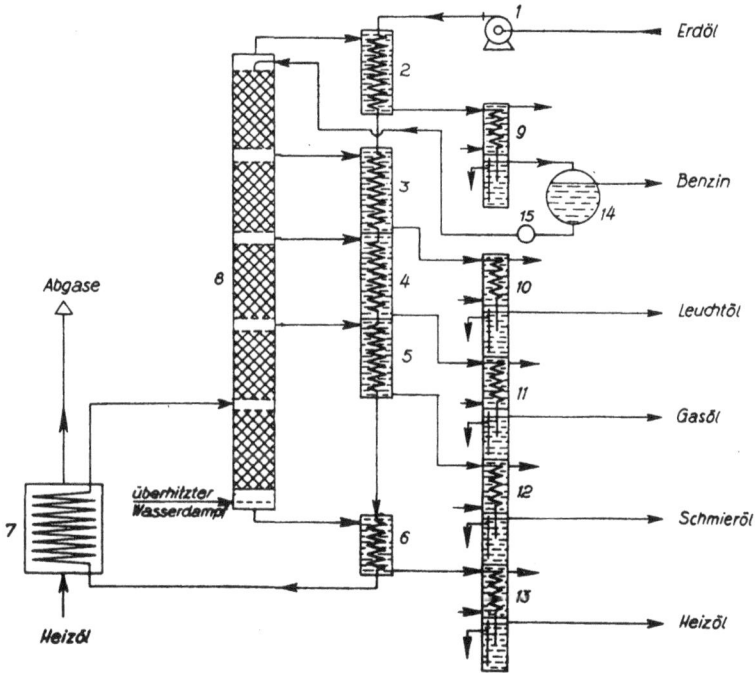

Bild 42. Erdöl-Destillieranlage.

1 Erdöl-Kreiselpumpe, *2* Verdichter für Benzin, *3* Verdichter für Leuchtöl, *4* Verdichter für Gasöl, *5* Verdichter für Schmieröl, *6* Wärme-Austauscher, *7* Röhrenofen, ölbeheizt, *8* Destillier-Säule, *9* Kühler für Benzin, *10* Kühler für Leuchtöl, *11* Kühler für Gasöl, *12* Kühler für Schmieröl, *13* Kühler für Heizöl, *14* Benzinbehälter, *15* Rücklaufpumpe.

Aus der Säulenspitze tritt ein Benzin-Wasser-Dampfgemisch aus, welches in 2 verdichtet und in 9 gekühlt wird. Im untergebauten Scheidegefäß wird das Wasser abgetrennt, welches zum Kanal fließt, während das Benzin zum Behälter 14 gelangt. Die Rücklaufpumpe 15 gibt eine entsprechende Benzinmenge auf die Spitze der Destilliersäule 8 zurück, die verhindert, daß Schwersiedendes mit übertritt.

In etwa $^4/_5$ der Säulenhöhe wird ein Leuchtöl-Wasser-Dampfgemisch abgezogen, welches in 3 verdichtet und in 10 gekühlt wird.

Ein Gasöl-Wasser-Dampfgemisch wird in etwa $^3/_5$ der Säulenhöhe abgezogen, welches in 4 verdichtet und in 11 gekühlt wird.

In etwa $^2/_5$ der Säulenhöhe wird ein Schmieröl-Wasser-Dampfgemisch abgezogen, welches in 5 verdichtet und in 12 gekühlt wird.

Der Rückstand des Erdöls, nämlich Heizöl, wird am tiefsten Punkte der Säule flüssig abgezogen und in 6 und 13 gekühlt.

Zwecks Wasserabtrennung sind unter die Kühler 10, 11, 12 und 13 Scheidegefäße untergebaut.

Der Destillationsvorgang ist vollkommen ununterbrochen, wenn in die Apparatur für Dampf, Kühlwasser, Heizöl und Flüssigkeiten entsprechende Regelinstrumente eingebaut werden.

Das Schema 42 kann auch für Teerprodukte verwendet werden.

VI. Fünfzig molare Gleichgewichtskurven von Zweistoffgemischen

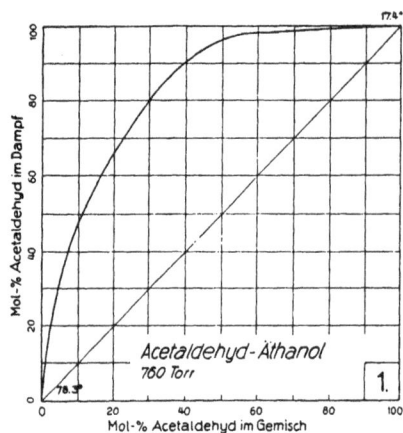

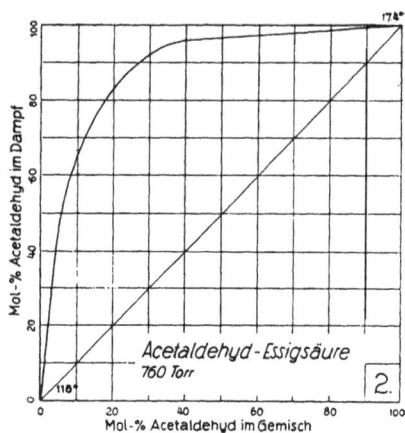

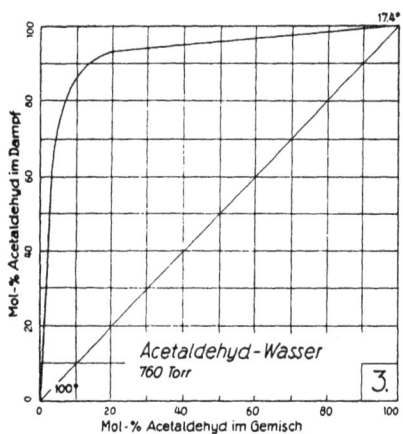

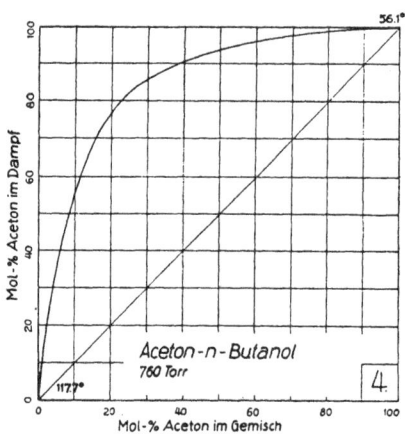

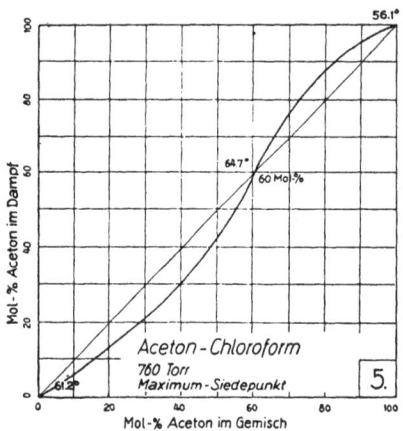

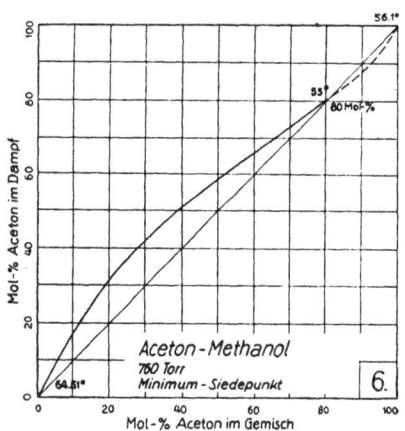

82

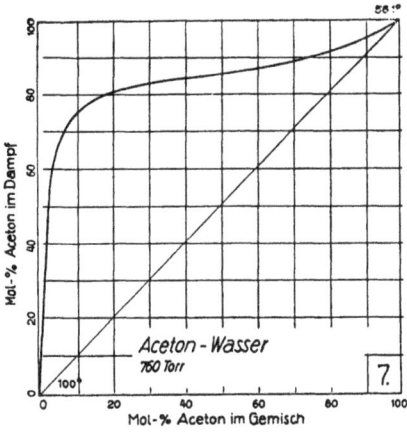

Aceton - Wasser
760 Torr

7.

Mol-% Aceton im Dampf

Mol-% Aceton im Gemisch

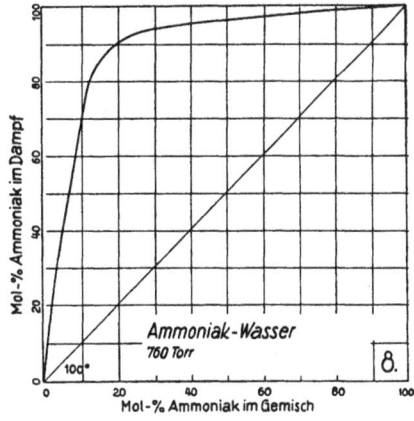

Ammoniak - Wasser
760 Torr

8.

Mol-% Ammoniak im Dampf

Mol-% Ammoniak im Gemisch

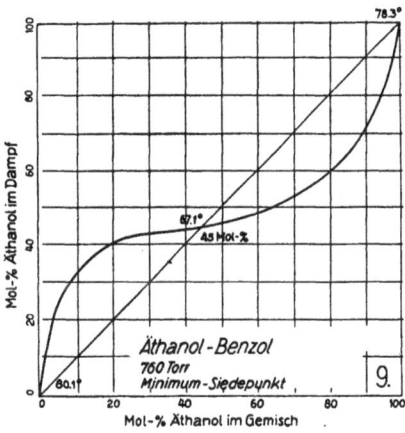

Äthanol - Benzol
760 Torr
Minimum - Siedepunkt

9.

Mol-% Äthanol im Dampf

Mol-% Äthanol im Gemisch

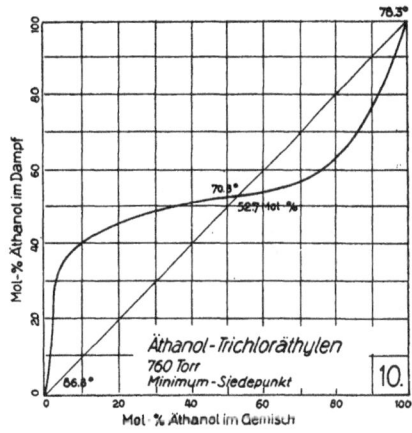

Äthanol - Trichloräthylen
760 Torr
Minimum - Siedepunkt

10.

Mol-% Äthanol im Dampf

Mol-% Äthanol im Gemisch

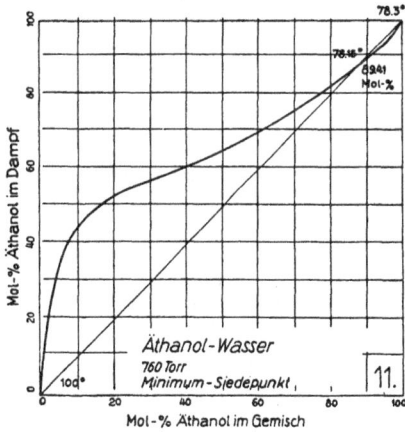

Äthanol - Wasser
760 Torr
Minimum - Siedepunkt

11.

Mol-% Äthanol im Dampf

Mol-% Äthanol im Gemisch

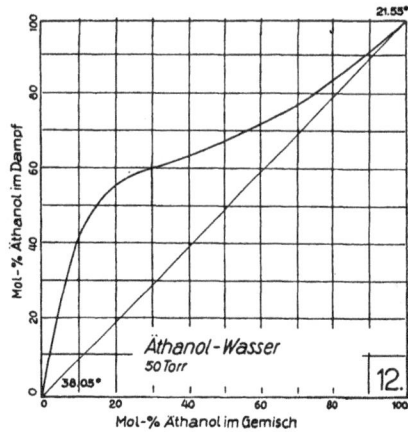

Äthanol - Wasser
50 Torr

12.

Mol-% Äthanol im Dampf

Mol-% Äthanol im Gemisch

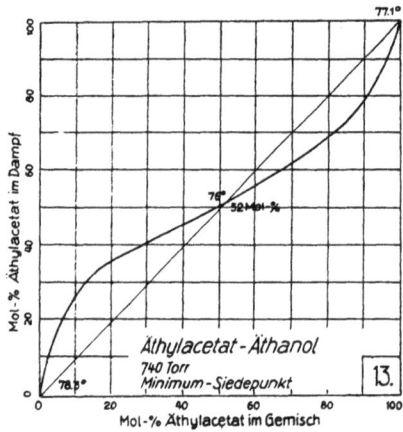

Äthylacetat - Äthanol
740 Torr
Minimum - Siedepunkt
13.

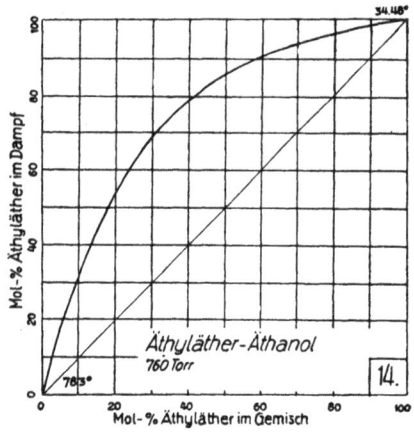

Äthyläther - Äthanol
760 Torr
14.

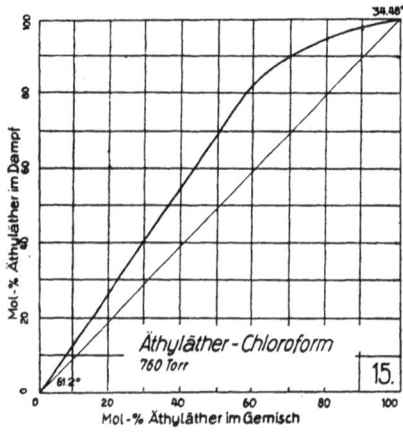

Äthyläther - Chloroform
760 Torr
15.

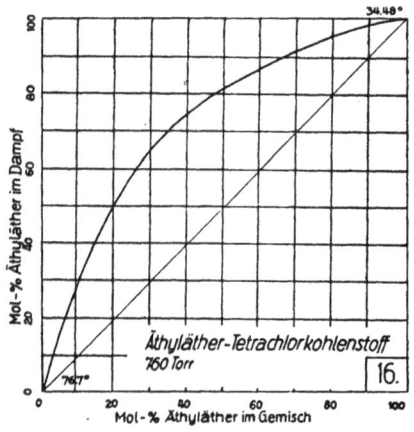

Äthyläther - Tetrachlorkohlenstoff
760 Torr
16.

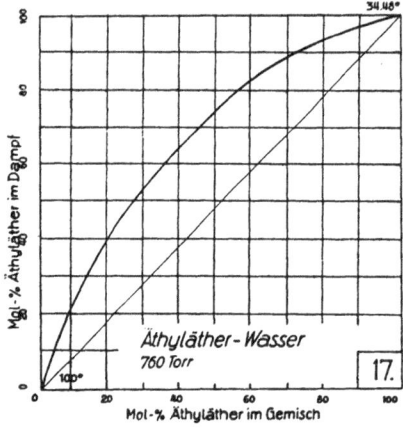

Äthyläther - Wasser
760 Torr
17.

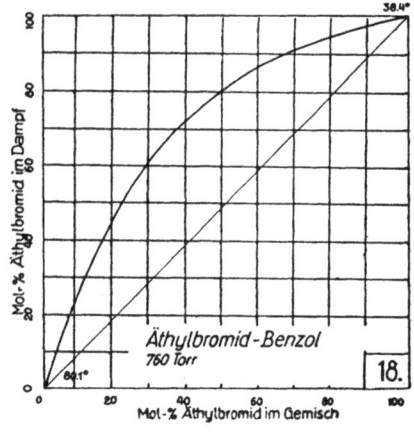

Äthylbromid - Benzol
760 Torr
18.

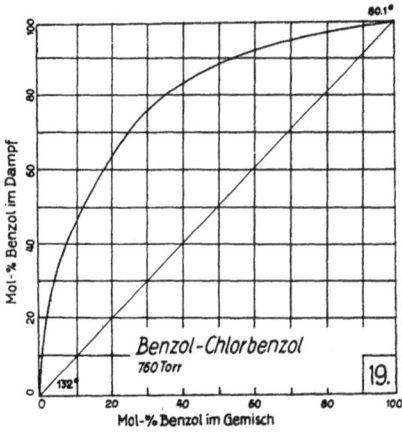

Benzol-Chlorbenzol
760 Torr
19.

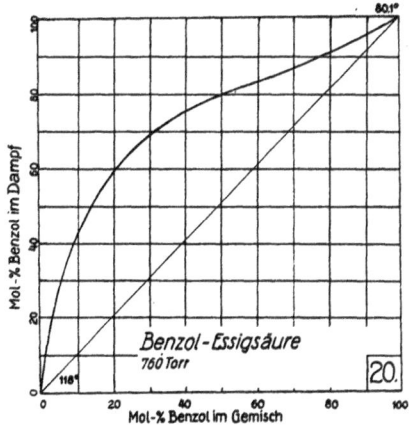

Benzol-Essigsäure
760 Torr
20.

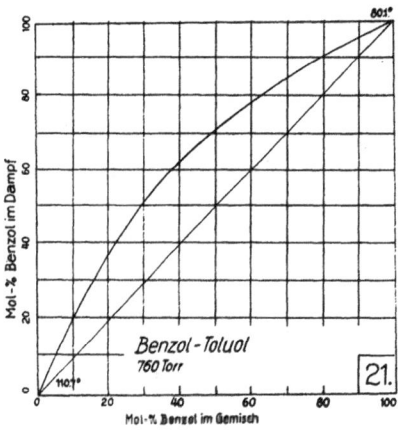

Benzol-Toluol
760 Torr
21.

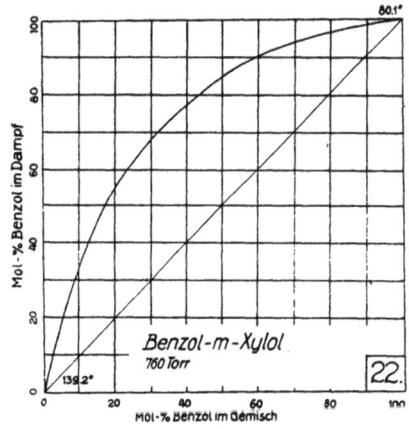

Benzol-m-Xylol
760 Torr
22.

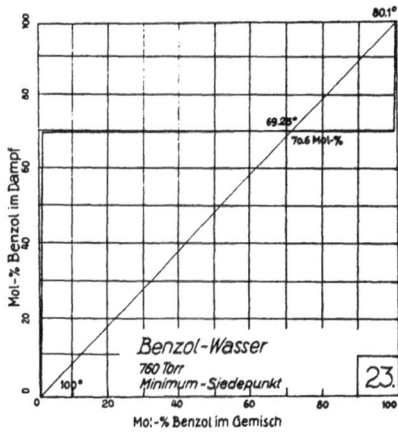

Benzol-Wasser
760 Torr
Minimum-Siedepunkt
23.

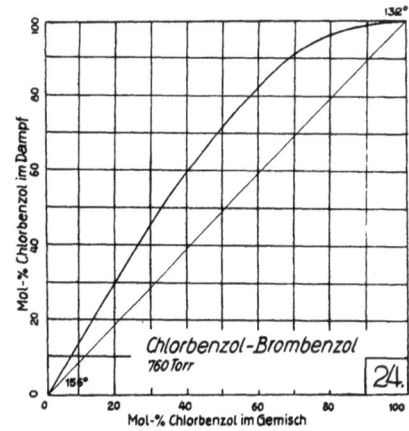

Chlorbenzol-Brombenzol
760 Torr
24.

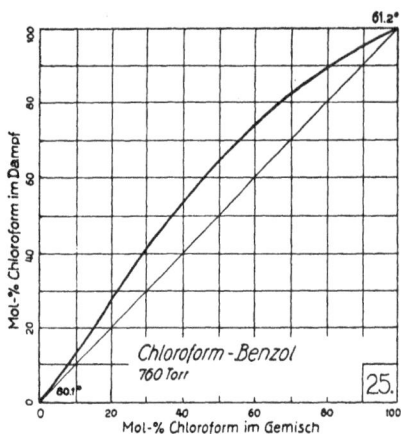

Chloroform-Benzol
760 Torr
25.

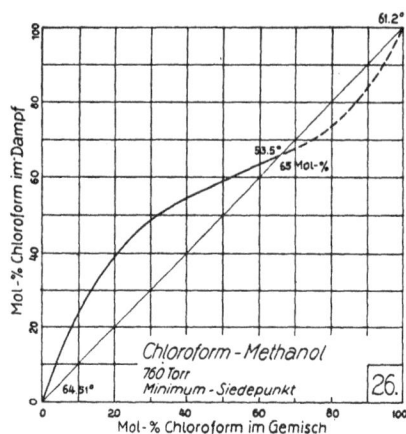

Chloroform-Methanol
760 Torr
Minimum-Siedepunkt
26.

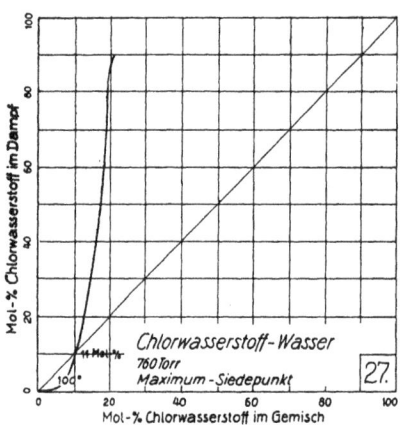

Chlorwasserstoff-Wasser
760 Torr
Maximum-Siedepunkt
27.

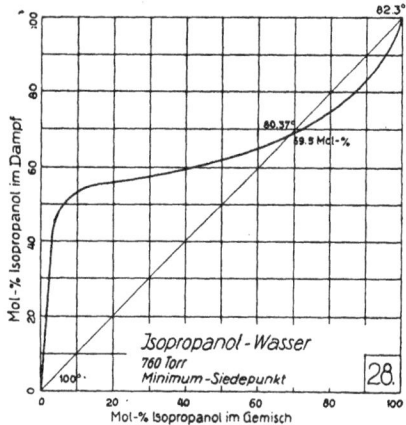

Isopropanol-Wasser
760 Torr
Minimum-Siedepunkt
28.

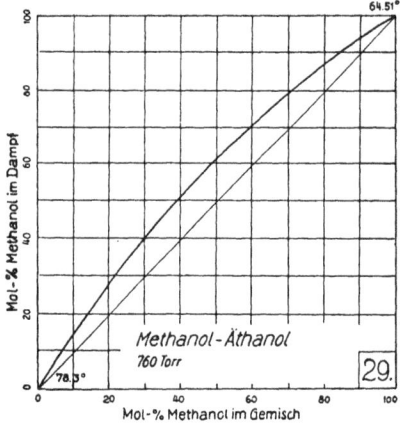

Methanol-Äthanol
760 Torr
29.

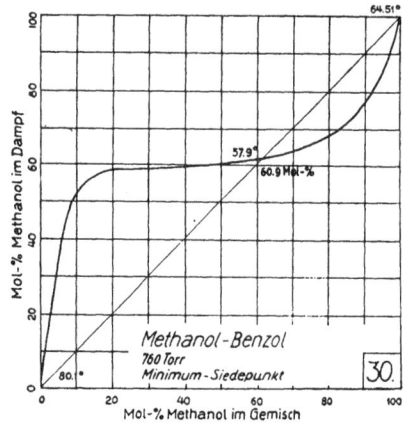

Methanol-Benzol
760 Torr
Minimum-Siedepunkt
30.

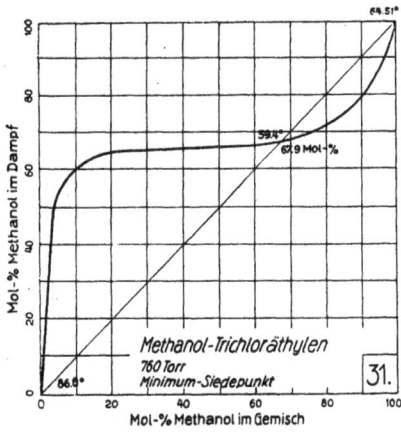

Methanol-Trichloräthylen
760 Torr
Minimum-Siedepunkt
31.

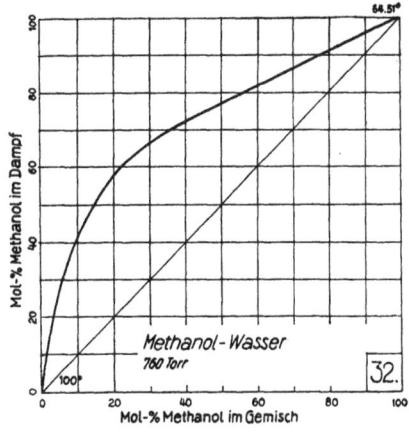

Methanol-Wasser
760 Torr
32.

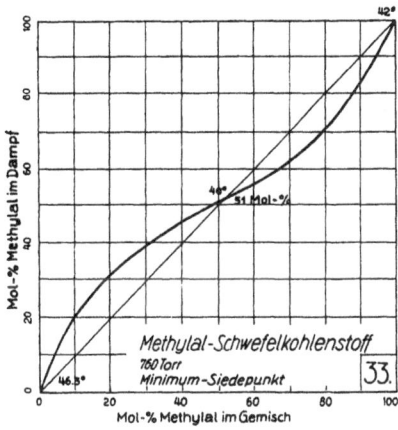

Methylal-Schwefelkohlenstoff
760 Torr
Minimum-Siedepunkt
33.

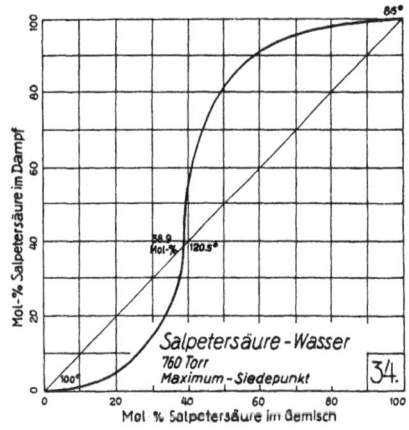

Salpetersäure-Wasser
760 Torr
Maximum-Siedepunkt
34.

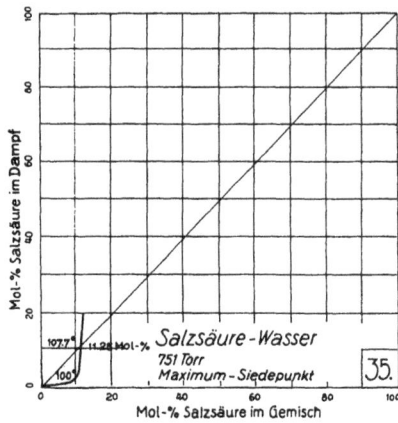

Salzsäure-Wasser
751 Torr
Maximum-Siedepunkt
35.

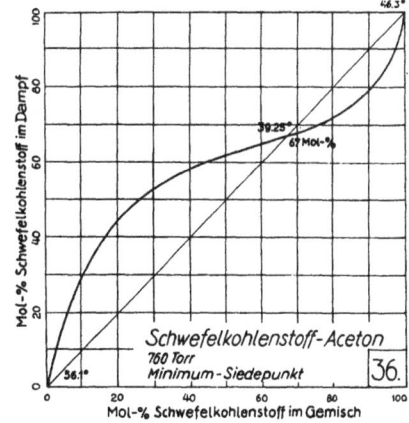

Schwefelkohlenstoff-Aceton
760 Torr
Minimum-Siedepunkt
36.

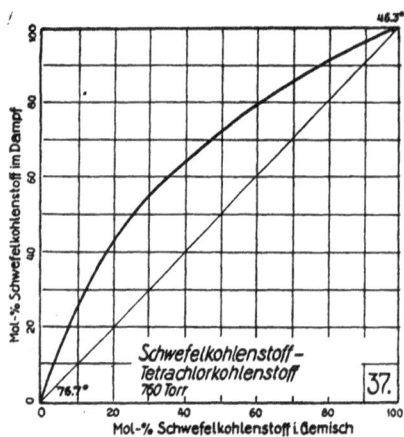

Schwefelkohlenstoff-
Tetrachlorkohlenstoff
760 Torr

37.

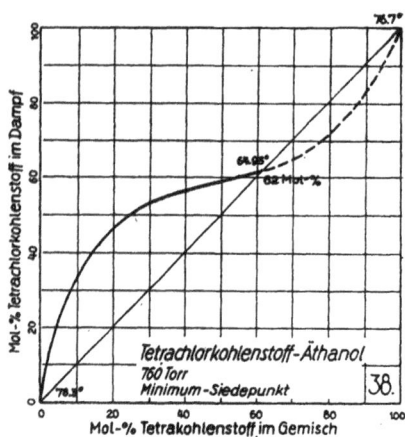

Tetrachlorkohlenstoff-Äthanol
760 Torr
Minimum-Siedepunkt

38.

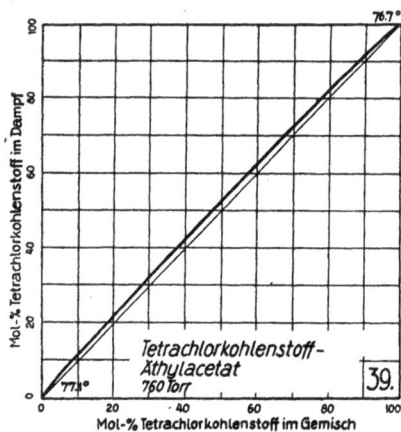

Tetrachlorkohlenstoff-
Äthylacetat
760 Torr

39.

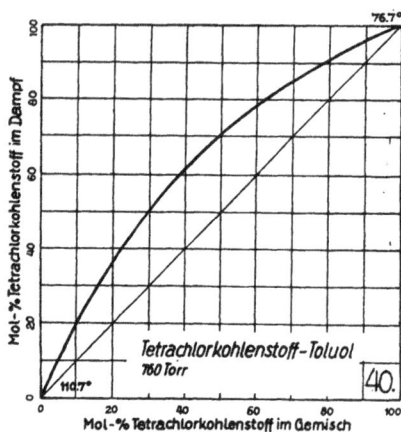

Tetrachlorkohlenstoff-Toluol
760 Torr

40.

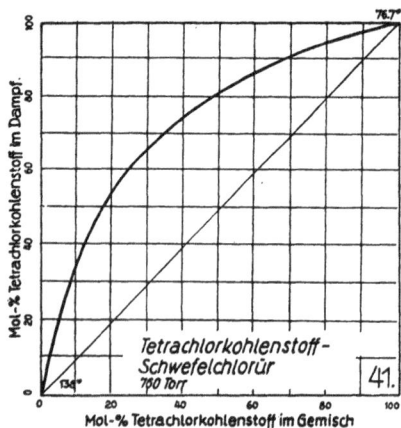

Tetrachlorkohlenstoff-
Schwefelchlorür
760 Torr

41.

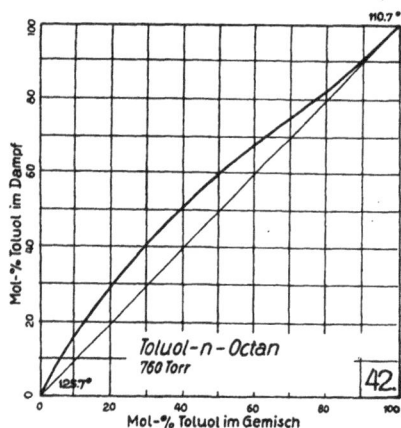

Toluol-n-Octan
760 Torr

42.

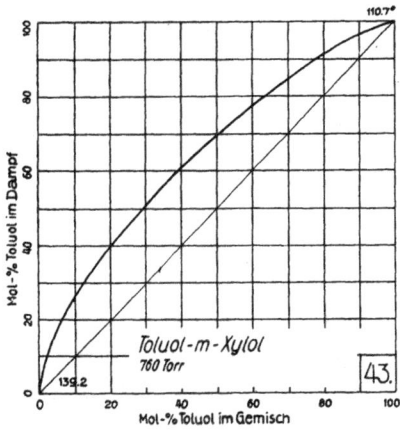

Toluol-m-Xylol
760 Torr
43.

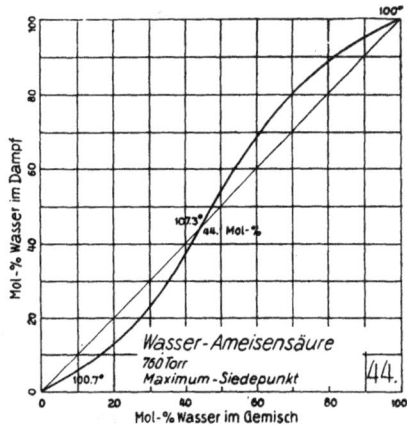

Wasser-Ameisensäure
760 Torr
Maximum-Siedepunkt
44.

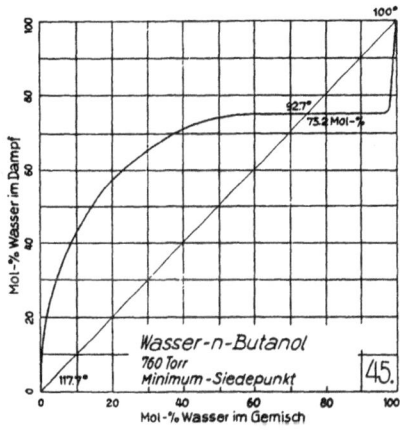

Wasser-n-Butanol
760 Torr
Minimum-Siedepunkt
45.

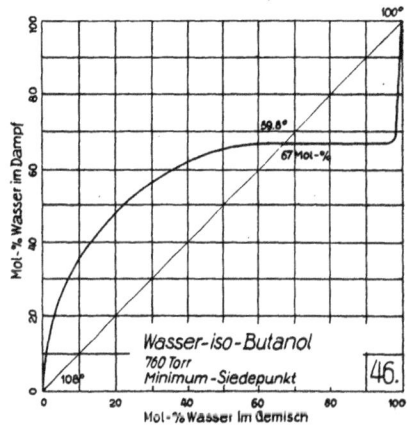

Wasser-iso-Butanol
760 Torr
Minimum-Siedepunkt
46.

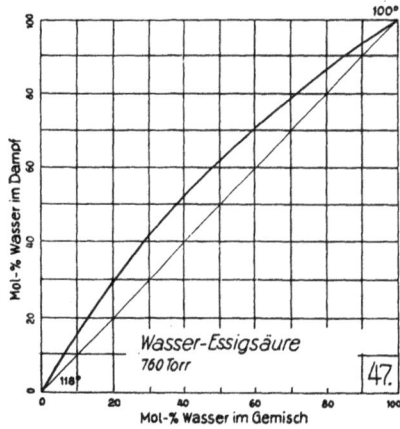

Wasser-Essigsäure
760 Torr
47.

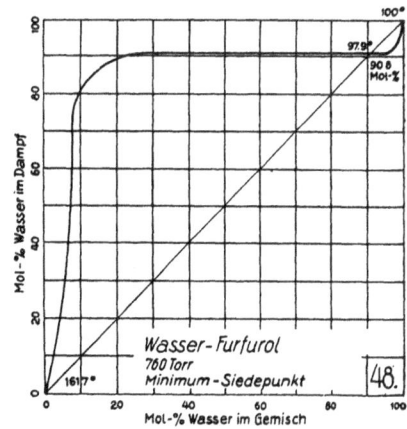

Wasser-Furfurol
760 Torr
Minimum-Siedepunkt
48.

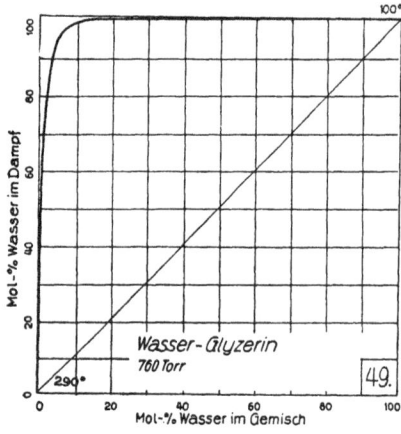

Wasser-Glyzerin
760 Torr

49.

290°

Mol-% Wasser im Dampf

Mol-% Wasser im Gemisch

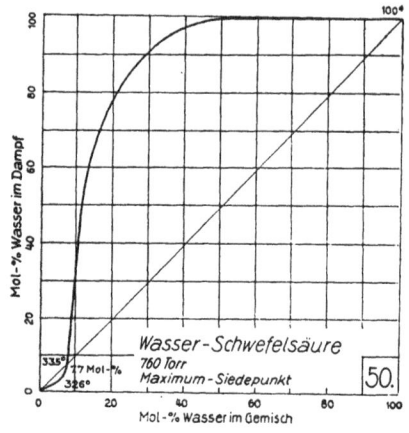

Wasser-Schwefelsäure
760 Torr
Maximum-Siedepunkt

50.

335° 17 Mol-%
326°

Mol-% Wasser im Dampf

Mol-% Wasser im Gemisch

VII. Zahlentafeln

1. Konstanten einiger Flüssigkeiten

bei 760 Torr.

Flüssigkeit	Chemische Formel	Mol.-gew.	Spez. Gew.	Siede-temp.	Abs. Siede-temp.	Verdampfungswärme	Mol. Verdampfungswärme	Troutonsche Zahl	Gaskonstante	Dampfvolum	Dampfgewicht
		M	γ_1	t	T	r	$r \cdot M$	$k = \dfrac{r \cdot M}{T}$	$R = \dfrac{848}{M}$	V	γ_2
			$20°$	$°C$	$°K$	kcal/kg	kcal/Mol			m³/kg	kg/m³
Acetaldehyd . .	C_2H_4O	44,05	0,783	17,4	290,56	137	6035	20,76	19,26	0,542	1,845
Aceton	C_3H_6O	58,08	0,791	56,1	329,26	125	7260	22,05	14,62	0,464	2,155
Ameisensäure .	CH_2O_2	46,03	1,22	100,7	373,86	118	5431	14,60	18,42	0,667	1,50
n-Amylalkohol .	$C_5H_{12}O$	88,14	0,81	138	411,16	120	10575	25,75	9,61	0,382	2,62
Anilin	C_6H_7N	93,12	1,022	184	457,16	107	9964	21,80	9,106	0,403	2,48
Äthanol	C_2H_6O	46,07	0,7895	78,3	351,46	201	9260	26,30	18,48	0,627	1,595
Äthylacetat . .	$C_4H_8O_2$	88,10	0,900	77,1	350,26	88	7753	22,10	9,62	0,3262	3,07
Äthyläther . .	$C_4H_{10}O$	74,12	0,714	34,48	307,64	86	6374	20,71	11,44	0,3415	2,93
Äthylbromid . .	C_2H_5Br	108,98	1,45	38,4	311,56	60	6585	21,10	7,78	0,234	4,27
Benzol . . . ι .	C_6H_6	78,11	0,8791	80,1	353,26	94,5	7381	20,89	10,85	0,3715	2,69
Brombenzol . .	C_6H_5Br	157,02	1,4952	156	429,16	59	9260	21,60	5,40	0,224	4,46
i-Butanol . . .	$C_4H_{10}O$	74,12	0,804	108	381,16	138	10220	26,81	11,44	0,4225	2,37
n-Butanol . . .	$C_4H_{10}O$	74,12	0,810	117,7	390,86	141	10451	26,75	11,44	0,4322	2,315
Chlorbenzol . .	C_6H_5Cl	112,56	1,106	132	405,16	77,6	8735	21,56	7,54	0,296	3,38
Chloroform . . .	$CHCl_3$	119,39	1,489	61,2	334,36	59	7044	21,07	7,10	0,230	4,35
n-Dekan	$C_{10}H_{22}$	142,27	0,747	173	446,16	60,83	8650	19,40	5,96	0,257	3,89
Essigsäure . . .	$C_2H_4O_2$	60,05	1,049 16°	118	391,16	97	5825	14,90	14,12	0,535	1,87
Furfurol	$C_5H_4O_2$	98,09	1,165	161,7	434,86	90	8820	20,30	8,65	0,364	2,75
Glycerin	$C_3H_8O_3$	92,09	1,260	290	563,16	166	15287	27,10	9,21	0,502	1,99
n-Heptan . . .	C_7H_{16}	100,19	0,684	98,4	371,56	76	7614	20,50	8,46	0,305	3,28
n-Hexan	C_6H_{14}	86,17	0,660	68,73	341,89	79	6807	19,90	9,84	0,322	3,1
i-Propylalkohol .	C_3H_8O	60,09	0,786 19°	82,3	355,46	160	9600	27,00	14,12	0,486	2,06
m-Kresol	C_7H_8O	108,13	1,033	200,5	473,66	90	9740	20,60	7,85	0,359	2,785
Methanol . . .	CH_4O	32,04	0,792 18°	64,51	337,67	263	8426	25,00	26,50	0,864	1,155
Methylal	$C_3H_8O_2$	76,07	0,855 80°	42	315,16	89,87	6836	21,70	11,15	0,34	2,94
Naphthalin . .	$C_{10}H_8$	128,16	1,152	217,9	491,06	75	9610	19,56	6,62	0,315	3,175
Nitrobenzol . .	$C_6H_5O_2N$	123,11	1,203 0°	211	484,16	95	11695	24,15	6,89	0,323	3,095
n-Nonan	C_9H_{20}	128,25	0,733	149,48	422,64	65	8330	19,70	6,61	0,27	3,7
n-Octan	C_8H_{18}	114,22	0,702	125,7	398,86	71	8110	20,30	7,42	0,287	3,485
n-Pentan	C_5H_{12}	72,14	0,626	36,1	309,26	85	6132	19,82	11,75	0,352	2,84
Salpetersäure . .	HNO_3	63,015	1,512 0°	86	359,16	115	7247	20,20	13,46	0,4675	2,14
Schwefelchlorür .	S_2Cl_2	135,03	1,706	138	411,16	49,4	6670	16,23	6,28	0,2495	4,01
Schwefelkohlenstoff	CS_2	76,13	1,263	46,3	319,46	89	6775	21,20	11,15	0,3447	2,90
Schwefelsäure .	H_2SO_4	98,08	1,834	326	599,16	122,12	11950	20,00	8,65	0,502	1,992
Terpentinöl . .	$C_{10}H_{16}$	136,22	0,855	160	433,16	70	9535	22,00	6,23	0,261	3,83
Tetrachlork.stoff	CCl_4	153,84	1,595	76,7	349,86	46	7077	20,20	5,51	0,187	5,35
Tetralin	$C_{10}H_{12}$	132,19	0,975	207	480,16	72	9518	19,80	6,42	0,2985	3,35
Toluol	C_7H_8	92,13	0,866	110,7	383,86	85	7831	20,40	9,21	0,342	2,925
Trichloräthylen .	C_2HCl_3	131,40	1,464	86,8	359,96	57	7490	20,80	6,455	0,225	4,445
Wasser	H_2O	18,01	0,9982	100	373,16	539,1	9709	26,00	47,1	1,70	0,588
m-Xylol	C_8H_{10}	106,10	0,864	139,2	412,36	82	8700	21,10	8,0	0,3195	3,13

2. Gesättigter Wasserdampf (Mollier)

(nach Drucken geordnet)

Druck ata p	Temp. °C t	Volum des Dampfes m³/kg v''	Gew. kg/m³ γ''	Wärmeinhalt Wass. kcal/kg i'	Dampf kcal/kg i''	Verd. Wärme kcal/kg r	Druck ata p	Temp. °C t	Volum des Dampfes m³/kg v''	Gew. kg/m³ γ''	Wärmeinhalt Wass. kcal/kg i'	Dampf kcal/kg i''	Verd. wärme kcal/kg r
0,01	6,6	131,6	0,0076	6,6	598,0	591,4	9,0	174,5	0,2195	4,556	176,6	663,4	486,8
0,02	17,1	68,27	0,0146	17,1	602,9	585,8	9,5	176,8	0,2085	4,797	179,0	663,9	484,9
0,03	23,7	46,53	0,0215	23,7	606,0	582,3							
0,04	28,6	35,46	0,0282	28,6	608,2	579,6	10	179,0	0,1985	5,037	181,3	664,4	483,1
0,05	32,5	28,73	0,0348	32,5	610,0	577,5	11	183,2	0,1813	5,516	185,7	665,2	479,5
0,06	35,8	24,19	0,0413	35,8	611,5	575,7	12	187,1	0,1668	5,996	189,8	665,9	476,1
0,08	41,1	18,45	0,0542	41,1	614,0	572,9	13	190,7	0,1545	6,474	193,6	666,6	473,0
0,10	45,4	14,96	0,0669	45,4	615,9	570,5	14	194,1	0,1438	6,952	197,3	667,0	469,7
0,12	49,0	12,60	0,0794	49,0	617,6	568,6	15	197,4	0,1346	7,431	200,7	667,4	466,7
0,15	53,6	10,22	0,0979	53,6	619,6	566,0	16	200,4	0,1264	7,909	204,0	667,8	463,8
0,20	59,7	7,797	0,1283	59,7	622,3	562,6	17	203,4	0,1192	8,389	207,1	668,1	461,0
0,25	64,6	6,325	0,1581	64,6	624,5	559,9	18	206,2	0,1128	8,868	210,1	668,3	458,2
0,30	68,7	5,331	0,1876	68,7	626,3	557,6	19	208,8	0,1070	9,349	213,0	668,5	455,5
0,35	72,3	4,614	0,2167	72,3	627,8	555,5	20	211,4	0,1017	9,83	215,8	668,7	452,9
0,40	75,4	4,072	0,2456	75,4	629,2	553,8	22	216,2	0,0927	10,79	221,0	668,9	447,9
0,50	80,9	3,304	0,3027	80,9	631,5	550,6	24	220,8	0,0850	11,76	226,0	669,0	443,0
0,60	85,5	2,785	0,3590	85,5	633,4	547,9	26	225,0	0,0785	12,74	230,6	669,0	438,4
0,70	89,3	2,411	0,4147	89,5	635,1	545,6	28	229,0	0,0729	13,72	235,0	668,8	433,8
0,80	93,0	2,128	0,4699	93,0	636,5	543,5	30	232,8	0,0680	14,70	239,1	668,6	429,5
0,90	96,2	1,906	0,5246	96,2	637,8	541,6	32	236,4	0,0637	15,69	243,1	668,3	425,2
1,0	99,1	1,727	0,5790	99,1	639,0	539,9	34	239,8	0,0599	16,69	246,9	668,0	421,1
1,1	101,8	1,580	0,6329	101,8	640,1	538,3	36	243,1	0,0565	17,70	250,5	667,6	417,1
1,2	104,2	1,457	0,6865	104,3	641,1	536,8	38	246,2	0,0535	18,71	254,1	667,1	413,0
1,3	106,6	1,352	0,7399	106,7	642,0	535,3	40	249,2	0,0507	19,73	257,4	666,6	409,2
1,4	108,7	1,261	0,7931	108,9	642,8	533,9	42	252,1	0,0482	20,76	260,7	666,0	405,3
1,5	110,8	1,182	0,846	110,9	643,6	532,7	44	254,9	0,0459	21,80	263,9	665,5	401,6
1,6	112,7	1,113	0,898	112,9	644,3	531,4	46	257,6	0,0438	22,84	266,9	664,8	397,9
1,8	116,3	0,997	1,003	116,6	645,7	529,1	48	260,2	0,0418	23,89	269,8	664,1	394,3
2,0	119,6	0,903	1,107	119,9	646,9	527,0	50	262,7	0,0401	24,96	272,7	663,4	390,7
2,2	122,6	0,826	1,210	123,0	648,0	525,0	55	268,7	0,0362	27,65	279,6	661,5	381,9
2,4	125,5	0,7616	1,313	125,8	649,0	523,2	60	274,3	0,0329	30,41	286,1	659,5	373,4
2,6	128,1	0,7066	1,415	128,5	649,9	521,4	65	279,6	0,0301	33,23	292,2	657,5	365,3
2,8	130,5	0,6592	1,517	131,0	650,8	519,8	70	284,5	0,0277	36,12	298,0	655,3	357,3
3,0	132,9	0,6180	1,618	133,4	651,6	518,2	75	289,2	0,0256	39,08	303,5	653,0	349,5
3,2	135,1	0,5817	1,719	135,7	652,3	516,6	80	293,6	0,0237	42,13	308,8	650,6	341,8
3,4	137,2	0,5495	1,832	137,8	653,0	515,2	85	297,9	0,0221	45,24	313,9	648,1	334,2
3,6	139,2	0,5208	1,920	139,9	653,7	513,8	90	301,9	0,0206	48,45	319,0	645,6	326,6
3,8	141,1	0,4951	2,020	141,8	654,3	512,5	95	305,8	0,0193	51,73	323,9	643,0	319,1
4,0	142,9	0,4718	2,120	143,7	654,9	511,2	100	309,5	0,0181	55,11	328,7	640,5	311,8
4,5	147,2	0,4224	2,368	148,1	656,2	508,1	110	316,5	0,0161	62,15	338,1	635,1	297,0
5,0	151,1	0,3825	2,614	152,2	657,3	505,1	120	323,1	0,0144	69,60	347,3	629,7	282,4
5,5	154,7	0,3497	2,860	155,9	658,4	502,5	130	329,3	0,0129	77,50	356,4	624,2	267,8
6,0	158,1	0,3222	3,104	159,4	659,3	499,9	140	335,0	0,0116	85,91	365,3	618,6	253,3
6,5	161,2	0,2987	3,348	162,7	660,2	497,5	150	340,5	0,0105	94,87	374,1	612,9	238,8
7,0	164,2	0,2785	3,591	165,7	660,9	495,2	160	345,7	0,0096	104,6	383,4	606,3	222,9
7,5	167,0	0,2609	3,833	168,7	661,7	493,0	180	355,4	0,0078	128,0	401,9	592,6	190,7
8,0	169,6	0,2454	4,075	171,4	662,3	490,9	200	364,2	0,0061	162,9	425,6	572,8	147,2
8,5	172,1	0,2317	4,316	174,0	662,9	488,9	225	374,0	0,0031	322,6	501,1	501,1	0

Linke Randbeschriftung: Vakuumdampf · Niederdruckdampf · Mitteldruckdampf
Rechte Randbeschriftung: Hochdruckdampf

(Auszug aus „Hütte I")

2a. Gesättigter Wasserdampf (Mollier)

(nach Temperaturen geordnet)

Temp.	Druck	Volum des Dampfes	Gew. des Dampfes	Wärmeinhalt Wass	Wärmeinhalt Dampf	Verd. wärme
°C	ata	m³/kg	kg/m³	kcal/kg	kcal/kg	kcal/kg
t	p	v''	γ''	i'	i''	r
0	0,0062	206,5	0,0048	0	595,0	595,0
5	0,0089	147,1	0,0068	5	597,3	592,3
10	0,0125	106,4	0,0094	10	599,6	589,6
15	0,0174	77,9	0,0128	15	602,0	587,0
20	0,0238	57,8	0,0173	20	604,3	584,3
25	0,0323	43,4	0,0230	25	606,6	581,6
30	0,0433	32,93	0,0304	30	608,9	578,9
35	0,0573	25,25	0,0400	35	611,2	576,2
40	0,0752	19,55	0,0511	40	613,5	573,5
45	0,0977	15,28	0,0654	45	615,7	570,7
50	0,1258	12,054	0,0830	50	618,0	568,0
55	0,1605	9,589	0,1043	55	620,2	565,2
60	0,2031	7,687	0,1301	60	622,5	562,5
65	0,2550	6,209	0,1611	65	624,7	559,7
70	0,3177	5,052	0,1979	70	626,8	556,8
75	0,393	4,139	0,2416	75	629,0	554,0
80	0,483	3,414	0,2929	80	631,1	551,1
85	0,590	2,832	0,3531	85	633,2	548,2
90	0,715	2,365	0,4229	90	635,3	545,3
95	0,862	1,985	0,5039	95	637,4	542,4
100	1,033	1,675	0,5970	100,0	639,4	539,4
105	1,232	1,421	0,7036	105,1	641,3	536,2
110	1,461	1,212	0,8254	110,1	643,3	533,2
115	1,724	1,038	0,9635	115,2	645,2	530,0
120	2,025	0,893	1,1199	120,3	647,0	526,7
125	2,367	0,7715	1,296	125,4	648,8	523,4
130	2,755	0,6693	1,494	130,5	650,6	520,1
135	3,192	0,5831	1,715	135,6	652,3	516,7
140	3,685	0,5096	1,962	140,7	653,9	513,2
145	4,238	0,4469	2,238	145,9	655,5	509,6
150	4,855	0,3933	2,543	151,0	657,0	506,0
155	5,542	0,3472	2,880	156,2	658,5	502,3
160	6,303	0,3075	3,252	161,4	659,9	498,5
165	7,147	0,2731	3,662	166,6	661,2	494,6
170	8,080	0,2431	4,113	171,8	662,4	490,6
175	9,10	0,2171	4,605	177,1	663,5	486,4
180	10,23	0,1944	5,145	182,3	664,6	482,3
185	11,45	0,1744	5,734	187,6	665,5	477,9
190	12,80	0,1568	6,378	192,9	666,4	473,5
195	14,26	0,1413	7,078	198,2	667,1	468,9
200	15,85	0,1276	7,840	203,5	667,7	464,2
205	17,58	0,1154	8,667	208,9	668,2	459,3
210	19,55	0,1045	9,567	214,3	668,6	454,3
215	21,48	0,0949	10,54	219,7	668,9	449,2
220	23,66	0,0862	11,60	225,1	669,0	443,9
225	26,00	0,0785	12,74	230,6	669,0	438,4
230	28,53	0,0716	13,98	236,1	668,8	432,7
235	31,23	0,0653	15,31	241,6	668,4	426,8
240	34,13	0,0597	16,76	247,1	668,0	420,9
245	37,24	0,0546	18,32	252,7	667,3	414,6
250	40,55	0,0500	20,00	258,3	666,4	408,1
255	44,08	0,0458	21,84	264,0	665,4	401,4
260	47,85	0,0420	23,82	269,6	664,2	394,6
265	51,86	0,0385	25,95	275,3	662,7	387,4
270	56,11	0,0354	28,27	281,1	661,2	380,1
275	60,63	0,0325	30,76	286,9	659,4	372,5
280	65,42	0,0299	33,47	292,7	657,3	364,6
285	70,49	0,0275	36,42	298,5	655,1	356,6
290	75,88	0,0253	39,60	304,4	652,6	348,2
295	81,58	0,0232	43,09	310,4	649,8	339,4
300	87,6	0,0213	46,93	316,6	646,8	330,2
305	94,0	0,0196	51,06	322,9	643,6	320,7
310	100,7	0,0180	55,59	329,3	640,1	310,8
315	107,8	0,0165	60,53	336,0	636,4	300,4
320	115,2	0,0152	65,95	343,0	632,5	289,5
325	123,0	0,0139	71,92	350,0	628,1	278,1
330	131,3	0,0127	78,53	357,5	623,5	266,0
335	139,9	0,0117	85,84	365,2	618,7	253,5
340	149,0	0,0106	93,98	373,3	613,5	240,2
345	158,6	0,0097	103,0	381,7	607,7	226,0
350	168,6	0,0088	113,2	390,8	601,1	210,3
355	179,2	0,0080	124,6	401,0	593,1	192,1
360	190,3	0,0072	139,6	413,0	583,4	170,4
365	202,0	0,0065	153,1	428,5	570,1	141,6
370	214,5	0,0059	171,0	451,0	549,8	98,8
374	225,0	0,0031	322,6	501,1	501,1	0

Linker Rand (von oben nach unten): Vakuumdampf — N'druckdampf — Mitteldruckdampf

Rechter Rand (von oben nach unten): Vakuumdampf — Mitteldruckdampf — Hochdruckdampf

(Auszug aus „Hütte I")

93

3. Wärmeinhalt *i* des überhitzten Wasserdampfes in kcal/kg. (Koch)

Druck ata	Temperatur °C									
	100	150	200	250	300	350	400	450	500	550
1	639,1	663,2	686,5	709,9	733,5	757,5	781,9	806,7	832,1	858,1
5	—	—	682,2	706,8	731,1	755,6	780,4	805,5	831,1	857,3
10	—	—	676,1	702,8	728,1	753,3	778,4	804,0	829,8	856,1
15	—	—	668,5	698,5	725,0	750,9	776,6	802,4	828,6	855,1
20	—	—	—	694,0	721,9	748,5	774,7	800,8	827,3	854,0
25	—	—	—	688,9	718,6	746,0	772,7	799,3	826,0	852,9
30	—	—	—	683,3	715,2	743,6	770,8	797,7	824,7	851,9
35	—	—	—	676,9	711,6	741,0	768,8	796,1	823,4	850,8
40	—	—	—	669,8	707,8	738,3	766,8	794,6	822,1	849,7
45	—	—	—	—	703,8	735,7	764,8	793,0	820,8	848,6
50	—	—	—	—	699,5	732,9	762,8	791,4	819,5	847,6
60	—	—	—	—	690,0	727,1	758,7	788,2	816,9	845,4
70	—	—	—	—	679,2	721,0	754,4	784,9	814,3	843,2
80	—	—	—	—	666,8	714,3	750,0	781,6	811,6	841,0
90	—	—	—	—	—	707,1	745,3	778,1	808,9	838,9
100	—	—	—	—	—	699,2	740,4	774,7	806,2	836,6
120	—	—	—	—	—	681,4	730,0	767,4	800,6	832,0
140	—	—	—	—	—	660,1	718,4	759,8	794,9	827,4
160	—	—	—	—	—	630,8	705,9	751,6	789,1	822,7
180	—	—	—	—	—	—	692,2	743,0	782,9	817,8
200	—	—	—	—	—	—	676,6	733,7	776,6	812,8
225,2	—	—	—	—	—	—	652,4	721,2	768,3	806,4

4. Spez. Wärme *c* des überhitzten Wasserdampfes in kcal/kg/°. (Koch)

Druck ata	Temperatur °C								
	100	160	220	280	340	400	460	500	550
1	0,487	0,471	0,47	0,476	0,484	0,492	0,501	0,508	0,516
5	—	0,537	0,498	0,494	0,495	0,499	0,506	0,511	0,518
10	—	—	0,546	0,516	0,509	0,506	0,512	0,516	0,521
20	—	—	0,682	0,568	0,538	0,523	0,523	0,524	0,527
30	—	—	—	0,635	0,567	0,542	0,535	0,534	0,534
40	—	—	—	0,724	0,605	0,563	0,548	0,544	0,542
50	—	—	—	0,854	0,648	0,585	0,561	0,554	0,550
60	—	—	—	1,036	0,700	0,608	0,576	0,565	0,559
80	—	—	—	—	0,836	0,662	0,607	0,589	0,578
100	—	—	—	—	1,052	0,727	0,643	0,616	0,599
120	—	—	—	—	1,406	0,811	0,684	0,644	—
140	—	—	—	—	2,143	0,916	0,729	0,674	—
160	—	—	—	—	—	1,045	0,778	0,706	—
180	—	—	—	—	—	1,221	0,831	0,740	—
200	—	—	—	—	—	1,464	0,894	0,776	—

5. Wärmeleitzahlen λ verschiedener Stoffe (Fritz)

a) Flüssigkeiten:

Stoff	0°	12°	20°	50°	75°	80°	100°	150°	200°
Aceton	0,158	—	0,155	—	—	—	0,143	—	—
Amylalkohol	0,143	—	0,141	0,138	—	—	0,132	—	—
i-Amylalkohol	0,130	—	0,129	0,128	—	—	0,126	—	—
Amylacetat	—	0,109	—	—	—	—	—	—	—
Amylbromid	—	0,085	—	—	—	—	—	—	—
Amylchlorid	—	0,102	—	—	—	—	—	—	—
Anilin	0,148	—	0,148	0,148	—	—	—	—	—
Äthylacetat	—	0,125	—	—	—	—	—	—	—
Äthylalkohol	0,159	—	0,1565	0,153	0,150	—	—	—	—
Äthyläther	0,1205	—	0,119	0,117	—	—	0,114	—	—
Äthylbromid	0,106	—	0,104	0,101	—	—	0,096	—	—
Äthylglykol	0,219	—	0,222	0,225	—	—	0,231	—	—
Äthyljodid	0,096	—	0,096	0,095	—	—	0,093	—	—
Benzin	0,120	—	—	—	—	—	—	—	—
Benzol	—	—	0,132	—	—	0,130	—	—	—
Brombenzol	—	0,095	—	—	—	—	—	—	—
n-Butylalkohol	0,146	—	0,144	—	—	—	0,137	—	—
i-Butylalkohol	—	0,122	—	—	—	—	—	—	—
Chlorbenzol	—	0,109	—	—	—	—	—	—	—
Chloroform	—	0,104	—	—	—	—	—	—	—
Diäthylenglykol	0,174	—	0,176	—	—	—	0,184	—	—
Essigsäure	—	0,170	—	—	—	—	—	—	—
Glycerin	0,243	—	0,245	0,247	—	—	0,250	—	—
n-Heptan	0,121	—	—	—	—	—	—	—	—
n-Heptylalkohol	0,143	—	0,141	0,138	—	—	0,133	—	—
n-Hexan	0,119	—	0,118	0,117	—	—	0,116	—	—
n-Hexylalkohol	—	—	0,140	0,137	—	—	0,132	—	—
Methylacetat	—	0,139	—	—	—	—	—	—	—
Methylalkohol	0,184	—	0,182	—	—	—	0,175	—	—
Methylenchlorid	0,136	—	0,133	—	—	—	—	—	—
Nitrobenzol	—	0,138	—	—	—	—	—	—	—
n-Nonylalkohol	—	—	0,145	—	—	—	0,138	—	—
n-Octan	0,128	—	0,126	—	—	—	0,118	—	—
n-Octylalkohol	—	—	0,144	—	—	—	0,136	—	—
Olivenöl	0,146	—	—	0,143	—	—	0,141	—	0,135
Paraffin	0,108	—	—	0,108	—	—	0,108	—	0,107
n-Pentan	0,120	—	0,117	—	—	—	0,107	—	—
Petroläther	0,115	—	—	0,111	—	—	0,107	—	—
Petroleum (raff.)	0,134	—	0,130	0,125	—	—	0,115	—	—
Propylacetat	—	0,118	—	—	—	—	—	—	—
n-Propylalkohol	0,150	—	0,148	—	—	—	0,139	—	—
i-Propylalkohol	0,135	—	0,134	—	—	—	0,131	—	—
Propylchlorid	—	0,102	—	—	—	—	—	—	—
Ricinusöl	0,157	—	—	0,153	—	—	0,149	0,145	—
Schwefelkohlenstoff	0,135	—	—	—	—	—	—	—	—
Senföl	—	0,138	—	—	—	—	—	—	—
Spindelöl	0,124	—	—	0,122	—	—	0,120	0,119	—
Tetrachlorkohlenstoff	0,094	—	—	0,092	—	—	0,090	—	—
Toluol	—	—	0,130	0,126	—	—	0,118	—	—
Transformatoröl	0,115	—	—	0,111	—	—	0,107	—	—
Wasser	—	(10°) 0,498	0,515	0,550	—	0,575	0,586	0,587	0,572
Xylol	—	—	0,125	—	—	—	—	—	—

Fortsetzung Wärmeleitzahlen λ

Stoff	0⁰	12⁰	20⁰	50⁰	75²	80⁰	100⁰	150⁰	200⁰
Zylinderöl mittl. Qual.	0,133	—	—	0,130	—	—	0,128	—	0,122
Zylinderöl f. Flugmotoren	—	—	0,116÷ 0,124	—	—	—	—	—	—
Zylinderöl „Magnet A"	—	—	0,120	0,120	—	—	—	—	—

b) feste Stoffe:

Stoff	0⁰	20⁰	100⁰	200⁰	
Aluminium, 99,75%	197	—	—	197	
Aluminium, 99%	180	—	178	—	Kesselstein, schwamm. = 2
Blei, sehr rein	30,2	29,9	28,7	—	Kesselstein, hart = 1
Gußeisen, 3% C	—	48÷ 55	—	—	
Kupfer, Handelsware	—	320	—	—	
Messing, 70 Cu, 30 Zn	—	96	110	124	
Messing, 67 Cu, 33 Zn	—	94	108	—	
Stahl, rein	51	—	49	45	
Stahl, 99 Fe, 0,2 C	39	—	39	—	
V₂A-Stahl (Krupp)	—	13	—	—	

c) Wärmeschutzstoffe, faserförmige:

Stoff	kg/m³	0⁰	20⁰	100⁰	200⁰	
Asbest (faserförmig)	470	0,132	0,134	0,140	—	
Asbest (Asbestwolle)	580	0,172	0,174	0,182	0,190	
Asbest (Asbestwolle)	700	0,200	0,202	0,210	—	
Baumwolle	81	0,048	0,050	0,058	—	
Glaswolle, regellose, Fadendicke 0,015—0,02 mm	95	—	0,030	—	—	
Glaswolle, Fäden	200	—	0,034	0,045	0,059	
⌐Strom (regellos)	150	0,030	0,033	0,045	0,062	
Schlackenwolle	95	0,027	0,029	—	—	
Schlackenwolle	119	0,028	0,030	—	—	
Seide, wollig	58	0,029	0,031	0,041	—	
Seide, Spinn.-Abfälle	100	0,043	0,045	0,052	—	

d) Wärmeschutzstoffe, pulverförmige und körnige:

Stoff	kg/m³	0⁰	20⁰	100⁰	200⁰	
Kieselerde (Silox)	40	—	0,035	—	—	
Kieselgur	54	0,030	0,033	0,042	—	
Kieselgur	170	0,036	0,037	0,044	0,052	
Kieselgur	250	0,047	0,048	0,055	0,063	
Kieselgur	350	0,056	0,057	0,064	0,073	
Korkschrot, expand. 1÷2 m/m	40—50	—	0,029	0,036	—	
Korkschrot, expand. 3 m/m	45	0,029	0,031	0,040	—	
Korkschrot, norm. 1÷3 m/m	150	0,035	0,037	0,046	0,057	
Korkschrot, grob, 5 m/m	85	0,041	0,044	0,054	—	
Magnesia	131	0,033	0,035	0,042	—	
Magnesiumoxyd, 0,01 m/m	200	0,063	—	—	—	
Sägemehl	200	—	0,055	—	—	

6. Spez. Wärme c einiger Flüssigkeiten (Moser)

Stoff	°C	c	Stoff	°C	c	Stoff	°C	c
Aceton	0	0,506	Chlorbenzol ..	20	0,31	n-Propylalkohol	20	0,58
Aceton	20	0,516	Chloroform ..	20	0,23	Pyridin	20	0,71
Aceton	50	0,537	m-Chlortoluol .	20	0,29	Ricinusöl ...	20	0,46
Ameisensäure .	20	0,52	Essigsäure ..	20	0,485	Salpetersäure		
i-Amylalkohol .	20	0,56	Glycerin ...	0	0,54	100%	20	0,41
Anilin	0	0,482	Glycerin ...	20	0,58	Salzsäure 17%.	20	0,74
Anilin	20	0,493	n-Heptan ...	0	0,522	Schwefelkohlen-		
Anilin	50	0,512	n-Heptan ...	20	0,53	stoff	0	0,238
Anilin	100	0,56	n-Hexan ...	20	0,45	Schwefelkohlen-		
Anilin	150	0,7	o-Kresol ...	20	0,50	stoff	20	0,243
Äthylacetat ..	20	0,48	Methylacetat .	20	0,51	Schwefelsäure		
Äthyläther ..	0	0,542	Methylalkohol .	0	0,58	100%	20	0,331
Äthyläther ..	20	0,556	Methylalkohol .	20	0,59	Terpentinöl ..	0	0,41
Äthylalkohol .	0	0,55	Methylalkohol .	50	0,61	Terpentinöl ..	20	0,43
Äthylalkohol .	20	0,59	Methylbenzoat.	20	0,37	Terpentinöl ..	50	0,46
Äthylalkohol..	50	0,67	Methylenchlorid	20	0,29	Terpentinöl ..	100	0,50
Äthylbenzoat .	20	0,385	Nitrobenzol ..	20	0,36	Tetrachlor-		
Äthylbenzol ..	20	0,413	n-Octan	20	0,52	kohlenstoff .	20	0,202
Äthylbenzol ..	50	0,45	Oleinsäure...	20	0,49	Tetralin	20	0,40
Äthylbromid .	20	0,21	Olivenöl ...	20	0,39	Toluol	0	0,39
Äthyljodid ...	20	0,16	Paraffinöl ...	20	0,51	Toluol	20	0,40
Arsentrichlorid.	20	0,17	n-Pentan ...	0	0,51	Toluol	50	0,43
Benzol	20	0,415	n-Pentan ...	20	0,52	Toluol	100	0,47
Benzol	50	0,43	Petroläther ..	20	0,50	Trichloräthylen	20	0,227
Bromoform ..	20	0,128	Phosphor-			Xylol	20	0,41
i-Butylalkohol .	20	0,55	trichlorid ..	20	0,20			
Chinolin ...	20	0,31	Propionsäure .	20	0,52			

7. Raumausdehnungszahlen $\beta \cdot 10^5$ einiger Flüssigkeiten (Otto)

Stoff	$\beta \cdot 10^5$	Stoff	$\beta \cdot 10^5$	Stoff	$\beta \cdot 10^5$
Aceton......	143	Chloral	93		92÷
Ameisensäure...	102	Chlorbenzol ...	98	Petroleum	100
i-Amylacetat...	114	Chloroform	128	Propionsäure ...	109
i-Amylalkohol ..	93	o-Chlortoluol ...	89	n-Propylalkohol..	98
n-Amylalkohol ..	88	Essigsäure	107	Pyridin	112
Amylbenzoat...	85	Glycerin	50	Rüböl	90
Anilin......	85	n-Heptan	124	Salpetersäure ...	124
Äthylacetat ...	138	Cyclo-Hexan ...	120	Schwefelkohlen-	
Äthylalkohol ...	110	n-Hexan	135	stoff	119
Äthyläther	162	Methylalkohol ..	119	Schwefelsäure ..	57
Äthylbenzoat ...	90	Methylbenzoat ..	90	Terpentinöl ...	97
Äthylbenzol ...	96	Methylenjodid ..	81	Tetrachlorkohlen-	
Äthylbromid ...	142	Methylformiat ..	124	stoff	122
Äthyljodid	117	Nitrobenzol ...	83	Toluol	108
Benzol	106	n-Octan	114	Wasser	18
Brombenzol ...	92	Olivenöl	72	m-Xylol	99
i-Butylalkohol ..	94	i-Pentan	154	o-Xylol	97
Bromoform	91	n-Pentan	160	p-Xylol	102

8. Dynamische Zähigkeit $\eta_l \cdot 10^6$ einiger Flüssigkeiten beim Siedepunkt
(Erk)

Stoff	$\eta \cdot 10^6$	Stoff	$\eta \cdot 10^6$	Stoff	$\eta \cdot 10^6$
Acetaldehyd	22,8	i-Butylalkohol	43,0	i-Pentan	20,6
Aceton	23,3	Chlorbenzol	29,1	Propionsäure	31,8
Ameisensäure	53,5	Chloroform	38,7	n-Propylalkohol	45,8
i-Amylalkohol	39,0	n-Heptan	20,0	i-Propylalkohol	49,0
Äthylacetat	25,4	n-Hexan	20,3	Schwefelkohlenstoff	30,4
Äthylalkohol	44,9	Methylacetat	24,0	Tetrachlorkohlenstoff	48,8
Äthylbenzol	23,2	Methylalkohol	33,3	Toluol	24,8
Äthylchlorid	28,6	Methylenchlorid	36,3	Wasser	28,2
Benzol	31,6	Methylformiat	31,0	m-Xylol	21,6
Brombenzol	35,3	n-Octan	19,7	o-Xylol	24,6
n-Butylalkohol	41,4	n-Pentan	19,5	p-Xylol	21,8

9. Mittlere spezifische Wärme einiger Metalle (Moser)

Metall	t	c	Metall	t	c	Metall	t	c
Aluminium	100	0,217	Kupfer	100	0,092	Nickel	100	0,108
Blei	100	0,0313	Messing	100	0,0915	Stahl	100	0,118
Gußeisen	100	0,130	Monel-Metall	100	0,102	V_2A-Stahl	100	0,116

10. Dampfdrucke verschiedener Stoffe in Torr (v. Rechenberg)

Stoff	Methan	Äthan	Kohlen-säure	Schwefel-wasser-stoff	Propan	Am-moniak	n-Butan	Acet-aldehyd	Äthyl-äther	n-Pentan
Siedep. b. 760 Torr	−161,4°	−89,3°	−78,5°	−61,6°	−44,1°	−33,35°	−0,3°	+22,38°	34,6°	36,06°
Temp.					T o r r					
−180°	118,9									
−170	353,2									
−160	848	1,32								
−150	1720	4,95								
−140	4500	16,36								
−130	7410	43,4	—	—	1,48					
−120	11050	103	—	—	4,31					
−110	16400	215	34,6	—	11,9					
−100	23100	411	104,9	—	28,1	—	2,26			
−90	31750	731	279,4	128	59	—	5,37			
−80	—	1212	672,6	249	115	37,6	12,3	1,55		
−70	—	1961	1429	449	210	81,9	25,0	3,81	1,63	2,07
−60	—	2880	3017fest 3268 fl.	768	360	164,2	46,4	8,37	3,85	4,66
−50	—	4256	5016	1225	580	306,6	83	19,20	8,76	10,20
−40	—	5926	7463	—	910	538,3	141	37,60	18,71	20,70
−30	—	7980	10640	—	1335	896,7	227	69	36,20	38,70
−20	—	10678	14668	4438	1966	1426,8	355	119	65,20	67,80
−10	—	13832	19760	6085	2769	2181,4	526	197	112,70	114,30
± 0	—	17936	26068	8206	3750	3221	769	312	185,0	183,8
+10	—	22850	33592	10896	5624	4612	1086	471	291,3	285
20	—	23230	42788	14132	6688	6428,5	1800	696	437	422
30	—	35500	53732	18035	8436	8749	2550	999	644	612
+40	—	—	—	22582	11096	11658	3350	1366	925	869

Stoff	Schwefel-kohlen-stoff	Aceton	Chloro-form	Methanol	n-Hexan	Tetra-chlorkoh-lenstoff	Äthanol	Benzol	Trichlor-äthylen	n-Heptan
Siedep. b. 760 Torr	46,25°	56,48°	61,26°	64,88°	69°	76,82°	78,3°	80,49°	86,41°	98,61°
Temp.					T o r r					
−60°	3,00									
−50	6,45	1,93	2,27	—	1,51	1,11				
−40	13,63	4,44	4,92	1,37	3,29	2,42				
−30	25,77	9,76	10,30	3,27	6,95	5,02	1,00	3,59		
−20	44,93	19,55	20,06	7,27	13,9	10,07	2,43	7,43	5,4	
−10	77,2	37,1	36,36	15,04	25,9	19,07	5,52	14,63	10,8	
± 0	125,8	65,9	62,1	29,3	44,45	33,70	11,69	26,60	20,1	11,47
+10	196,1	111,6	102,3	51,1	75,0	55,9	23,27	44,75	35,2	20,7
20	296,9	180,3	162,5	95,2	119,8	90,7	43,80	74,8	58	35,6
30	430,6	279,2	245,6	160,8	185,4	140,2	78,45	118,4	94	58,0
40	614	415,4	364,7	261,4	276,7	212,8	134,5	181,5	146	92,2
50	858	602,9	519	410,6	400,9	312,0	221,8	268,7	218	141,4
60	1161	856,1	729	625	566,2	439,0	352,9	388	319	209,5
70	—	—	1003	925	787	613,5	542,8	542	447	303,0
80	—	—	—	—	—	837	811	748	621	423,4
90	—	—	—	—	—	—	—	1013	847	583,4
+100	—	—	—	—	—	—	—	—	—	792,5

7*

10a. Dampfdrucke verschiedener Stoffe in Torr (v. Rechenberg)

Stoff	Ameisen-säure	Toluol	n-Butanol	Essig-säure	n-Octan	Chlor-benzol	p-Xylol	m-Xylol	o-Xylol	n-Nonan
Siedep. b. 760 Torr	100,6°	110,56°	117,04°	118,7°	125,44°	132,05°	138,40°	139	142,64°	149,48°
Temp.	Torr									
+ 10°	18,4	12,7	2,03	6,34	5,26	4,68	3,07	2,66	2,4	
20	31,3	22,3	4,71	11,80	9,95	8,71	5,80	5,10	4,6	3,22
30	51,3	37,2	9,2	19,90	18,02	15,72	10,80	9,53	8,5	6,05
40	81,4	59,3	17,9	34,0	30,83	26,47	18,80	17,1	15,4	11,1
50	125,8	93,0	33,1	56,2	49,04	41,98	31,35	29,0	26,0	19,1
60	188,7	140,5	58,5	88,3	77,6	65,6	49,05	45,8	41,3	31,6
70	275,8	205,4	99,0	137,1	118,1	99,4	76,4	72,2	64,4	52,0
80	393,4	294	161,7	202,1	174,7	147,1	114,5	109	97,8	76,1
90	548,5	408	255,2	292,8	250,1	210,2	168	161	144,5	113,4
100	748,4	555	391,2	416,5	353,2	295,2	236	229	207	165,5
110	—	747	583	582,6	481	403,5	332	323	290	232
120	—	990	844	800	650	541	447	438	397	325
130	—	—	—	—	830	718,95	600	590	532	436
140	—	—	—	—	—	939,4	794	785	708	584
150	—	—	—	—	—	—	—	—	926	771

Stoff	Brom-benzol	Furfurol	n-Dekan	Anilin	o-Kresol	m-Kresol	p-Kresol	Nitro-benzol	Naph-thalin	Diphenyl
Siedep. b. 760 Torr	156,04°	169,35°	173°	184,10°	190,67°	200,5°	201,1°	209,79°	217,96°	254,48°
Temp.	Torr									
+ 10°	1,59									
20	3,01									
30	5,50	—	2,08							
40	9,83	—	3,86	1,69						
50	16,95	4,26	7,04	3,15	—	—	—	1,33		
60	27,83	7,74	12,45	5,85	3,4	1,85	1,63	2,42		
70	42,80	13,56	20,5	10,5	6,3	3,53	3,3	4,30	4,07	
80	65,5	22,9	32,9	18,0	11,5	6,4	6,0	7,50	6,96	1,05
90	97,4	37,4	50,0	29,5	19,5	11,5	10,9	12,85	11,60	1,87
100	141,2	59,3	76	45,2	31,8	19,5	18,5	20,5	18,32	3,23
110	198,7	—	111	69,4	49,4	31,6	30,4	32,0	28,37	5,47
120	275,0	—	160	102,9	76,0	48,4	46,8	47,5	41,60	9,1
130	373,3	—	222	148,9	112,5	74,2	71,9	70,3	60,57	14,9
140	493,3	—	305	209,6	163	109,5	106,5	101,2	86,55	23,1
150	649,0	—	408	290,2	228	158	154	143	121,15	34,5
160	840	569	538	392,4	318	221	217	197	166,6	49,9
170	—	775	704	519,0	426	305	300	266	222,7	72,3
180	—	—	908	683,3	567	413	407	355	296,8	101,3
190	—	—	—	884,9	746	558	550	461	387,1	140,3
200	—	—	—	—	969	752	735	596	495,2	189,3
210	—	—	—	—	—	—	—	764	630,8	251
220	—	—	—	—	—	—	—	—	796,5	332
230	—	—	—	—	—	—	—	—	—	425
240	—	—	—	—	—	—	—	—	—	543
250	—	—	—	—	—	—	—	—	—	689

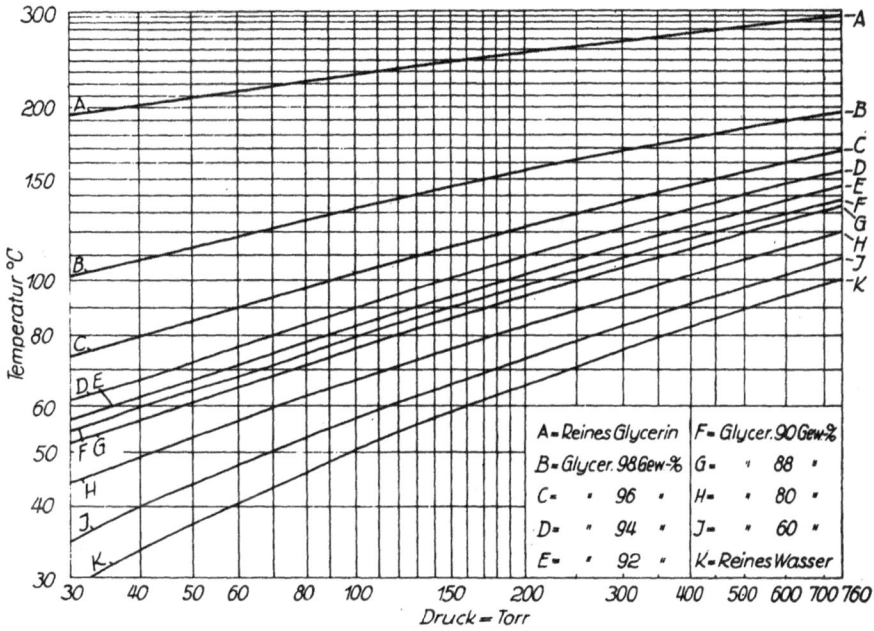

Temperatur °C — vertical axis: 300, 200, 150, 100, 80, 60, 50, 40, 30

Druck = Torr — horizontal axis: 30, 40, 50, 60, 80, 100, 150, 200, 300, 400, 500, 600, 700, 760

Curves labeled A, B, C, D, E, F, G, H, J, K

A = Reines Glycerin	F = Glycer. 90 Gew.-%
B = Glycer. 98 Gew.-%	G = " 88 "
C = " 96 "	H = " 80 "
D = " 94 "	J = " 60 "
E = " 92 "	K = Reines Wasser

11. Siedepunkte von Glyzerinlösungen bei verschiedenen Drucken

(Schlencker)

Sach- und Namensverzeichnis

www.ingramcontent.com/pod-product-compliance
Lightning Source LLC
Chambersburg PA
CBHW081231190326
41458CB00016B/5745